徐惠强　张光富　主编

江苏林木种质资源

GERMPLASM
RESOURCES
OF FOREST TREES
IN JIANGSU

南京师范大学出版社

**图书在版编目（CIP）数据**

江苏林木种质资源 / 徐惠强，张光富主编. —南京：
南京师范大学出版社，2023.10
ISBN 978-7-5651-5816-2

Ⅰ. ①江… Ⅱ. ①徐… ②张… Ⅲ. ①林木－种质资
源－江苏 Ⅳ. ①S722

中国国家版本馆 CIP 数据核字（2023）第 113609 号

| | |
|---|---|
| 书　　名 | 江苏林木种质资源 |
| 主　　编 | 徐惠强　张光富 |
| 策划编辑 | 王雅琼 |
| 责任编辑 | 孔令秋 |
| 出版发行 | 南京师范大学出版社 |
| 地　　址 | 江苏省南京市玄武区后宰门西村 9 号（邮编：210016） |
| 电　　话 | (025)83598919(总编办)　83598412(营销部)　83376367(编辑部) |
| 网　　址 | http://press.njnu.edu.cn |
| 电子信箱 | nspzbb@njnu.edu.cn |
| 照　　排 | 南京开卷文化传媒有限公司 |
| 印　　刷 | 江阴金马印刷有限公司 |
| 开　　本 | 718 毫米×1000 毫米　1/16 |
| 印　　张 | 24.25 |
| 字　　数 | 409 千 |
| 版　　次 | 2023 年 10 月第 1 版 |
| 印　　次 | 2023 年 10 月第 1 次印刷 |
| 书　　号 | ISBN 978-7-5651-5816-2 |
| 定　　价 | 148.00 元 |

出 版 人　张　鹏

　　林木种质资源（tree germplasm resources）是以物种为单元的遗传多样性的全部样本。林木种质资源是现代林业高质量发展的重要基础，因为它不仅是保障生态安全和林产品有效供给的战略性资源，同时还可以为丰富生物多样性和种业科技原始创新提供重要的物质材料支撑。由于种质资源具有易遭受破坏而丧失的特性，世界上林业发达国家高度重视林木种质资源的野外调查、种质保存、科学管理和合理利用。我国近年来已将种质资源安全提升到关系国家安全的战略高度，2021 年 7 月，中央全面深化改革委员会第二十次会议通过了《种业振兴行动方案》，其中指出要打牢种质资源基础，做好资源普查收集、鉴定评价工作，实施生物育种重大科技项目，启动种源关键技术攻关。

　　江苏地处中国大陆东部沿海地区中部，长江、淮河下游，跨江滨海，湖泊众多，地势平坦，地貌由平原、水域、低山丘陵构成，但以平原为主，境内最高峰为连云港云台山主峰玉女峰，海拔约为 625 m。长江横贯东西425 km，京杭大运河纵贯南北 718 km，海岸线长达 954 km。江苏具有明显的季风气候特征，处于亚热带向暖温带的过渡地带，气候温和，雨量适中，四季分明；以淮河、苏北灌溉总渠一线为界，以北属暖温带湿润、半湿润季风气候，以南属亚热带湿润季风气候。江苏省共辖 13 个地级市、96 个县

（市、区），其中包含 19 个县、22 个县级市、55 个市辖区，758 个乡镇（其中有乡 40 个，镇 718 个），503 个街道。

江苏经济发达，人口密集，环境承载压力大。近年来，随着全球气候变暖和外来生物入侵的加剧，区域内林木种质资源的种类、数量和分布面积等势必发生时空变化。其中，部分种质资源消失的风险不断增加，而这些种质资源一旦灭绝，其蕴含的特异性基因以及承载的物种系统也将随之消亡，损失难以估量。因此，江苏省林业局早在 2013 年就启动了全省林木种质资源清查工作。

江苏省林业局统一部署和总体安排，于 2013 年对苏州市林木种质资源进行试点清查，同时参照《国家林木种质资源清查技术标准》并结合江苏实际制定了《江苏省林木种质资源清查技术标准》，并且完成了江苏省林木种质资源清查信息系统建设。随后，全省 13 个市于 2014 年初陆续启动各市的林木种质资源清查工作。南京林业大学、南京师范大学、江苏省林业科学研究院和江苏省中国科学院植物研究所以及南林亚奥公司等作为技术支撑单位，先后以外业调查、内业整理或技术指导等不同形式参与其中。

根据《江苏省林木种质资源清查技术标准》的要求，经过为期 8 年的野外调查，目前我们已经初步查明江苏省境内林木种质资源的种类、数量及分布现状。首先，各市调查组经过数据分析、种类鉴定和照片整理，分别撰写出每个市的林木种质资源清查报告，并将每份林木种质资源录入"江苏林木信息系统"。2021 年 11 月，江苏省林业局组织相关专家对南京师范大学汇总的全省林木种质资源清查报告进行了检查和验收。根据验收意见，会后对个别林木种质的录入信息进行了补充调查、数据核对和修改完善。

此次野外调查和内业分析基本查明了江苏省林木种质资源的种类、数量和分布状况。全省现有林木种质资源 4 类 22 508 份,共涉及 89 科 288 属 777 种(不含来源不明的树种)。其中,① 野生林木种质资源有 5 872 份, 包括种群 3 476 份、个体 790 份和优树 1 606 份;② 收集保存林木种质资源 有 2 688 份,包括选育品种 2 372 份、栽培其他 253 份、种源 59 份以及母树 林 4 份;③ 栽培利用林木种质资源有 5 253 份,包括个体 1 465 份、优树 1 143 份、群体 331 份、种源 11 份、无性系 92 份、选育品种 2 154 份、农家品 种 2 份和栽培其他 55 份;④ 古树名木种质资源有 8 695 份,包括古树单株 林木种质资源 8 249 份(含一级古树 618 份、二级古树 955 份以及三级古树 6 676 份)、古树群种质资源 353 份和名木种质资源 93 份。此外,来源不明 的树木种质资源有 251 种,隶属于 145 属 63 科。

值得一提的是,此次清查过程中我们发现了溧阳市南山竹海锅底山的 银缕梅(*Parrotia subaequalis*)(国家一级重点保护野生植物)的野生种群, 这是江苏省境内目前已知的第二个银缕梅野生种群的自然分布地。同时, 还在溧阳山区发现了多个香果树(*Emmenopterys henryi*)(国家二级重点 保护野生植物)种群的野生分布地点,其中在龙潭林场西阴寨发现了江苏 省境内迄今为止胸径最大的香果树个体。此外,本次清查还发现了江苏地 理分布新记录属 1 个,即顶冰花属,以及多个地理分布新记录种,如顶冰花 (*Gagea nakaiana*)、玉铃花(*Styrax obassia*)和褐梨(*Pyrus phaeocarpa*)。 这些发现对今后开展江苏珍稀濒危树种的生态保护以及野生种质资源的 地理分布研究具有重要的意义。部分新发现先后被《扬子晚报》、光明网、 江苏电视台和江苏林业局网站等陆续报道,取得了良好的社会效果。

本书是在江苏林木种质资源清查的基础上,结合笔者近年来的野外调 查数据,并参考最新的相关文献资料整理分析撰写而成的。全书主要介绍了江苏自然地理条件与社会经济概况、林木种质资源清查的内容与方法、江苏林木种质资源现状(种类、数量及分布)以及林木种质资源保护利用建议等。书中将该区的林木种质划分为 5 大类:野生林木种质资源、收集保存林木种质资源、栽培利用林木种质资源、古树名木种质资源和来源不明的林木种质资源。本书描述了每种林木种质资源在野外分布的具体地点、种质类型和种质特点,并附有主要种质资源的调查照片。此外,书后还附有江苏省野生林木种质资源(优树)地理位置、江苏省收集保存林木种质资源(选育品种)基本信息、江苏省栽培利用林木种质资源(个体)基本信息、江苏省栽培利用林木种质资源(优树)基本信息、江苏省栽培利用林木种质资源(群体)基本信息、江苏省栽培利用林木种质资源(选育品种)基本信息、江苏省林木资源名录和江苏省木本植物名录。本书根据野外第一手调查资料,不仅分析了江苏省境内的林木种质资源的现状及特点,而且将区域内所调查的每份林木种质资源录入"江苏林木信息系统",这为今后该区林木种质资源的动态监测、合理保存以及可持续利用提供了科学依据。

在江苏各市林木种质资源调查的过程中,野外工作得到了国家林业和草原局、江苏省林业局种苗管理站、各市自然资源与规划局的大力支持,南京师范大学、南京林业大学和江苏林业科学研究院作为技术主持单位,指导并参与制定了全省调查方案以及野外调查实施细则。南京师范大学在全省 13 个设区市调查的基础上,整理了全省的林木种质资源清查结果,并且补充了部分林木种质资源的野外调查,补充拍摄了少量植物照片,汇总并审核了 13 个市的林木种质资源清查工作。在长达 8 年的外业调查过程中,全省 13 个市的各级林业单位有关技术人员参与了部分外业调查。南京师范大学植物和生态专业研究生朱伟、李倩、蒋若衍、刘洁、邵丽鸳、李恺頓、严格、鲁欣、周艳蓉、蔡瀚纬、王浩然和刘婷等同学参加了部分外业调查或内业整理。因此本书是不同专家学者、林业管理人员以及基层林业技术人员共同努力的结果。书稿的编辑加工还得到了南京师范大学出版社郑海燕主任的大力关心，以及王雅琼、孔令秋编辑对本书稿的仔细编排、校对和修改。在此，谨对上述单位及个人致以崇高的敬意与衷心的感谢！

由于这是江苏省首次开展林木种质资源清查，加之时间紧，任务重，疏漏之处在所难免，敬请各位读者批评指正。

编　者

2023 年 9 月

# 目 录
Contents

# 第一章
# 江苏自然地理条件与社会经济概况

　　江苏，简称"苏"，省会南京，位于中国大陆东部沿海中心，介于东经 $116°21'\sim121°56'$ ，北纬 $30°45'\sim35°08'$ 之间。公元 1667 年因江南省东西分置而建省，得名于"江宁府"与"苏州府"之首字。

　　江苏地域面积 10.72 万 $km^2$ ，占中国陆地总面积的 1.12%。人均国土面积在中国各省区中最少。江苏跨江滨海，湖泊众多，地跨长江、淮河两大水系；地势平坦，地貌由平原、水域、低山丘陵构成；属东亚季风气候区，处在亚热带和暖温带的气候过渡地带，同时具有南方和北方的特征。江苏经济繁荣，教育发达，文化昌盛。截至 2022 年末，江苏常住人口 8 505.4 万人，是中国人口密度第一大省。

　　本章主要概述江苏省的自然地理条件、社会经济条件以及在开展此次林木种质资源清查前的相关林木调查背景资料。

## 第一节　自然地理条件

　　自然地理环境通常是在地质、地貌、气候、水文、土壤以及植物、动物等多种要素相互联系和相互制约下共同作用而形成的。江苏省属于暖温带向亚热带的过渡性气候，气候温和，雨量适中，四季分明。该区以淮河、苏北灌溉总渠一线为界，以北属暖温带湿润、半湿润季风气候，以南属亚热带湿润季风气候。总体上，江苏具有四季分明的气候状况、水量充沛的水文条件和次生植被类型为主的基本特征。

## 一、地理位置

江苏地处中国大陆东部沿海地区中部，长江、淮河下游。它东濒黄海，北接山东，西连安徽，东南与上海、浙江接壤，是长江三角洲地区的重要组成部分（图 1-1）。

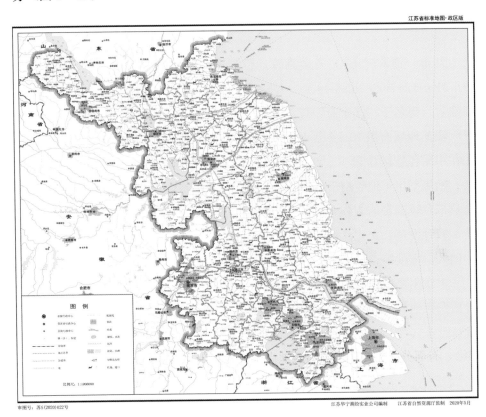

图 1-1　江苏省地理位置示意图①

江苏境内长江横贯省内东西 425 km，京杭大运河纵贯南北 718 km，海岸线长达 954 km。海域面积 3.75 万 km²，共有 26 个海岛（徐惠强等，2017）。

## 二、地形地貌

江苏在地质构造上分属于中朝准地台和下扬子准地台两个大地构造单元。

---

①　江苏省地图来源：http://jiangsu.tianditu.gov.cn/server/dataDownload；审图号：苏S(2020)022 号。

以盱眙—淮阴大断裂为界，南北两大构造单元具有不同的地质发展史，沉积了南相与北相两套地层。

在全省范围内的地层出露完整，从前震旦纪到第四纪全新世各时代的地层均有分布，第四纪以前的地层由于受到多次构造变动，第四纪以来全省大部分地区处于大面积下降状态，故其出露和分布较为零星，主要分布在北、西与西南部的低山丘陵区。但在大面积的第四纪沉积物覆盖下，第四纪以前的地层仍较为完整。

江苏地形以平原为主，平原面积超过 7 万 km²，占江苏省面积的 70% 以上，比例居中国各省的首位，主要由苏北平原、黄淮平原、江淮平原、滨海平原和长江三角洲平原组成。江苏地势低平，河湖较多，平原、水面所占比例占江苏省的 90% 以上，比例居各省的首位，这是江苏地理的一个显著特点。江苏是中国地势最低的一个省区，绝大部分地区在海拔 50 m 以下。低山丘陵集中在西南部，占江苏省总面积的 11.54%，主要有老山山脉、云台山脉、宁镇山脉、茅山山脉、宜溧山脉。连云港的市郊云台山玉女峰为江苏最高峰，海拔约为 625 m（赵媛，2011）。总体上，江苏省地形属典型的大陆型地形，为长江冲积平原，河流纵横，地势平坦，耕层深厚，适耕性强，有利于不同林木种质资源的分布与生长。

江苏人多地少，土地负载率、产出率较高，人均土地面积、耕地面积均远低于全国平均水平。土地利用充分，后备资源不足，耕地后备资源主要是沿海滩涂，有部分丘陵山体和内陆滩地尚未开发利用。

### 三、气候条件

江苏省位于亚洲大陆东岸中纬度地带，属东亚季风气候区，处在亚热带和暖温带的气候过渡地带。江苏省地势平坦，一般以淮河、苏北灌溉总渠一线为界，其以北地区属暖温带湿润、半湿润季风气候，以南地区属亚热带湿润季风气候。江苏海岸线长 954 km，海洋对江苏的气候有着显著的影响。

在太阳辐射、大气环流以及江苏特定的地理位置、地貌特征的综合影响下，江苏基本气候特点是：气候温和、四季分明、季风显著、冬冷夏热、春温多变、秋高气爽、雨热同季、雨量充沛、降水集中、梅雨显著、光热充沛。综合来看，江苏省自然环境优越，气候资源丰富，特别是风能和太阳能资源开发利用前景广阔，为江苏经济社会的可持续发展提供了非常有利的条件。常见的气象灾害有洪涝、干旱、梅雨、台风、暴雨、寒潮、高温、大风、雷击、冰雹等，是典型的气象灾害频发区。按近 30 年资料统计，全省年平均气温在 13.6～16.1℃之间，分布是自南向北递减，全省年平均气温最高值出现在南部的东山，最低值出现在北部的赣榆。年平均日照时数达 2 000～2 200 h，全省年降水量为 704～1 250 mm，江淮中部到洪泽湖以北地区降水量少于 1 000 mm，以南地区降水量在 1 000 mm 以上，降水分布是南部多于北部，沿海多于内陆。6 月至 7 月常有一段梅雨（赵媛，2011）。

总体上，除了徐州、连云港、淮安、盐城和宿迁 5 市属于暖温带湿润、半湿润季风气候外，其余 8 个市（包括南京、无锡、镇江、常州、苏州、南通、扬州、泰州）属于亚热带湿润季风气候。此外，按照造林技术规程国家标准，盐城除滨海和响水外，其余属亚热带；淮安的金湖、洪泽、盱眙属亚热带。

## 四、河流水系

江苏是水域面积比例最大的省份，水网稠密。江苏境内河流众多，全省共有流域面积 50 km² 及以上河流 1 495 条，其中跨省河流有 117 条，省内总长度超过 40 000 km。

全省骨干河道 727 条，包括流域性河道 32 条，区域性骨干河道 124 条，重要跨县河道 199 条，重要县域河道 372 条。平原地区河渠交叉，河湖相通，流域界线颇难划定，依地势和主要河流的分布状况，全省主要河流湖泊大致可分为沂沭泗水系、淮河下游水系、长江和太湖水系等三大流域系统。沂沭泗水系诸河位于废黄河以北，皆发源于山东沂蒙山区，沿倾斜之地势进入省境，主要河流有沂河、沭河、新沂河、新沭河等；淮河下游水系指废黄河以南，长江北岸高沙土以北地区的河流，主要水道有淮河、苏北灌溉总渠、串场河、新通扬运河等，水路系统比较完整；长江和太湖水系是指长江北岸高沙土以南地区的河流。长江穿越境内，河流面积为 3.9 万 km²，太湖流域为全省湖泊密集区，有大小湖泊多个，江南运河斜贯长江与太湖间，能有效调节水量。

## 五、土壤

江苏地处中纬度，南北较长，跨暖温带、北亚热带和中亚热带。江苏地形以平原为主，低山、丘陵、岗地仅占 14.33%，主要位于西部和北部。平原中半数以上海拔不足 5 m，太湖平原、沿江和里下河地区地势低洼，水网密布。各地气候、地形以及生物、母质、成陆时间等条件的差异，形成了江苏多种多样的土壤类型。地带性土壤（显域土）有褐土、棕壤、黄棕壤和黄壤，非地带性土壤（隐域土）有盐渍土、草甸土和沼泽土等。

## 六、自然资源发展现状

（1）森林资源。根据全国第九次森林资源清查结果，江苏省森林面积为 156 万 hm²，居全国第 27 位；森林覆盖率为 15.2%，居全国第 24 位；活立木总蓄积为 9 609 万 m³，居全国第 26 位。到 2020 年底，全省林木覆盖率达 24%，公益林总量达 38.6 万 hm²，其中国家级的为 3.71 万 hm²，省级的为 34.89 万 hm²。已建成全国绿化模范市 7 个、全国绿化模范县（市、区）39 个。全省 13 个设区市中有 11 个设区市建成或在建国家森林城市（江苏省统计局等，2022；下同）。

（2）湿地资源。江苏湿地面积 28 200 km²，占国土面积 25%，居全国第 6 位，其中自然湿地为 19 533 km²，人工湿地为 8 667 km²。到 2020 年底，全省自然湿地保护面积为 11 500 km²，自然湿地保护率为 61.9%。已发布省级重要湿地名录 63 处，总面积达 9 827 km²，约占全省湿地总面积的 34.8%，占全省地域面积的 9.2%。全省有国际重要湿地 2 处，湿地公园 75 处，湿地保护小区 457 处。

（3）自然保护地。江苏省拥有各级各类自然保护地 210 处，约占全省陆域面积的 8%。自然保护地优化整合前，江苏有国家级自然保护区 3 个，省级自然保护区 11 个；国家级森林公园 26 处，省级森林公园 46 处；国家湿地公园 27 处，省级湿地公园 48 处；国家级风景名胜区 5 处，省级风景名胜区 17 处；国家级地质公园 4 个，省级地质公园 7 个，海洋公园 3 处。全省现有国有林场 57 个，经营面积为 1 067 km²。且中国黄（渤）海候鸟栖息地（第一期）已成功申遗。

（4）野生动植物资源。江苏省共有野生动物 604 种，约占全国的 23%，其中兽类 79 种，鸟类 448 种，爬行类 56 种，两栖类 21 种。省政府先后发布三批次省级重点保护野生动物名录，约 250 种。全省约有高等植物 3 400 余种，天然分布的珍稀濒危或国家重点保护植物有金钱松（*Pseudolarix amabilis*）、银缕梅

（*Parrotia subaequalis*）、宝华玉兰（*Yulania zenii*）、香果树（*Emmenopterys henryi*）等20种（表1-1）（钟育谦等，2016；张光富等，2022）。

表1-1　2019年江苏省珍稀濒危木本植物情况

| 物种 | 级别 | 保护价值 | 群落特征 |
|------|------|---------|---------|
| 金钱松 | 国家二级 | 中国特有单属种，古老孑遗种，观赏、材用、药用树种，科学意义 | 常绿、落叶阔叶混交林 |
| 银缕梅 | 国家一级 | 中国特有单属种、古老孑遗种、观赏树种、材用树种 | 常绿、落叶阔叶混交林 |
| 宝华玉兰 | 国家二级 | 中国特有种、观赏树种、科学意义 | 常绿、落叶阔叶混交林 |
| 天目木兰 | 国家二级 | 中国特有种、观赏树种、药用植物 | 常绿、落叶针阔叶混交林 |
| 琅琊榆 | — | 中国特有种、材用树种 | 落叶阔叶林 |
| 樟 | 国家二级 | 材用树种、观赏树种、经济树种 | 小片纯林 |
| 青檀 | — | 中国特有单属种、材用经济树种 | 小片纯林或常绿、落叶阔叶混交林 |
| 榉树 | 国家二级 | 材用树种、观赏树种 | 常绿、落叶阔叶混交林 |
| 香果树 | 国家二级 | 中国特有单属种、古老孑遗种、观赏树种 | 落叶阔叶林或常绿、落叶阔叶混交林 |
| 短穗竹 | — | 中国特有单属种、观赏树种 | 下片纯林 |
| 秤锤树 | 国家二级 | 中国特有种、少种属、观赏树种 | 次生落叶阔叶林 |

（5）林业产业。2020年江苏省林业产业产值达到5 000亿元。林木种苗和林下经济千亿级产业工程持续发力，全省育苗面积21.08万hm²，年产苗量为97.5亿株，林木种苗产值达450.7亿元，林下经济总产值达370亿元。人造板产量达5 734万m³，竹木地板产量达4亿m²，位居全国前列。森林公园旅游超8 000万人次。

（6）林木种质创新。江苏省建成国家和省级林草种质资源库21个，林木良种基地30个，省级林业保障性苗圃20个，基地总面积超过2 667 hm²，保存种质资源2万余份，年均生产良种苗木3 000余万株，水肥一体化灌溉、全程容器育苗技术、设施苗木高效繁育、智能调控物联网等先进育苗新技术得到推广应用。全省审（认）定林木良种185个，获国家林业和草原局授权植物新品种148项。

# 第二节 社会经济概况

江苏地理位置优越，经济基础良好，辖区内多个市/县的经济实力多年来位居全国百强行列。而一个地区林木种质资源的保护与利用，不仅与其自然地理条件密切相关，也与当地的社会经济发展水平密不可分。

## 一、行政区划

截至 2020 年 7 月 15 日，江苏省共辖 13 个地级市、96 个县（市、区），其中包括 19 个县、22 个县级市、55 个市辖区，758 个乡镇（其中乡 40 个，镇718 个），503 个街道。县（市）中包含昆山、泰兴、沭阳 3 个江苏试点省直管市（县）（表 1－2）。

表 1－2 2019 年江苏省县级以上行政区划

| 江苏区域划分 | 地级市名 | 市辖区、县、县级市 |
|---|---|---|
| 苏南 | 南京市 | 玄武区、秦淮区、鼓楼区、建邺区、栖霞区、雨花台区、江宁区、浦口区、六合区、溧水区、高淳区 |
| | 无锡市 | 滨湖区、梁溪区、新吴区、锡山区、惠山区、江阴市、宜兴市 |
| | 镇江市 | 京口区、润州区、丹徒区、丹阳市、扬中市、句容市 |
| | 常州市 | 天宁区、钟楼区、新北区、武进区、金坛区、溧阳市 |
| | 苏州市 | 姑苏区、虎丘区、吴中区、相城区、吴江区、昆山市、常熟市、张家港市、太仓市 |
| 苏中 | 南通市 | 崇川区、通州区、港闸区、如东县、海门市、如皋市、启东市、海安市 |
| | 扬州市 | 广陵区、邗江区、江都区、宝应县、仪征市、高邮市 |
| | 泰州市 | 海陵区、高港区、姜堰区、兴化市、靖江市、泰兴市 |

| 江苏区域划分 | 地级市名 | 市辖区、县、县级市 |
|---|---|---|
| 苏北 | 徐州市 | 云龙区、鼓楼区、贾汪区、泉山区、铜山区、丰县、沛县、睢宁县、邳州市、新沂市 |
| | 连云港市 | 连云区、海州区、赣榆区、东海县、灌云县、灌南县 |
| | 淮安市 | 清江浦区、淮安区、淮阴区、洪泽区、涟水县、盱眙县、金湖县 |
| | 盐城市 | 亭湖区、盐都区、大丰区、响水县、滨海县、阜宁县、射阳县、建湖县、东台市 |
| | 宿迁市 | 宿城区、宿豫区、沭阳县、泗阳县、泗洪县 |

## 二、人口与民族

根据《2020 年江苏省国民经济和社会发展统计公报》，截至 2020 年末，江苏省常住人口 8 070 万人。其中，江苏人口最多的城市为苏州市，常住人口超千万，达到 1 075 万人；其次是徐州市和南京市，省会城市南京常住人口为 850 万人；江苏人口最少的市是镇江市，常住人口为 320.35 万人。

江苏主体民族为汉族，占比为 99.5%。同时，江苏也是少数民族散居省区。根据第六次全国人口普查统计，全省有少数民族人口 70 多万，其中常住人口 38.5 万人，约占江苏总人口的 0.5%。

现参考江苏省 2019 年统计年鉴，结合相关文献资料，整理江苏境内 13 个地级市的面积、常住人口以及主要气候条件（表 1-3）。除了徐州、连云港、淮安、盐城和宿迁 5 市属于暖温带湿润、半湿润季风气候外，其余 8 个市（包括南京、无锡、镇江、常州、苏州、南通、扬州、泰州）均属于亚热带湿润季风气候。

表 1-3 江苏省 13 个地级市的主要自然地理条件

| 地级市名 | 面积/km² | 常住人口/万人 | 年平均气温/℃ | 年平均降水量/mm | 气候类型 |
|---|---|---|---|---|---|
| 南京市 | 6 598 | 850.00 | 17.1 | 721.8 | 亚热带湿润季风气候 |
| 无锡市 | 4 650 | 659.15 | 17.4 | 1 030.5 | |

续　表

| 地级市名 | 面积/km² | 常住人口/万人 | 年平均气温/℃ | 年平均降水量/mm | 气候类型 |
|---|---|---|---|---|---|
| 镇江市 | 3 847 | 320.35 | 17.1 | 736.6 | |
| 常州市 | 4 385 | 473.60 | 17.2 | 1 123.5 | |
| 苏州市 | 8 488 | 1 074.99 | 17.6 | 1 120.9 | |
| 南通市 | 8 001 | 731.80 | 16.5 | 960.4 | |
| 扬州市 | 6 638 | 454.90 | 16.6 | 660.2 | |
| 泰州市 | 6 029 | 463.61 | 16.2 | 662.8 | |
| 徐州市 | 11 571 | 882.56 | 16.1 | 725.8 | 暖温带湿润、半湿润季风气候 |
| 连云港市 | 7 444 | 451.10 | 15.0 | 751.2 | |
| 淮安市 | 10 030 | 493.26 | 15.3 | 708.0 | |
| 盐城市 | 14 983 | 720.89 | 15.8 | 697.3 | |
| 宿迁市 | 8 660 | 493.79 | 15.9 | 832.5 | |

注：数据来源主要参考江苏省2019年统计年鉴及政府官方网站资料。

### 三、国民生产

中华人民共和国建立后，江苏经济取得长足的进步。到20世纪末，江苏全省基本迈入小康社会，苏南部分地区在全国率先实现初步现代化。2019年，全省地区生产总值99 631.5亿元，人均达12.36万元，居各省、自治区之首。实现一般公共预算收入9 059亿元，税收占比达81.8%。近年来，江苏省深入贯彻落实习近平新时代中国特色社会主义思想和新发展理念，区域内经济、社会等各项事业持续稳定发展，生态环境质量持续改善，人民生活质量不断提升，群众获得感日益增强。

为实现"十四五"时期经济社会发展的主要目标，必须深入贯彻习近平生态文明思想，坚持生态优先、绿色发展，建设人与自然和谐共生的现代化，加快建设美丽江苏，努力走出一条生态优先、绿色发展的新路子。坚持长江经济带"共抓大保护、不搞大开发"的战略导向，加强生态环境系统保护和修复，扎实抓好长江"十年禁渔"这项为全局计、为子孙谋的"国之大者"，深入打好污染防治攻坚战，不断改善生态环境质量。大力发展绿色产业，加快推动能源革命，促进生产生活方式绿色低碳转型，力争提前实现碳达峰，充分展现美丽江苏建设的自然生态之美、城乡宜居之美、水韵人文之美、绿色发展之美。

# 第二章
# 江苏林木种质资源研究概述

　　林木种质资源是人类生存和发展的战略性资源，是维持国家生态安全的重要保证，也是科技创新增强国力的基础资源。江苏地处中国东部沿海地区中部，地形以平原为主。该区地跨长江、淮河南北，气候和植被同时具亚热带和暖温带特点，区域内四季分明，雨热同期，光照充足，适合不同类型林木种质资源的生长与分布（沙莎等，2022）。江苏经济发达，环境承载压力大，由于受到人为干扰和破坏等影响，该区林木种质资源流失风险较高，林木种质资源保护的形势比较严峻。

　　通过调查摸清江苏地区的林木种质资源家底是其保护利用的前提。因此，本章首先简要概述林木种质资源的清查背景，然后阐述江苏林木种质资源清查的主要内容，最后概要介绍江苏省境内的林木种质资源研究现状。

## 第一节　林木种质资源

　　林木种质资源具有可再生和易遭受破坏而丧失的双重特性，世界上很多发达国家高度重视林木种质资源的野外调查、种质保存、科学管理和合理利用，我国也将林木种质资源列为林业工作的重中之重。林木种质资源关系到国家的生态安全和经济社会的可持续发展，同时也是国家科技体系建设及科技创新的一项重要保障。

　　因此，首先简要阐述林木种质资源的清查背景与清查内容。

### 一、林木种质资源清查背景

　　自党的十八大把生态文明建设纳入中国特色社会主义事业"五位一体"总体布局，并首次提出把"美丽中国"作为生态文明建设的目标以来，我国生态环境保护发生了历史性、转折性、全局性的变化。党的十九大报告进一步提出，必须坚持节约优先、保护优先、自然恢复为主的方针，形成节约资源和保护环境的空间格局、产业结构、生产方式、生活方式。2020 年两会期间，习近平总书记特别指出，要保持加强生态文明建设的战略定力，牢固树立生态优先、绿色发展的导向。同年，习近平总书记在江苏考察调研中也提到，要坚持"生态优先、绿色发展"。在党的二十大报告中，习近平总书记再次强调："我们坚持绿水青山就是金山银山的理念，坚持山水林田湖草沙一体化保护和系统治理，全方位、全地域、全过程加强生态环境保护，生态文明制度体系更加健全，污染防治攻坚向纵深推进，绿色、循环、低碳发展迈出坚实步伐，生态环境保护发生历史性、转折性、全局性变化，我们的祖国天更蓝、山更绿、水更清。"

由于林木种质资源是森林资源的重要组成部分，因此开展区域林木种质资源的调查不仅有利于当地的生物多样性保护和生态环境建设，而且有利于当地林木种质资源的保护和开发利用。由于我国地域辽阔，植物种类繁多，此类调查开展较少，不同学者对林木种质资源的理解存在一定差异（谢国阳，2020）。因此，这里参考《江苏省林木种质资源清查技术标准》（2018 年 5 月修订版），将其界定为：林木种质资源指林木种，种以下分类单位及具有各个不同遗传基础、当前或未来可能用于树种改良或营林生产的林木个体或群体的总称。它一般包含天然资源和为育种等工作而收集的原始材料。

## 二、林木种质资源清查内容

为加强林木种质资源的保护和开发利用，定期开展区域内的林木种质资源清查具有重要的实践价值。参考《江苏省林木种质资源清查技术标准》，我们将江苏林木种质资源划分为以下 5 类。

（1）野生林木种质资源：指在天然林内以及其他处于野生状态（如低山、丘陵、沟边、路旁逸生或自然生长状态）下的林木种质资源。

（2）收集保存林木种质资源：指在种子园、采穗圃、母树林、采种林、遗传试验林、植物园、树木园、种质资源保存林（圃）、种子库等专门场所保存的林木种质资源。

（3）栽培利用林木种质资源：指调查范围内造林工程、城乡绿化、庭院绿化、四旁绿化、经济林果园等人工种植的林木种质资源。

（4）古树名木种质资源：古树指在人类历史进程中保存下来的年代久远或

具有重要科研、历史、文化价值，树龄在 100 年以上的树木；名木指在历史上或社会上有重大影响的中外历代名人所植或者具有极其重要的历史价值、文化价值、纪念意义的树木（佘广美和张光富，2022）。

（5）来源不明的林木种质资源：指所有来源不明、产地不清的植物种类或品种。

以上 5 种类型的林木种质资源清查均不包括仅能在室内或人工设施条件下栽培的南方观赏植物等林木种质资源；移栽时间在 5 年以下的古树，只作为来源不明的林木种质资源。

# 第二节　江苏林木种质资源研究概况

## 一、江苏林木种质资源研究现状

江苏省地处我国东部沿海地区，位于长江下游，在北纬 30°45′～35°08′，东经 116°21′～121°56′之间，南部与上海、浙江相邻，西部与安徽相接，北部与山东邻接。全省地域面积 10.72 万 km²，占全国陆地总面积的 1.12%。与邻近的浙江、安徽相比，江苏尽管林木种质资源并不丰富，但是江苏的林业产业发展迅速。尤其是林木良种选育与推广扎实推进，有效保障了全省国土绿化造林种苗供应，林木种苗产业成为农业增效、农民增收和农村增绿的特色产业，为全省脱贫攻坚、乡村振兴和美丽江苏等建设做出了应有的贡献。

新中国成立以来，特别是改革开放 40 多年来，江苏森林资源实现了持续增长。到"十三五"末期，全省森林面积达 162 万 hm²，活立木总蓄积超过 9 600 万 m³，林木覆盖率达 24%，林业年产值达 5 000 亿元，以占全国不到 0.6% 的林地创造了超过全国 6% 的林业产值。全省建有国家级林木良种基地 8 个，省级林木良种基地 22 个，基地总面积超过 2 667 hm²，年均生产杨树（*Populus* spp.）雄株、美国山核桃（*Carya illinoinensis*）、银杏（*Ginkgo biloba*）、中山杉（*Taxodium* 'Zhongshanshan'）等良种苗木 3 000 余万株。江苏林业局制定并发布了《林木品种审（认）定程序基本规范》江苏省地方标准，先后组织了 5 次江苏省林木品种审定会，通过审定林木良种 82 个，认定林木良种 85

个，全省林木良种数量达 185 个，主要造林树种良种使用率达到 85%。

然而，江苏的林木种质资源调查一直较为缺乏，与木本植物相关的调查也较为零星。2007—2010 年江苏在全省范围内组织开展了森林资源二类调查，即以国有林场、自然保护区、森林公园等森林经营单位或县级行政区域为调查单位。2012—2016 年江苏开展了第二次重点保护野生植物资源调查，调查包括国家级调查种类和江苏省级调查种类。该调查初步查明了 27 种目标物种在江苏的分布地点、地理位置、种群数量和保护现状，并发现江苏宜兴是椿叶花椒（*Zanthoxylum ailanthoides*）在我国地理分布的最北界（徐惠强等，2017）。此外也有学者针对某一类植物如樱花（*Cerasus sp.*）的品种开展调查和研究（王贤荣，2014）。自 2017 年起至今，由江苏省生态环境厅牵头，全省大部分区域已开展生物多样性调查工作，计划在 2023 年前完成所有县域的调查，全面更新全省生物多样性本底情况。这一调查的内容主要涉及县域生态系统类型、陆生维管植物、陆生脊椎动物、昆虫和水生生物类群。这些调查从不同角度促进了对江苏生物多样性本底状况的了解，为区域内的生物多样性保护与管理提供了重要参考。然而，全省的林木种质资源一直处于家底不清的状态，有关该地区各类型的林木种质资源调查亟须展开。

根据江苏省林业局的统一部署和总体安排，江苏省于 2013 年初启动了全省境内的林木种质资源清查工作，目前已经基本摸清全省林木种质资源的类型、种类和分布状况。

## 二、江苏林木种质资源清查的意义

林木种质资源是人类生存和发展的战略性资源，是维持国家或地区生态安全的重要保证，也是林木品种科技创新的基础资源。江苏植物种类丰富，植被类型多样，开展林木种质资源调查，对于加强省内林木种质资源的保护，加快新品种创制，提高林产品市场竞争力，维护生态安全及林业的可持续发展，均具有十分重要的意义。

为全面掌握林木种质资源本底情况，按照江苏省的统一部署，江苏林业局于 2013 年在全省范围内启动林木种质资源清查工作。通过采取先期试点与全面推进、专家指导与专业调查、现场抽查和会议审查相结合的办法，稳步推进清查工作的有序开展，确保各市顺利完成林木资源调查的预定任务，掌握全省林木种质资源的基本情况。

第三章

# 调查方法与组织实施

　　林木种质资源是林木遗传多样性的载体，是生物多样性、生态系统多样性和林木遗传育种的基础。保护和利用林木种质资源，有利于保护生物多样性，有利于维持林业生产的可持续发展。而林木种质资源类型多样，采用的调查方法应该依据林木种质资源的不同类型而定。江苏南北气候差异大，林木种质资源的分布存在明显的地域差异。而此次调查为江苏首次开展的、全省范围的、多类型的、数量化调查为主要特征的专业性调查。江苏省林业局和各市林业主管部门高度重视林木种质资源清查工作，精心组织、认真部署、有序推进，克服机构调整以及疫情影响等不利因素，顺利完成了调查任务。

　　本章主要论述此次林木种质资源的调查对象、调查内容、调查方法和调查工作的部署安排。

## 第一节　调查方法

　　此次调查以江苏省作为调查总体，由各设区市具体组织实施辖区范围内的林木种质资源调查，以县、县级市、区作为调查单元，然后再逐级统计汇总。各调查单元在开展调查时，根据林木种质资源的不同类型选用相应的合适调查方法，如踏查、样方调查、单株调查等。

### 一、调查对象

　　调查对象为江苏省境内的乔木、灌木、竹类和木质藤本等林木种质资源，包括以下 5 个类别：① 野生林木种质资源；② 收集保存林木种质资源；③ 栽培利用林木种质资源；④ 古树名木种质资源；⑤ 来源不明的林木种质资源。

## 二、调查内容

根据《江苏省林木种质资源清查技术标准》（2018 版）（以下简称《清查标准》），江苏省境内的林木种质资源清查主要包括以下内容：

（1）查清行政区域内乔木、灌木、竹类和木质藤本等林业植物资源的种类、数量、分布以及生长情况；记录分布地点的群落类型以及生长环境。

（2）调查树种种内的品种、品系、优良林分、优良单株、家系、无性系等变异类型、来源、经济性状、抗逆性、栽培利用以及保存状况等。

（3）建立林木种质资源档案和林木种质资源信息管理系统，实现省、市、县林木种质资源管理的数字化和网络化。

（4）进行林木种质资源区划，提出林木种质资源保护、开发和利用方案。

## 三、调查方法

采用资料查询、知情人访谈、踏查、线路调查、样方调查、单株调查等方法清查，并在不同季节，对不同区域的不同生境类型（如地形、地貌、海拔等）的林木种质资源进行适当的补充调查。

（1）野生林木种质资源。

根据文献资料，在野外踏查的基础上，设置野生林木种质资源调查样方。结合调查区域内的植被现状以及树种分布情况，在每个典型的群丛中设置多个调查样地，在分布区域狭窄的树种所在的植物群落设置 1～2 个调查样地，乔木树种的调查样地面积为 400 $m^2$，灌木物种的样地面积为 25 $m^2$。对于调查区域内分布的珍稀濒危树种，则在其分布的典型地段设置 400 $m^2$ 的调查样地。记录调查样方内乔木或灌木的株数、胸径、树高和生长状况以及群落位置、海拔和生境特征等（孙刚和张光富，2020）。

（2）收集保存林木种质资源。

采取知情人访谈、资料查阅、现场踏查等方式对江苏省的良种基地和林木种质资源库等进行清查。

（3）栽培利用林木种质资源。

采取知情人访谈、资料查阅、现场踏查等方式对机关企事业单位、苗圃、学校、公园、住宅小区、四旁绿化等地区进行清查。

（4）古树名木种质资源。

以各市绿化委员会发布的古树名木名录为本底数据，赴古树名木涉及的地点进行实地清查或核实，并登记在野生、收集和栽培林木种质资源清查中发现的古树名木。古树名木不包括仅能在室内或人工设施条件下栽培的南方观赏植物以及移栽时间在5年以下的古树。

（5）来源不明的林木种质资源。

来源不明的林木种质资源指种子原产地和次生产地不清的树种，简要记录调查的地点、树种的名称等信息。

# 第二节　调查组织实施

为保证调查工作有序进行，江苏省林业局成立了江苏林木种质资源清查领导小组和省级清查专家组。前者主要负责全省各市的林木种质资源清查的组织管理与协调安排，后者主要负责全省林木种质资源清查的技术规程制定，以及为各市在清查过程中提供专业技术咨询。相应地，全省13个设区市也相继成立了各市的林木种质资源清查领导小组和专家组，并且积极依托相关的高校或科研院所作为技术支撑单位，组建各自的调查队伍。因此，有效的组织管理、专业的调查团队和及时的经费落实，为此次调查的顺利完成提供了强有力的保证。

## 一、部署安排

为切实加强林木种质资源清查工作的领导，2013年，全省林木种苗工作推进会专题部署林木种质资源清查工作。2014年，江苏省林业局成立全省林木种质资源清查工作领导小组和省级清查专家组，领导小组组长由分管种苗的局领导担任，领导小组办公室设在省林木种苗管理站，专家组由南京林业大学、南京师范大学和江苏省林科院等主要涉林科研院校的林木遗传育种和森林培育或植物分类等方面的专家组成，负责全省性的技术指导；各市积极贯彻落实2013年全省林木种苗工作推进会议精神，成立了市级林木种质资源清查工作领导小组，负责统筹协调全市清查工作，并抽调责任心和业务能力强的林业技术骨干组成市、县（市、区）清查技术队伍，负责本区域内部分林木种质的清查并协助专家组开展相关工作。

　　林木种质资源清查技术要求高，难度大。为保证清查技术路线科学适用，江苏省林木种质资源清查工作领导小组办公室先后多次组织专家会商清查对象、方法、验收标准和信息系统建设等，参考《江苏植物志》《江苏年鉴》和江苏森林资源情况等资料，形成了国内处于领先水平的较为完善的清查体系。2014 年，江苏省林业局下发了《关于开展全省林木种质资源清查工作的通知》（苏林种〔2014〕16 号）和《江苏省林木种质资源清查操作细则》；2018 年和2019 年，根据新修订的林木种质资源清查行业标准和各地清查反馈情况，及时对《江苏省林木种质资源清查操作细则》进行修订，编制了《江苏省林木种质资源清查技术标准》，印发《江苏省林木种质资源清查验收方案》，建立了全省林木种质资源清查信息系统，召开全省林木种质资源清查工作座谈会，讲解清查标准、信息系统录入和内业整理等事项，对进一步统一清查方法、标准，提高清查质量起到重要作用。各地根据实际情况，编印了清查工作方案，举办清查工作推进会议及培训班共计 20 余次，参加人员达 1 200 余人次，显著提升了清查工作的水准。2013—2020 年，全省共投入林木种质资源清查保护资金 2 224 万元，省级专项资金 1 130 万元，各市配套资金 1 094 万元，其中南京市配套资金多达 530 万元。

## 二、调查阶段

　　江苏省林木种质资源清查工作于 2013 年启动，2021 年初完成设区市林木种质资源清查成果验收，前后历时 8 年，外业调查和内业整理总计投入 1.5 万个工作日。2013 年，苏州和淮安启动清查工作，苏州作为试点单位，率先启动外业调查，于 2015 年 6 月全面完成清查任务并通过省级林木种质资源清查验收。徐州、连云港、常州、宿迁和镇江等 5 市于 2015 年启动清查工作，南京于 2016 年启动清查工作，泰州、盐城、南通、扬州和无锡等 5 市于 2017 年启动清查工作，清查成果陆续于 2019、2020 年和 2021 年初通过省级验收。苏州、泰州和盐城 3 市种质资源清查工作历时 2 年，扬州和南通 2 市历时 3 年，南京、无锡、徐州和宿迁 4 市历时 4 年，常州、连云港和镇江历时 5 年，受机构改革的影响，淮安用时最多，达 7 年（表 3-1）。

表 3-1  江苏 13 个市林木种质资源清查工作开展基本情况

| 设区市 | 启动时间 | 结束时间 | 技术依托单位 |
|---|---|---|---|
| 苏州 | 2013 年 7 月 | 2015 年 6 月 | 南京林业大学 |
| 泰州 | 2017 年 10 月 | 2019 年 9 月 | 江苏农牧科技职业学院 |
| 宿迁 | 2015 年 8 月 | 2019 年 11 月 | 江苏省中国科学院植物研究所 |
| 盐城 | 2017 年 12 月 | 2019 年 11 月 | 南京林业大学 |
| 徐州 | 2015 年 10 月 | 2019 年 12 月 | 南京林业大学 |
| 南通 | 2017 年 1 月 | 2019 年 12 月 | 南京师范大学 |
| 南京 | 2016 年 7 月 | 2020 年 6 月 | 南京林业大学 |
| 常州 | 2015 年 3 月 | 2020 年 8 月 | 南京师范大学、江苏南林亚奥生态环境建设有限公司 |
| 连云港 | 2015 年 7 月 | 2020 年 8 月 | 南京林业大学 |
| 扬州 | 2017 年 8 月 | 2020 年 8 月 | 扬州大学 |
| 淮安 | 2013 年 9 月 | 2020 年 12 月 | 江苏省中国科学院植物研究所 |
| 无锡 | 2017 年 3 月 | 2021 年 1 月 | 华东林业调查规划设计院 |
| 镇江 | 2015 年 6 月 | 2021 年 1 月 | 江苏南林亚奥生态环境建设有限公司、南京松翠园林建设有限公司 |

注：结束时间以各市通过省级验收的时间为准。

　　此后受江苏林业局委托，南京师范大学负责对全省 13 个市的林木种质资源清查成果进行汇总、整理和分析，并于 2021 年 10 月通过专家评审和验收。

# 第四章

# 江苏林木种质资源现状

根据江苏省林木种质资源清查的总体要求和统一部署，全省 13 个市的林木种质资源调查主要以分年度、分季节和分片区（以县、市、区为调查单元）的方式进行。在每个地级市完成调查并通过省林业局组织的检查和验收后，再对全省 13 个市的林木种质资源清查结果进行汇总整理和个别补充。本章主要根据最近 8 年的野外调查结果，论述江苏省林木种质资源现状，主要包括种质资源的类型、数量和分布地点，以及这些种质资源所隶属的植物类群。

## 第一节　树种及种质资源概述

经过 2013—2021 年 13 个市的林木种质资源摸底清查以及补充调查，现已基本查清全省林木种质资源的家底。

### 一、种质资源概述

本次调查共发现江苏省林木种质资源 4 大类：① 野生林木种质资源 5 872 份，包括种群 3 476 份、个体 790 份和优树 1 606 份；② 收集保存林木种质资源 2 688 份，包括品种 2 372 份、栽培其他 253 份、种源 59 份以及母树林 4 份；③ 栽培利用林木种质资源 5 253 份，包括个体 1 465 份、优树 1 143 份、群体 331 份、种源 11 份、无性系 92 份、选育品种 2 154 份、农家品种 2 份和栽培其他 55 份；④ 古树名木种质资源 8 695 份，包括古树单株 8 249 份（含一级古树 618 份、二级古树 955 份以及三级古树 6 676 份）、古树群 353 份和名木 93 份。另外，来源不明的林木种质资源有 251 种。因此，该区的林木种质资源目前共有 22 508 份（不含来源不明的林木种质资源类型）。

## 二、林木树种概述

这 22 508 份林木种质资源及 251 种来源不明的林木种质资源，共涉及木本植物 97 科 354 属 1 028 种（含种下分类单位，下同）。根据植物类群，它们包括：裸子植物 8 科 25 属 61 种，以及被子植物 89 科 329 属 967 种。这里，裸子植物根据 2011 年 Christenhusz 等分类系统，被子植物根据 2016 年 APG-Ⅳ 分类系统（Angiosperm Phylogeny Group，APG）。

根据林木种质资源的不同类型统计，其中野生林木种质资源有 467 种，隶属于 209 属 72 科；收集保存林木种质资源有 163 种，隶属于 99 属 52 科；栽培利用林木种质资源有 365 种，隶属于 177 属 71 科；古树名木种质资源有 215 种，隶属于 129 属 65 科。此外，来源不明的林木种质资源有 251 种，隶属于 145 属 63 科。可见，该区野生林木种质资源的植物种类最多。

# 第二节　野生林木种质资源

野生林木种质资源指在天然林内以及其他处于野生状态（如山地、丘陵、沟边、路旁逸生或自然生长状态）下的林木种质资源。根据本次调查，江苏省野生林木种质资源共有 5 872 份，包括个体 790 份、优树 1 606 份和种群 3 476 份，隶属于 467 种 209 属 72 科。

苏南地区（包括南京市、镇江市、常州市、无锡市和苏州市）野生林木种质资源的份数最多，共有 4 006 份［其野生林木种质资源份数占比（$r$）为 68.22%，下同］，隶属于 71 科 204 属 434 种；苏北地区（包括徐州市、连云港市、宿迁市、淮安市和盐城市）次之，共 1 135 份（19.33%），隶属于 57 科 127 属 226 种；苏中地区（包括南通市、泰州市和扬州市）最少，共 731 份（12.45%），隶属于 39 科 66 属 82 种。

13 个地级市的野生林木种质资源份数占比情况有所不同，具体如下。① 2 个地级市，$r \geqslant 10\%$，分别为：南京市 2 017 份，隶属于 61 科 143 属 271 种（34.35%）；镇江市 704 份，隶属于 56 科 140 属 252 种（11.99%）。② 6 个地级市，$5\% \leqslant r < 10\%$，分别为徐州市 568 份，隶属于 36 科 64 属 91 种

（9.67%）；扬州市 551 份，隶属于 24 科 36 属 45 种（9.38%）；常州市 545 份，隶属于 64 科 157 属 276 种（9.28%）；连云港市 416 份，隶属于 50 科 108 属 166 种（7.08%）；苏州市 373 份，隶属于 52 科 109 属 146 种（6.35%）；无锡市 367 份，隶属于 66 科 170 属 320 种（6.25%）。③ 5 个地级市，$r <$ 5%，分别为：南通市 149 份，隶属于 33 科 51 属 59 种（2.54%）；淮安市 119 份，隶属于 47 科 78 属 112 种（2.03%）；泰州市 31 份，隶属于 9 科 12 属 13 种（0.53%）；盐城市 17 份，隶属于 10 科 12 属 13 种（0.29%）；宿迁市 15 份，隶属于 13 科 15 属 15 种（0.26%）。详见表 4-1。

表 4-1　江苏省野生林木种质资源统计

| 区域 | 地级市 | 科 | 属 | 种 | 份数 |
|---|---|---|---|---|---|
| 苏南 | 南京市 | 61 | 143 | 271 | 2 017 |
| | 镇江市 | 56 | 140 | 252 | 704 |
| | 常州市 | 64 | 157 | 276 | 545 |
| | 无锡市 | 66 | 170 | 320 | 367 |
| | 苏州市 | 52 | 109 | 146 | 373 |
| 苏南合计 | | 71 | 204 | 434 | 4 006 |
| 苏中 | 南通市 | 33 | 51 | 59 | 149 |
| | 泰州市 | 9 | 12 | 13 | 31 |
| | 扬州市 | 24 | 36 | 45 | 551 |
| 苏中合计 | | 39 | 66 | 82 | 731 |
| 苏北 | 徐州市 | 36 | 64 | 91 | 568 |
| | 连云港市 | 50 | 108 | 166 | 416 |
| | 宿迁市 | 13 | 15 | 15 | 15 |
| | 淮安市 | 47 | 78 | 112 | 119 |
| | 盐城市 | 10 | 12 | 13 | 17 |
| 苏北合计 | | 57 | 127 | 226 | 1 135 |
| 总计 | | 72 | 209 | 467 | 5 872 |

江苏省野生林木种质资源共有 3 类：种群、个体和优树。现分别阐述如下。

## 一、野生种群

江苏省野生种群林木种质资源共有 3 476 份，涉及 72 科 209 属 466 种。在野生种群林木种质资源中，苏南地区野生种群林木种质资源的份数最多，共2 665份［其野生种群林木种质资源份数占比（$r$）为76.67%，下同］，隶属于71科204属434种；苏北次之，共728份（20.94%），隶属于56科125属220种；苏中最少，共83份（2.39%），隶属于35科57属68种。

对466种野生种群的数量 $n$（单位：份）进行统计，有2个种 $n \geqslant 40$，分别为构树（*Broussonetia papyrifera*）（图4-1）、朴树（*Celtis sinensis*）（图4-2）；$30 \leqslant n < 40$ 的有12种，如乌桕（*Triadica sebifera*）（图4-3）、黄檀（*Dalbergia hupeana*）（图4-4）等；$20 \leqslant n < 30$ 的有35种，如猫乳（*Rhamnella franguloides*）（图4-5）、野花椒（*Zanthoxylum simulans*）（图4-6）；$10 \leqslant n < 20$ 的有75种，如红柴枝（*Meliosma oldhamii*）、木通（*Akebia quinata*）等；$n < 10$ 的有342种，如糯米椴（*Tilia henryana* var. *subglabra*）（图4-7）等，其中只有1份的有105种，如金钱松（*Pseudolarix amabilis*）、宝华玉兰（*Yulania zenii*）（图4-8）、香果树（*Emmenopterys henryi*）（图4-9）、喜树（*Camptotheca acuminata*）（图4-10）等。

图4-1 构树（常见 野生种群）

图4-2 朴树（常见 野生种群）

图 4-3　乌桕（常见　野生种群）

图 4-4　黄檀（常见　野生种群）

图 4-5　猫乳（常见　野生种群）

图4-6 野花椒（常见 野生种群）

图4-7 糯米椴（野生种群 镇江市句容市）

图4-8 宝华玉兰（野生种群 镇江市句容市）

图4-9 香果树（野生种群 常州市溧阳市）

图4-10　喜树（野生种群　常州市溧阳市）

　　13个地级市中，5个地级市，r≥10%，分别为：南京市889份，隶属于60科142属269种（25.58%）；镇江市527份，隶属于56科140属251种（15.16%）；常州市509份，隶属于64科156属275种（14.64%）；苏州市373份，隶属于52科109属146种（10.73%）；无锡市367份，隶属于66科170属320种（10.56%）。2个地级市，5%≤r<10%，分别为：连云港市341份，隶属于50科107属165种（9.81%）；徐州市236份，隶属于34科59属81种（6.79%）。6个地级市，r<5%，分别为：淮安市119份，隶属于47科78属112种（3.42%）；南通市61份，隶属于33科51属59种（1.75%）；扬州市22份，隶属于13科17属22种（0.63%）；盐城市17份，隶属于10科12属13种（0.49%）；宿迁市15份，隶属于13科15属15种（0.43%）；泰州市无该种质资源类型（表4-2）。

表 4-2　江苏省野生林木种质资源（种群）统计

| 区域 | 地级市 | 科 | 属 | 种 | 份数 |
|---|---|---|---|---|---|
| 苏南 | 南京市 | 60 | 142 | 269 | 889 |
| | 镇江市 | 56 | 140 | 251 | 527 |
| | 常州市 | 64 | 156 | 275 | 509 |
| | 无锡市 | 66 | 170 | 320 | 367 |
| | 苏州市 | 52 | 109 | 146 | 373 |
| 苏南合计 | | 71 | 204 | 434 | 2 665 |
| 苏中 | 南通市 | 33 | 51 | 59 | 61 |
| | 泰州市 | 0 | 0 | 0 | 0 |
| | 扬州市 | 13 | 17 | 22 | 22 |
| 苏中合计 | | 35 | 57 | 68 | 83 |
| 苏北 | 徐州市 | 34 | 59 | 81 | 236 |
| | 连云港市 | 50 | 107 | 165 | 341 |
| | 宿迁市 | 13 | 15 | 15 | 15 |
| | 淮安市 | 47 | 78 | 112 | 119 |
| | 盐城市 | 10 | 12 | 13 | 17 |
| 苏北合计 | | 56 | 125 | 220 | 728 |
| 总计（种群） | | 72 | 209 | 466 | 3 476 |

根据各科含有种数统计，江苏省野生种群林木种质资源的 72 科，可分为大科（10 种以上）、中等科（5～9 种）、寡种科（2～4 种）和单种科（1 种）。其中，大科有 11 科，占植物总科数的 15.28%。大科在总科中所占比例最小，但大科中所含的属种数在总属种中所占比例最大（37.80%），分别为蔷薇科（属：种，18：58，下同）、豆科（20：39）、壳斗科（5：19）、樟科（7：19）、禾本科（6：16）、葡萄科（3：15）、鼠李科（7：15）、唇形科（4：12）、毛茛科（1：12）、桑科（4：11）、五加科（4：10）。中等科有 22 科，占植物总科数的 30.56%，分别为杜鹃花科（3：9）、锦葵科（3：9）、杨柳科（4：9）、榆科（3：9）、大戟科（5：8）、木樨科（5：8）、无患子科（2：8）、野茉莉科（3：8）、芸香科（3：8）、大麻科（4：7）、茜草科（6：7）、卫矛科（2：7）、胡颓子科（1：6）、漆树科（4：6）、山茱萸科（2：6）、五福花科（2：6）、五

列木科（2：6）、叶下珠科（5：6）、菝葜科（1：5）、木通科（4：5）、清风藤科（2：5）、山矾科（1：5）。寡种科26科，占植物总科数的36.11%。寡种科有26科，在植物总科中所占比例最大（36.11%），分别为柏科（3：4）、冬青科(1：4)、桦木科（3：4）、金缕梅科（4：4）、猕猴桃科（1：4）、忍冬科（2：4）、绣球花科（3：4）、报春花科（1：3）、防己科（3：3）、胡桃科(3：3)、夹竹桃科（3：3）、瑞香科（2：3）、山茶科（2：3）、柿树科(1：3)、松科（2：3）、茶藨子科（1：2）、珙桐科（2：2）、海桐花科（1：2）、苦木科（2：2）、楝科（2：2）、木兰科（1：2）、泡桐科（1：2）、省沽油科（2：2）、五味子科（2：2）、荨麻科（1：2）、紫葳科（1：2）。单种科有13科，占植物总科数的18.06%，分别为柽柳科、枫香科、红豆杉科、黄杨科、马钱科、千屈菜科、茄科、青皮木科、檀香科、天门冬科、玄参科、杨梅科和紫草科。（表4-3）

表4-3　江苏省野生林木种质资源（种群）的科级别统计

| 级别 | 科 | | 属 | | 种 | |
|---|---|---|---|---|---|---|
| | 数量/科 | 百分比/% | 数量/属 | 百分比/% | 数量/种 | 百分比/% |
| 大科（10种以上） | 11 | 15.28 | 79 | 37.80 | 226 | 48.50 |
| 中等科（5~9种） | 22 | 30.56 | 67 | 32.06 | 153 | 32.83 |
| 寡种科（2~4种） | 26 | 36.11 | 50 | 23.92 | 74 | 15.88 |
| 单种科（1种） | 13 | 18.06 | 13 | 6.22 | 13 | 2.79 |

注：由于四舍五入，各项相加可能不等于100%。下同。

就生活型而言，江苏省野生种群种质资源分为乔木、灌木、藤本和竹类4大类，细分为常绿乔木、落叶乔木、常绿灌木、落叶灌木、常绿藤本、落叶藤本、丛生竹类和散生竹类。乔木有190种，包括常绿乔木33种，落叶乔木157种；灌木有211种，包括常绿灌木50种，落叶灌木161种；藤本有49种，包括常绿藤本12种，落叶藤本37种；竹类有16种，包括丛生竹类6种，散生竹类10种。可见江苏省的野生林木种质资源以灌木最多，乔木其次，竹类最少；不论是乔木、灌木还是藤本，该区均以落叶植物居多（355种），常绿木本植物合计仅95种（不包括竹类）。具体种质资源情况如表4-4所示。

银缕梅为第三纪孑遗植物，被称为被子植物的"活化石"，在2021年国务院批准的《国家重点保护野生植物名录》中，银缕梅被列为国家一级濒危植物，也是江苏省内唯一的国家一级珍稀濒危保护植物。目前，银缕梅的野生种群分布极其狭窄，仅零散分布于苏南、安徽中部和浙江西北部，本次调查到的溧阳银缕梅野生种群分布为江苏省新发现的银缕梅分布地点，之前报道只在宜兴局部山区存有银缕梅野生种群，此次发现对于探讨金缕梅科的分布以及系统演化具有较为重要的学术价值。

表 4-4　江苏省野生林木种质资源（种群）地理分布统计

| 序号 | 种名 | 种学名 | 份数 | 县/市/区 | 登记点数 | 生活型 |
|---|---|---|---|---|---|---|
| 1 | 赤松 | *Pinus densiflora* | 5 | 连云港市东海县 | 3 | 常绿乔木 |
| | | | | 连云港市赣榆区 | 1 | |
| | | | | 连云港市灌云县 | 3 | |
| | | | | 连云港市海州区 | 1 | |
| | | | | 连云港市连云区 | 6 | |
| 2 | 马尾松 | *Pinus massoniana* | 11 | 常州市金坛区 | 2 | 常绿乔木 |
| | | | | 常州市溧阳市 | 8 | |
| | | | | 淮安市盱眙县 | 1 | |
| | | | | 南京市高淳区 | 2 | |
| | | | | 南京市栖霞区 | 12 | |
| | | | | 苏州市常熟市 | 26 | |
| | | | | 苏州市吴中区 | 11 | |
| | | | | 苏州市张家港市 | 1 | |
| | | | | 无锡市宜兴市 | 6 | |
| | | | | 宿迁市宿豫区 | 1 | |
| | | | | 镇江市京口区 | 1 | |
| 3 | 金钱松 | *Pseudolarix amabilis* | 1 | 无锡市宜兴市 | 2 | 落叶乔木 |
| 4 | 杉木 | *Cunninghamia lanceolata* | 6 | 常州市金坛区 | 5 | 常绿乔木 |
| | | | | 常州市溧阳市 | 5 | |
| | | | | 淮安市盱眙县 | 1 | |
| | | | | 南京市江宁区 | 1 | |
| | | | | 苏州市常熟市 | 11 | |
| | | | | 苏州市吴中区 | 6 | |

| 序号 | 种名 | 种学名 | 份数 | 县/市/区 | 登记点数 | 生活型 |
|---|---|---|---|---|---|---|
| 5 | 圆柏 | *Juniperus chinensis* | 8 | 淮安市盱眙县 | 1 | 常绿乔木 |
| | | | | 南京市江宁区 | 1 | |
| | | | | 南京市浦口区 | 1 | |
| | | | | 无锡市锡山区 | 1 | |
| | | | | 无锡市宜兴市 | 3 | |
| | | | | 宿迁市宿豫区 | 1 | |
| | | | | 镇江市京口区 | 1 | |
| | | | | 镇江市句容市 | 1 | |
| 6 | 刺柏 | *Juniperus formosana* | 2 | 常州市溧阳市 | 1 | 常绿乔木 |
| | | | | 无锡市宜兴市 | 3 | |
| 7 | 侧柏 | *Platycladus orientalis* | 5 | 淮安市盱眙县 | 2 | 常绿乔木 |
| | | | | 南京市江宁区 | 5 | |
| | | | | 南京市浦口区 | 1 | |
| | | | | 宿迁市宿豫区 | 1 | |
| | | | | 镇江市句容市 | 1 | |
| 8 | 粗榧 | *Cephalotaxus sinensis* | 2 | 常州市溧阳市 | 2 | 常绿灌木 |
| | | | | 无锡市宜兴市 | 2 | |
| 9 | 红毒茴 | *Illicium lanceolatum* | 1 | 无锡市宜兴市 | 2 | 常绿乔木 |
| 10 | 南五味子 | *Kadsura longipedunculata* | 2 | 常州市溧阳市 | 1 | 落叶藤本 |
| | | | | 无锡市宜兴市 | 3 | |
| 11 | 樟 | *Cinnamomum camphora* | 7 | 常州市金坛区 | 1 | 常绿乔木 |
| | | | | 常州市溧阳市 | 3 | |
| | | | | 南京市浦口区 | 1 | |
| | | | | 南京市玄武区 | 5 | |
| | | | | 南京市中山陵园管理局 | 6 | |
| | | | | 苏州市常熟市 | 16 | |
| | | | | 苏州市吴中区 | 7 | |

| 序号 | 种名 | 种学名 | 份数 | 县/市/区 | 登记点数 | 生活型 |
|---|---|---|---|---|---|---|
| 12 | 天竺桂 | *Cinnamomum japonicum* | 2 | 无锡市锡山区 | 1 | 常绿乔木 |
| | | | | 无锡市宜兴市 | 2 | |
| 13 | 乌药 | *Lindera aggregata* | 2 | 常州市溧阳市 | 1 | 常绿灌木 |
| | | | | 镇江市句容市 | 1 | |
| 14 | 狭叶山胡椒 | *Lindera angustifolia* | 24 | 常州市金坛区 | 1 | 落叶灌木 |
| | | | | 常州市溧阳市 | 3 | |
| | | | | 常州市武进区 | 15 | |
| | | | | 淮安市盱眙县 | 1 | |
| | | | | 连云港市新浦区 | 1 | |
| | | | | 南京市高淳区 | 5 | |
| | | | | 南京市江宁区 | 28 | |
| | | | | 南京市溧水区 | 5 | |
| | | | | 南京市六合区 | 9 | |
| | | | | 南京市浦口区 | 19 | |
| | | | | 南京市栖霞区 | 7 | |
| | | | | 南京市雨花台区 | 3 | |
| | | | | 南京市中山陵园管理局 | 6 | |
| | | | | 南通市崇川区 | 3 | |
| | | | | 苏州市常熟市 | 13 | |
| | | | | 苏州市虎丘区 | 3 | |
| | | | | 苏州市吴中区 | 1 | |
| | | | | 苏州市张家港市 | 1 | |
| | | | | 无锡市锡山区 | 1 | |
| | | | | 无锡市宜兴市 | 2 | |
| | | | | 镇江市丹徒区 | 7 | |
| | | | | 镇江市丹阳市 | 1 | |
| | | | | 镇江市句容市 | 4 | |
| | | | | 镇江市润州区 | 1 | |

| 序号 | 种名 | 种学名 | 份数 | 县/市/区 | 登记点数 | 生活型 |
|---|---|---|---|---|---|---|
| 15 | 江浙山胡椒 | *Lindera chienii* | 4 | 常州市溧阳市 | 1 | 落叶乔木 |
| | | | | 淮安市盱眙县 | 2 | |
| | | | | 南京市浦口区 | 2 | |
| | | | | 无锡市宜兴市 | 2 | |
| 16 | 红果山胡椒 | *Lindera erythrocarpa* | 2 | 常州市溧阳市 | 1 | 落叶灌木 |
| | | | | 无锡市宜兴市 | 2 | |
| 17 | 山胡椒 | *Lindera glauca* | 27 | 常州市金坛区 | 16 | 落叶灌木 |
| | | | | 常州市溧阳市 | 22 | |
| | | | | 常州市武进区 | 2 | |
| | | | | 淮安市盱眙县 | 1 | |
| | | | | 连云港市连云区 | 7 | |
| | | | | 连云港市新浦区 | 3 | |
| | | | | 南京市高淳区 | 7 | |
| | | | | 南京市江宁区 | 111 | |
| | | | | 南京市溧水区 | 40 | |
| | | | | 南京市六合区 | 13 | |
| | | | | 南京市浦口区 | 58 | |
| | | | | 南京市栖霞区 | 27 | |
| | | | | 南京市玄武区 | 16 | |
| | | | | 南京市雨花台区 | 9 | |
| | | | | 南京市中山陵园管理局 | 36 | |
| | | | | 南通市崇川区 | 4 | |
| | | | | 苏州市常熟市 | 21 | |
| | | | | 苏州市虎丘区 | 3 | |
| | | | | 苏州市吴中区 | 5 | |
| | | | | 苏州市张家港市 | 1 | |
| | | | | 无锡市锡山区 | 1 | |

| 序号 | 种名 | 种学名 | 份数 | 县/市/区 | 登记点数 | 生活型 |
|------|------|--------|------|----------|----------|--------|
| | | | | 无锡市宜兴市 | 3 | |
| | | | | 镇江市丹徒区 | 7 | |
| | | | | 镇江市丹阳市 | 2 | |
| | | | | 镇江市京口区 | 1 | |
| | | | | 镇江市句容市 | 6 | |
| | | | | 镇江市润州区 | 1 | |
| 18 | 绿叶甘橿 | *Lindera neesiana* | 2 | 常州市溧阳市 | 4 | 落叶乔木 |
| | | | | 镇江市句容市 | 1 | |
| | | | | 连云港市海州区 | 1 | |
| 19 | 三桠乌药 | *Lindera obtusiloba* | 3 | 连云港市连云区 | 4 | 落叶灌木 |
| | | | | 连云港市新浦区 | 1 | |
| 20 | 山橿 | *Lindera reflexa* | 2 | 常州市溧阳市 | 1 | 落叶灌木 |
| | | | | 无锡市宜兴市 | 2 | |
| 21 | 红脉钓樟 | *Lindera rubronervia* | 6 | 常州市溧阳市 | 1 | 落叶灌木 |
| | | | | 淮安市盱眙县 | 1 | |
| | | | | 南京市江宁区 | 1 | |
| | | | | 苏州市吴中区 | 1 | |
| | | | | 无锡市宜兴市 | 5 | |
| | | | | 镇江市句容市 | 1 | |
| 22 | 豹皮樟 | *Litsea coreana* var. *sinensis* | 2 | 常州市溧阳市 | 1 | 常绿乔木 |
| | | | | 无锡市宜兴市 | 5 | |
| 23 | 山鸡椒 | *Litsea cubeba* | 5 | 常州市溧阳市 | 8 | 常绿灌木 |
| | | | | 淮安市盱眙县 | 1 | |
| | | | | 苏州市常熟市 | 5 | |
| | | | | 无锡市宜兴市 | 2 | |
| | | | | 镇江市丹徒区 | 1 | |
| 24 | 薄叶润楠 | *Machilus leptophylla* | 1 | 无锡市宜兴市 | 2 | 常绿乔木 |

| 序号 | 种名 | 种学名 | 份数 | 县/市/区 | 登记点数 | 生活型 |
|---|---|---|---|---|---|---|
| 25 | 刨花润楠 | *Machilus pauhoi* | 1 | 无锡市宜兴市 | 3 | 常绿乔木 |
| 26 | 红楠 | *Machilus thunbergii* | 1 | 无锡市宜兴市 | 1 | 常绿乔木 |
| 27 | 浙江新木姜子 | *Neolitsea aurata* var. *chekiangensis* | 1 | 无锡市宜兴市 | 2 | 常绿乔木 |
| 28 | 紫楠 | *Phoebe sheareri* | 4 | 常州市溧阳市 | 4 | 常绿乔木 |
| | | | | 苏州市吴中区 | 3 | |
| | | | | 无锡市宜兴市 | 3 | |
| | | | | 镇江市句容市 | 1 | |
| 29 | 檫木 | *Sassafras tzumu* | 9 | 常州市金坛区 | 1 | 落叶乔木 |
| | | | | 常州市溧阳市 | 1 | |
| | | | | 苏州市常熟市 | 4 | |
| | | | | 苏州市虎丘区 | 1 | |
| | | | | 苏州市张家港市 | 1 | |
| | | | | 无锡市宜兴市 | 3 | |
| | | | | 镇江市丹徒区 | 1 | |
| | | | | 镇江市丹阳市 | 3 | |
| | | | | 镇江市句容市 | 2 | |
| 30 | 天目玉兰 | *Yulania amoena* | 1 | 无锡市宜兴市 | 2 | 落叶乔木 |
| 31 | 宝华玉兰 | *Yulania zenii* | 1 | 镇江市句容市 | 1 | 落叶乔木 |
| 32 | 天门冬 | *Asparagus cochinchinensis* | 3 | 常州市金坛区 | 1 | 常绿灌木 |
| | | | | 常州市溧阳市 | 1 | |
| | | | | 南京市中山陵园管理局 | 1 | |
| 33 | 菝葜 | *Smilax china* | 27 | 常州市金坛区 | 7 | 常绿灌木 |
| | | | | 常州市溧阳市 | 7 | |
| | | | | 常州市武进区 | 12 | |
| | | | | 常州市新北区 | 3 | |
| | | | | 淮安市盱眙县 | 1 | |
| | | | | 连云港市东海县 | 4 | |

| 序号 | 种名 | 种学名 | 份数 | 县/市/区 | 登记点数 | 生活型 |
|---|---|---|---|---|---|---|
| | | | | 连云港市连云区 | 10 | |
| | | | | 连云港市新浦区 | 3 | |
| | | | | 南京市高淳区 | 5 | |
| | | | | 南京市江宁区 | 107 | |
| | | | | 南京市六合区 | 4 | |
| | | | | 南京市浦口区 | 49 | |
| | | | | 南京市栖霞区 | 35 | |
| | | | | 南京市玄武区 | 13 | |
| | | | | 南京市雨花台区 | 8 | |
| | | | | 南京市中山陵园管理局 | 4 | |
| | | | | 苏州市常熟市 | 6 | |
| | | | | 苏州市虎丘区 | 2 | |
| | | | | 苏州市吴中区 | 2 | |
| | | | | 无锡市江阴市 | 1 | |
| | | | | 无锡市锡山区 | 1 | |
| | | | | 无锡市宜兴市 | 3 | |
| | | | | 徐州市开发区 | 3 | |
| | | | | 镇江市丹徒区 | 7 | |
| | | | | 镇江市京口区 | 2 | |
| | | | | 镇江市句容市 | 5 | |
| | | | | 镇江市润州区 | 2 | |
| 34 | 小果菝葜 | *Smilax davidiana* | 12 | 常州市金坛区 | 2 | 落叶灌木 |
| | | | | 常州市溧阳市 | 2 | |
| | | | | 连云港市海州区 | 1 | |
| | | | | 连云港市连云区 | 3 | |
| | | | | 连云港市新浦区 | 1 | |
| | | | | 南京市高淳区 | 4 | |

| 序号 | 种名 | 种学名 | 份数 | 县/市/区 | 登记点数 | 生活型 |
|---|---|---|---|---|---|---|
| | | | | 南京市浦口区 | 6 | |
| | | | | 苏州市常熟市 | 5 | |
| | | | | 苏州市虎丘区 | 2 | |
| | | | | 苏州市吴中区 | 1 | |
| | | | | 无锡市宜兴市 | 1 | |
| | | | | 镇江市句容市 | 1 | |
| 35 | 土茯苓 | *Smilax glabra* | 2 | 常州市溧阳市 | 1 | 常绿灌木 |
| | | | | 镇江市句容市 | 1 | |
| | | | | 连云港市连云区 | 1 | |
| 36 | 黑果菝葜 | *Smilax glaucochina* | 4 | 南京市浦口区 | 5 | 落叶灌木 |
| | | | | 南京市栖霞区 | 19 | |
| | | | | 镇江市句容市 | 1 | |
| | | | | 淮安市盱眙县 | 1 | |
| | | | | 连云港市海州区 | 1 | |
| 37 | 华东菝葜 | *Smilax sieboldii* | 6 | 连云港市连云区 | 4 | 落叶灌木 |
| | | | | 连云港市新浦区 | 1 | |
| | | | | 南京市浦口区 | 1 | |
| | | | | 镇江市句容市 | 1 | |
| 38 | 方竹 | *Chimonobambusa quadrangularis* | 1 | 南京市江宁区 | 1 | 丛生竹类 |
| | | | | 常州市溧阳市 | 1 | |
| | | | | 连云港市新浦区 | 2 | |
| | | | | 南京市江宁区 | 1 | |
| 39 | 阔叶箬竹 | *Indocalamus latifolius* | 7 | 苏州市虎丘区 | 1 | 丛生竹类 |
| | | | | 无锡市宜兴市 | 3 | |
| | | | | 镇江市丹阳市 | 1 | |
| | | | | 镇江市句容市 | 1 | |

| 序号 | 种名 | 种学名 | 份数 | 县/市/区 | 登记点数 | 生活型 |
|---|---|---|---|---|---|---|
| 40 | 箬竹 | *Indocalamus tessellatus* | 2 | 常州市武进区 | 1 | 丛生竹类 |
|  |  |  |  | 无锡市宜兴市 | 1 |  |
| 41 | 石绿竹 | *Phyllostachys arcana* | 1 | 南京市江宁区 | 1 | 散生竹类 |
| 42 | 毛竹 | *Phyllostachys edulis* | 11 | 常州市金坛区 | 4 | 散生竹类 |
|  |  |  |  | 常州市溧阳市 | 6 |  |
|  |  |  |  | 淮安市盱眙县 | 1 |  |
|  |  |  |  | 南京市江宁区 | 10 |  |
|  |  |  |  | 南京市浦口区 | 1 |  |
|  |  |  |  | 南京市玄武区 | 1 |  |
|  |  |  |  | 苏州市常熟市 | 3 |  |
|  |  |  |  | 苏州市吴中区 | 2 |  |
|  |  |  |  | 无锡市锡山区 | 1 |  |
|  |  |  |  | 无锡市宜兴市 | 4 |  |
|  |  |  |  | 镇江市京口区 | 1 |  |
| 43 | 淡竹 | *Phyllostachys glauca* | 7 | 淮安市盱眙县 | 1 | 散生竹类 |
|  |  |  |  | 连云港市连云区 | 1 |  |
|  |  |  |  | 南京市高淳区 | 1 |  |
|  |  |  |  | 南京市江宁区 | 2 |  |
|  |  |  |  | 南京市溧水区 | 1 |  |
|  |  |  |  | 南京市六合区 | 1 |  |
|  |  |  |  | 无锡市宜兴市 | 1 |  |
| 44 | 水竹 | *Phyllostachys heteroclada* | 18 | 常州市金坛区 | 1 | 散生竹类 |
|  |  |  |  | 常州市武进区 | 9 |  |
|  |  |  |  | 淮安市盱眙县 | 1 |  |
|  |  |  |  | 南京市高淳区 | 7 |  |
|  |  |  |  | 南京市江宁区 | 30 |  |
|  |  |  |  | 南京市溧水区 | 1 |  |

| 序号 | 种名 | 种学名 | 份数 | 县/市/区 | 登记点数 | 生活型 |
|---|---|---|---|---|---|---|
| | | | | 南京市六合区 | 4 | |
| | | | | 南京市浦口区 | 3 | |
| | | | | 南京市栖霞区 | 2 | |
| | | | | 南京市玄武区 | 1 | |
| | | | | 南京市雨花台区 | 2 | |
| | | | | 苏州市常熟市 | 8 | |
| | | | | 苏州市虎丘区 | 1 | |
| | | | | 苏州市吴中区 | 1 | |
| | | | | 无锡市江阴市 | 1 | |
| | | | | 无锡市宜兴市 | 3 | |
| | | | | 镇江市丹阳市 | 1 | |
| | | | | 镇江市句容市 | 1 | |
| 45 | 实心竹 | *Phyllostachys heteroclada f. solida* | 2 | 南京市高淳区 | 1 | 散生竹类 |
| | | | | 南京市溧水区 | 1 | |
| 46 | 篌竹 | *Phyllostachys nidularia* | 7 | 常州市金坛区 | 3 | 散生竹类 |
| | | | | 南京市高淳区 | 1 | |
| | | | | 南京市江宁区 | 8 | |
| | | | | 南京市溧水区 | 2 | |
| | | | | 南京市六合区 | 2 | |
| | | | | 南京市浦口区 | 1 | |
| | | | | 南京市雨花台区 | 1 | |
| 47 | 金竹 | *Phyllostachys sulphurea* | 2 | 常州市金坛区 | 2 | 散生竹类 |
| | | | | 无锡市宜兴市 | 3 | |
| 48 | 刚竹 | *Phyllostachys sulphurea var. viridis* | 8 | 常州市溧阳市 | 1 | 散生竹类 |
| | | | | 淮安市盱眙县 | 1 | |
| | | | | 南京市江宁区 | 2 | |
| | | | | 南京市溧水区 | 1 | |

| 序号 | 种名 | 种学名 | 份数 | 县/市/区 | 登记点数 | 生活型 |
|---|---|---|---|---|---|---|
| | | | | 南京市六合区 | 1 | |
| | | | | 南京市玄武区 | 1 | |
| | | | | 无锡市宜兴市 | 1 | |
| | | | | 镇江市京口区 | 1 | |
| 49 | 粉绿竹 | *Phyllostachys viridiglaucescens* | 1 | 无锡市宜兴市 | 2 | 散生竹类 |
| 50 | 乌哺鸡竹 | *Phyllostachys vivax* | 1 | 无锡市宜兴市 | 2 | 散生竹类 |
| 51 | 苦竹 | *Pleioblastus amarus* | 7 | 常州市金坛区 | 1 | 丛生竹类 |
| | | | | 常州市溧阳市 | 2 | |
| | | | | 苏州市常熟市 | 2 | |
| | | | | 苏州市虎丘区 | 1 | |
| | | | | 无锡市宜兴市 | 3 | |
| | | | | 镇江市丹阳市 | 1 | |
| | | | | 镇江市句容市 | 1 | |
| 52 | 短穗竹 | *Semiarundinaria densiflora* | 15 | 常州市溧阳市 | 1 | 丛生竹类 |
| | | | | 南京市高淳区 | 1 | |
| | | | | 南京市江宁区 | 5 | |
| | | | | 南京市溧水区 | 1 | |
| | | | | 南京市六合区 | 3 | |
| | | | | 南京市栖霞区 | 1 | |
| | | | | 南京市玄武区 | 1 | |
| | | | | 南通市崇川区 | 2 | |
| | | | | 苏州市常熟市 | 1 | |
| | | | | 苏州市虎丘区 | 1 | |
| | | | | 苏州市吴中区 | 1 | |
| | | | | 苏州市张家港市 | 1 | |
| | | | | 无锡市宜兴市 | 2 | |

续　表

| 序号 | 种名 | 种学名 | 份数 | 县/市/区 | 登记点数 | 生活型 |
|---|---|---|---|---|---|---|
| | | | | 镇江市京口区 | 1 | |
| | | | | 镇江市句容市 | 1 | |
| 53 | 鹅毛竹 | *Shibataea chinensis* | 1 | 南京市玄武区 | 1 | 丛生竹类 |
| 54 | 黄杨 | *Buxus sinica* | 1 | 徐州市铜山区 | 1 | 常绿乔木 |
| 55 | 多花泡花树 | *Meliosma myriantha* | 3 | 连云港市连云区 | 1 | 落叶乔木 |
| | | | | 无锡市宜兴市 | 2 | |
| | | | | 镇江市句容市 | 1 | |
| 56 | 柔毛泡花树 | *Meliosma myriantha var. pilosa* | 1 | 镇江市句容市 | 1 | 落叶乔木 |
| 57 | 红柴枝 | *Meliosma oldhamii* | 11 | 常州市金坛区 | 2 | 落叶乔木 |
| | | | | 常州市溧阳市 | 1 | |
| | | | | 淮安市盱眙县 | 1 | |
| | | | | 连云港市连云区 | 14 | |
| | | | | 连云港市新浦区 | 3 | |
| | | | | 南京市江宁区 | 11 | |
| | | | | 南京市浦口区 | 1 | |
| | | | | 南京市中山陵园管理局 | 16 | |
| | | | | 苏州市吴中区 | 2 | |
| | | | | 无锡市宜兴市 | 2 | |
| | | | | 镇江市句容市 | 1 | |
| 58 | 细花泡花树 | *Meliosma parviflora* | 4 | 常州市新北区 | 1 | 落叶乔木 |
| | | | | 南京市栖霞区 | 1 | |
| | | | | 无锡市宜兴市 | 2 | |
| | | | | 镇江市丹徒区 | 1 | |
| 59 | 清风藤 | *Sabia japonica* | 7 | 常州市金坛区 | 3 | 落叶藤本 |
| | | | | 常州市溧阳市 | 1 | |
| | | | | 南京市江宁区 | 12 | |
| | | | | 南京市浦口区 | 1 | |

| 序号 | 种名 | 种学名 | 份数 | 县/市/区 | 登记点数 | 生活型 |
|---|---|---|---|---|---|---|
| | | | | 无锡市宜兴市 | 1 | |
| | | | | 镇江市丹阳市 | 1 | |
| | | | | 镇江市句容市 | 2 | |
| 60 | 木通 | *Akebia quinata* | 17 | 常州市金坛区 | 4 | 落叶藤本 |
| | | | | 常州市溧阳市 | 1 | |
| | | | | 淮安市盱眙县 | 1 | |
| | | | | 连云港市连云区 | 3 | |
| | | | | 连云港市新浦区 | 2 | |
| | | | | 南京市江宁区 | 2 | |
| | | | | 南京市六合区 | 2 | |
| | | | | 南京市浦口区 | 46 | |
| | | | | 南京市玄武区 | 11 | |
| | | | | 南京市中山陵园管理局 | 1 | |
| | | | | 苏州市吴中区 | 1 | |
| | | | | 无锡市宜兴市 | 3 | |
| | | | | 扬州市仪征市 | 1 | |
| | | | | 镇江市丹徒区 | 4 | |
| | | | | 镇江市丹阳市 | 1 | |
| | | | | 镇江市句容市 | 3 | |
| | | | | 镇江市润州区 | 2 | |
| 61 | 白木通 | *Akebia trifoliata* subsp. *australis* | 3 | 常州市溧阳市 | 1 | 落叶藤本 |
| | | | | 无锡市宜兴市 | 1 | |
| | | | | 镇江市句容市 | 1 | |
| 62 | 鹰爪枫 | *Holboellia coriacea* | 2 | 常州市溧阳市 | 2 | 常绿藤本 |
| | | | | 无锡市宜兴市 | 2 | |
| 63 | 大血藤 | *Sargentodoxa cuneata* | 2 | 常州市溧阳市 | 1 | 落叶藤本 |
| | | | | 无锡市宜兴市 | 2 | |

| 序号 | 种名 | 种学名 | 份数 | 县/市/区 | 登记点数 | 生活型 |
|---|---|---|---|---|---|---|
| 64 | 钝药野木瓜 | *Stauntonia leucantha* | 4 | 常州市新北区 | 1 | 常绿藤本 |
| | | | | 南京市江宁区 | 15 | |
| | | | | 无锡市宜兴市 | 2 | |
| | | | | 镇江市丹阳市 | 2 | |
| 65 | 木防己 | *Cocculus orbiculatus* | 28 | 常州市金坛区 | 2 | 落叶藤本 |
| | | | | 常州市溧阳市 | 1 | |
| | | | | 常州市新北区 | 1 | |
| | | | | 淮安市盱眙县 | 1 | |
| | | | | 连云港市东海县 | 3 | |
| | | | | 连云港市赣榆区 | 1 | |
| | | | | 连云港市灌云县 | 2 | |
| | | | | 连云港市海州区 | 2 | |
| | | | | 连云港市连云区 | 7 | |
| | | | | 连云港市新浦区 | 3 | |
| | | | | 南京市高淳区 | 8 | |
| | | | | 南京市江宁区 | 7 | |
| | | | | 南京市六合区 | 3 | |
| | | | | 南京市浦口区 | 4 | |
| | | | | 南京市栖霞区 | 7 | |
| | | | | 南通市崇川区 | 1 | |
| | | | | 苏州市常熟市 | 2 | |
| | | | | 苏州市虎丘区 | 1 | |
| | | | | 苏州市吴中区 | 1 | |
| | | | | 苏州市张家港市 | 1 | |
| | | | | 无锡市宜兴市 | 3 | |
| | | | | 徐州市贾汪区 | 1 | |
| | | | | 徐州市开发区 | 13 | |
| | | | | 徐州市邳州市 | 2 | |
| | | | | 徐州市铜山区 | 10 | |

| 序号 | 种名 | 种学名 | 份数 | 县/市/区 | 登记点数 | 生活型 |
|---|---|---|---|---|---|---|
| | | | | 徐州市新沂市 | 7 | |
| | | | | 镇江市丹徒区 | 1 | |
| | | | | 镇江市句容市 | 1 | |
| 66 | 蝙蝠葛 | *Menispermum dauricum* | 5 | 常州市金坛区 | 1 | 落叶藤本 |
| | | | | 常州市溧阳市 | 2 | |
| | | | | 淮安市盱眙县 | 1 | |
| | | | | 无锡市宜兴市 | 2 | |
| | | | | 镇江市句容市 | 1 | |
| 67 | 千金藤 | *Stephania japonica* | 10 | 常州市金坛区 | 1 | 常绿藤本 |
| | | | | 常州市新北区 | 1 | |
| | | | | 南京市江宁区 | 9 | |
| | | | | 南京市六合区 | 5 | |
| | | | | 南京市栖霞区 | 3 | |
| | | | | 南京市玄武区 | 1 | |
| | | | | 苏州市吴中区 | 1 | |
| | | | | 无锡市宜兴市 | 1 | |
| | | | | 镇江市丹徒区 | 1 | |
| | | | | 镇江市句容市 | 1 | |
| 68 | 女萎 | *Clematis apiifolia* | 4 | 常州市金坛区 | 1 | 落叶藤本 |
| | | | | 常州市溧阳市 | 1 | |
| | | | | 南京市玄武区 | 2 | |
| | | | | 无锡市宜兴市 | 2 | |
| 69 | 短尾铁线莲 | *Clematis brevicaudata* | 1 | 无锡市宜兴市 | 2 | 落叶藤本 |
| 70 | 威灵仙 | *Clematis chinensis* | 10 | 常州市金坛区 | 1 | 落叶藤本 |
| | | | | 淮安市盱眙县 | 1 | |
| | | | | 连云港市连云区 | 1 | |
| | | | | 南京市浦口区 | 3 | |

| 序号 | 种名 | 种学名 | 份数 | 县/市/区 | 登记点数 | 生活型 |
|---|---|---|---|---|---|---|
| | | | | 南京市玄武区 | 3 | |
| | | | | 苏州市常熟市 | 1 | |
| | | | | 苏州市虎丘区 | 1 | |
| | | | | 苏州市吴中区 | 1 | |
| | | | | 无锡市宜兴市 | 2 | |
| | | | | 镇江市句容市 | 1 | |
| 71 | 山木通 | *Clematis finetiana* | 5 | 连云港市连云区 | 1 | 常绿藤本 |
| | | | | 苏州市常熟市 | 1 | |
| | | | | 苏州市虎丘区 | 1 | |
| | | | | 苏州市吴中区 | 1 | |
| | | | | 无锡市宜兴市 | 3 | |
| 72 | 毛萼铁线莲 | *Clematis hancockiana* | 1 | 常州市溧阳市 | 1 | 落叶藤本 |
| 73 | 单叶铁线莲 | *Clematis henryi* | 2 | 南京市栖霞区 | 3 | 常绿藤本 |
| | | | | 无锡市宜兴市 | 2 | |
| 74 | 大叶铁线莲 | *Clematis heracleifolia* | 2 | 连云港市新浦区 | 1 | 落叶灌木 |
| | | | | 南京市浦口区 | 1 | |
| 75 | 太行铁线莲 | *Clematis kirilowii* | 5 | 连云港市新浦区 | 1 | 落叶藤本 |
| | | | | 无锡市宜兴市 | 1 | |
| | | | | 徐州市贾汪区 | 4 | |
| | | | | 徐州市开发区 | 8 | |
| | | | | 徐州市铜山区 | 3 | |
| 76 | 羽叶铁线莲 | *Clematis pinnata* | 1 | 南京市浦口区 | 1 | 落叶藤本 |
| 77 | 毛果扬子铁线莲 | *Clematis puberula* var. *tenuisepala* | 3 | 连云港市新浦区 | 1 | 落叶藤本 |
| | | | | 南京市浦口区 | 6 | |
| | | | | 徐州市贾汪区 | 2 | |
| 78 | 圆锥铁线莲 | *Clematis terniflora* | 3 | 南京市高淳区 | 1 | 常绿藤本 |
| | | | | 南京市浦口区 | 7 | |
| | | | | 无锡市宜兴市 | 2 | |

| 序号 | 种名 | 种学名 | 份数 | 县/市/区 | 登记点数 | 生活型 |
|---|---|---|---|---|---|---|
| 79 | 柱果铁线莲 | *Clematis uncinata* | 2 | 常州市溧阳市 | 1 | 常绿藤本 |
| | | | | 无锡市宜兴市 | 2 | |
| 80 | 枫香树 | *Liquidambar formosana* | 18 | 常州市金坛区 | 6 | 落叶乔木 |
| | | | | 常州市溧阳市 | 8 | |
| | | | | 常州市武进区 | 1 | |
| | | | | 常州市新北区 | 1 | |
| | | | | 淮安市盱眙县 | 1 | |
| | | | | 连云港市海州区 | 1 | |
| | | | | 连云港市连云区 | 5 | |
| | | | | 连云港市新浦区 | 1 | |
| | | | | 南京市溧水区 | 2 | |
| | | | | 南京市栖霞区 | 24 | |
| | | | | 苏州市常熟市 | 30 | |
| | | | | 苏州市虎丘区 | 2 | |
| | | | | 苏州市吴中区 | 1 | |
| | | | | 苏州市张家港市 | 1 | |
| | | | | 无锡市宜兴市 | 2 | |
| | | | | 镇江市丹阳市 | 2 | |
| | | | | 镇江市句容市 | 5 | |
| | | | | 镇江市润州区 | 2 | |
| 81 | 蜡瓣花 | *Corylopsis sinensis* | 1 | 镇江市句容市 | 1 | 落叶灌木 |
| 82 | 牛鼻栓 | *Fortunearia sinensis* | 19 | 常州市金坛区 | 6 | 落叶灌木 |
| | | | | 常州市溧阳市 | 10 | |
| | | | | 淮安市盱眙县 | 1 | |
| | | | | 连云港市连云区 | 4 | |
| | | | | 连云港市新浦区 | 1 | |
| | | | | 南京市江宁区 | 23 | |

| 序号 | 种名 | 种学名 | 份数 | 县/市/区 | 登记点数 | 生活型 |
|---|---|---|---|---|---|---|
| | | | | 南京市浦口区 | 12 | |
| | | | | 南京市栖霞区 | 1 | |
| | | | | 南京市玄武区 | 1 | |
| | | | | 南京市雨花台区 | 2 | |
| | | | | 南京市中山陵园管理局 | 8 | |
| | | | | 苏州市虎丘区 | 1 | |
| | | | | 苏州市吴中区 | 4 | |
| | | | | 无锡市宜兴市 | 4 | |
| | | | | 扬州市仪征市 | 1 | |
| | | | | 镇江市丹徒区 | 5 | |
| | | | | 镇江市丹阳市 | 1 | |
| | | | | 镇江市京口区 | 1 | |
| | | | | 镇江市句容市 | 5 | |
| 83 | 檵木 | *Loropetalum chinense* | 5 | 常州市溧阳市 | 6 | 常绿灌木 |
| | | | | 南京市江宁区 | 8 | |
| | | | | 苏州市虎丘区 | 1 | |
| | | | | 苏州市吴中区 | | |
| | | | | 无锡市宜兴市 | 1 | |
| 84 | 银缕梅 | *Parrotia subaequalis* | 2 | 常州市溧阳市 | 1 | 落叶乔木 |
| | | | | 无锡市宜兴市 | 4 | |
| 85 | 簇花茶藨子 | *Ribes fasciculatum* | 4 | 常州市金坛区 | 1 | 落叶灌木 |
| | | | | 南京市浦口区 | 8 | |
| | | | | 南京市栖霞区 | | |
| | | | | 无锡市宜兴市 | 2 | |
| 86 | 华蔓茶藨子 | *Ribes fasciculatum* var. *chinense* | 4 | 常州市溧阳市 | 1 | 落叶灌木 |
| | | | | 连云港市新浦区 | 2 | |
| | | | | 南京市中山陵园管理局 | 2 | |
| | | | | 无锡市宜兴市 | 2 | |

| 序号 | 种名 | 种学名 | 份数 | 县/市/区 | 登记点数 | 生活型 |
|---|---|---|---|---|---|---|
| 87 | 广东蛇葡萄 | *Ampelopsis cantoniensis* | 1 | 无锡市宜兴市 | 1 | 落叶藤本 |
| 88 | 三裂蛇葡萄 | *Ampelopsis delavayana* | 1 | 南京市浦口区 | 5 | 落叶藤本 |
| 89 | 蛇葡萄 | *Ampelopsis glandulosa* | 13 | 常州市溧阳市 | 2 | 落叶藤本 |
| | | | | 连云港市赣榆区 | 1 | |
| | | | | 连云港市连云区 | 4 | |
| | | | | 连云港市新浦区 | 1 | |
| | | | | 南京市高淳区 | 2 | |
| | | | | 南京市江宁区 | 3 | |
| | | | | 南京市六合区 | 6 | |
| | | | | 南京市栖霞区 | 2 | |
| | | | | 苏州市常熟市 | 2 | |
| | | | | 苏州市张家港市 | 1 | |
| | | | | 无锡市宜兴市 | 1 | |
| | | | | 徐州市邳州市 | 2 | |
| | | | | 镇江市句容市 | 1 | |
| 90 | 葎叶蛇葡萄 | *Ampelopsis humulifolia* | 1 | 连云港市连云区 | 1 | 落叶藤本 |
| 91 | 白蔹 | *Ampelopsis japonica* | 2 | 南京市浦口区 | 2 | 落叶藤本 |
| | | | | 镇江市句容市 | 1 | |
| 92 | 绿叶地锦 | *Parthenocissus laetevirens* | 1 | 镇江市句容市 | 1 | 落叶藤本 |
| 93 | 地锦 | *Parthenocissus tricuspidata* | 21 | 常州市金坛区 | 9 | 落叶藤本 |
| | | | | 常州市溧阳市 | 6 | |
| | | | | 淮安市盱眙县 | 1 | |
| | | | | 连云港市东海县 | 4 | |
| | | | | 连云港市海州区 | 2 | |
| | | | | 连云港市连云区 | 7 | |
| | | | | 连云港市新浦区 | 4 | |
| | | | | 南京市江宁区 | 1 | |

| 序号 | 种名 | 种学名 | 份数 | 县/市/区 | 登记点数 | 生活型 |
|---|---|---|---|---|---|---|
| | | | | 南京市溧水区 | 1 | |
| | | | | 南京市浦口区 | 15 | |
| | | | | 南京市栖霞区 | 14 | |
| | | | | 南京市玄武区 | 3 | |
| | | | | 南通市港闸区 | 2 | |
| | | | | 苏州市常熟市 | 1 | |
| | | | | 苏州市虎丘区 | 1 | |
| | | | | 苏州市吴中区 | 1 | |
| | | | | 苏州市张家港市 | 1 | |
| | | | | 无锡市宜兴市 | 1 | |
| | | | | 徐州市开发区 | 6 | |
| | | | | 徐州市铜山区 | 1 | |
| | | | | 镇江市句容市 | 1 | |
| 94 | 山葡萄 | *Vitis amurensis* | 8 | 常州市金坛区 | 2 | 落叶藤本 |
| | | | | 常州市溧阳市 | 1 | |
| | | | | 南京市高淳区 | 1 | |
| | | | | 南京市江宁区 | 1 | |
| | | | | 南京市浦口区 | 4 | |
| | | | | 南京市栖霞区 | 4 | |
| | | | | 镇江市京口区 | 1 | |
| | | | | 镇江市句容市 | 1 | |
| 95 | 蘡薁 | *Vitis bryoniifolia* | 4 | 连云港市连云区 | 1 | 落叶藤本 |
| | | | | 南通市崇川区 | 1 | |
| | | | | 无锡市宜兴市 | 2 | |
| | | | | 镇江市句容市 | 1 | |
| 96 | 刺葡萄 | *Vitis davidii* | 7 | 常州市溧阳市 | 1 | 落叶藤本 |
| | | | | 常州市武进区 | 1 | |

| 序号 | 种名 | 种学名 | 份数 | 县/市/区 | 登记点数 | 生活型 |
|---|---|---|---|---|---|---|
| | | | | 南京市江宁区 | 1 | |
| | | | | 无锡市宜兴市 | 2 | |
| | | | | 镇江市丹徒区 | 1 | |
| | | | | 镇江市丹阳市 | 1 | |
| | | | | 镇江市句容市 | 2 | |
| 97 | 葛藟葡萄 | *Vitis flexuosa* | 5 | 常州市金坛区 | 1 | 落叶藤本 |
| | | | | 常州市溧阳市 | 1 | |
| | | | | 连云港市连云区 | 1 | |
| | | | | 南京市浦口区 | 1 | |
| | | | | 镇江市句容市 | 1 | |
| 98 | 毛葡萄 | *Vitis heyneana* | 8 | 常州市金坛区 | 1 | 落叶藤本 |
| | | | | 常州市溧阳市 | 1 | |
| | | | | 常州市武进区 | 1 | |
| | | | | 连云港市连云区 | 2 | |
| | | | | 南京市高淳区 | 2 | |
| | | | | 南京市浦口区 | 4 | |
| | | | | 无锡市宜兴市 | 2 | |
| | | | | 镇江市句容市 | 1 | |
| 99 | 桑叶葡萄 | *Vitis heyneana* subsp. *ficifolia* | 2 | 南京市高淳区 | 1 | 落叶藤本 |
| | | | | 南京市浦口区 | 6 | |
| 100 | 华东葡萄 | *Vitis pseudoreticulata* | 1 | 淮安市盱眙县 | 1 | 落叶藤本 |
| 101 | 秋葡萄 | *Vitis romanetii* | 1 | 镇江市句容市 | 1 | 落叶藤本 |
| 102 | 苦皮藤 | *Celastrus angulatus* | 7 | 常州市金坛区 | 1 | 落叶灌木 |
| | | | | 常州市溧阳市 | | |
| | | | | 南京市浦口区 | 3 | |
| | | | | 南京市栖霞区 | 1 | |
| | | | | 南京市玄武区 | 2 | |

| 序号 | 种名 | 种学名 | 份数 | 县/市/区 | 登记点数 | 生活型 |
|---|---|---|---|---|---|---|
| | | | | 无锡市宜兴市 | 2 | |
| | | | | 镇江市丹徒区 | 1 | |
| 103 | 大芽南蛇藤 | *Celastrus gemmatus* | 5 | 常州市金坛区 | 1 | 落叶灌木 |
| | | | | 常州市溧阳市 | 1 | |
| | | | | 南京市浦口区 | 3 | |
| | | | | 无锡市宜兴市 | 1 | |
| | | | | 镇江市句容市 | 1 | |
| 104 | 南蛇藤 | *Celastrus orbiculatus* | 19 | 常州市金坛区 | 3 | 落叶灌木 |
| | | | | 常州市溧阳市 | 3 | |
| | | | | 淮安市盱眙县 | 1 | |
| | | | | 连云港市海州区 | 1 | |
| | | | | 连云港市连云区 | 5 | |
| | | | | 连云港市新浦区 | 4 | |
| | | | | 南京市高淳区 | 4 | |
| | | | | 南京市江宁区 | 23 | |
| | | | | 南京市六合区 | 1 | |
| | | | | 南京市浦口区 | 36 | |
| | | | | 南京市栖霞区 | 7 | |
| | | | | 南京市玄武区 | 5 | |
| | | | | 南京市中山陵园管理局 | 2 | |
| | | | | 苏州市常熟市 | 1 | |
| | | | | 无锡市宜兴市 | 2 | |
| | | | | 徐州市新沂市 | 5 | |
| | | | | 镇江市丹徒区 | 3 | |
| | | | | 镇江市句容市 | 3 | |
| | | | | 镇江市润州区 | 2 | |

| 序号 | 种名 | 种学名 | 份数 | 县/市/区 | 登记点数 | 生活型 |
|---|---|---|---|---|---|---|
| | | | | 常州市金坛区 | 4 | |
| | | | | 常州市溧阳市 | 2 | |
| | | | | 常州市武进区 | 1 | |
| | | | | 常州市新北区 | 1 | |
| | | | | 淮安市盱眙县 | 4 | |
| | | | | 连云港市海州区 | 1 | |
| | | | | 连云港市连云区 | 4 | |
| | | | | 连云港市新浦区 | 4 | |
| | | | | 南京市高淳区 | 3 | |
| | | | | 南京市江宁区 | 35 | |
| | | | | 南京市六合区 | 6 | |
| | | | | 南京市浦口区 | 12 | |
| | | | | 南京市栖霞区 | 21 | |
| 105 | 卫矛 | *Euonymus alatus* | 27 | 南京市玄武区 | 9 | 落叶灌木 |
| | | | | 南京市中山陵园管理局 | 17 | |
| | | | | 南通市崇川区 | 1 | |
| | | | | 苏州市常熟市 | 1 | |
| | | | | 苏州市吴中区 | 1 | |
| | | | | 无锡市宜兴市 | 3 | |
| | | | | 徐州市开发区 | 1 | |
| | | | | 徐州市邳州市 | 1 | |
| | | | | 徐州市铜山区 | 1 | |
| | | | | 徐州市新沂市 | 7 | |
| | | | | 镇江市丹徒区 | 2 | |
| | | | | 镇江市丹阳市 | 3 | |
| | | | | 镇江市京口区 | 1 | |
| | | | | 镇江市句容市 | 5 | |

续　表

| 序号 | 种名 | 种学名 | 份数 | 县/市/区 | 登记点数 | 生活型 |
|---|---|---|---|---|---|---|
| 106 | 肉花卫矛 | *Euonymus carnosus* | 4 | 常州市金坛区 | 1 | 常绿灌木 |
| | | | | 常州市溧阳市 | 1 | |
| | | | | 无锡市宜兴市 | 2 | |
| | | | | 镇江市句容市 | 1 | |
| 107 | 扶芳藤 | *Euonymus fortunei* | 16 | 常州市金坛区 | 1 | 常绿灌木 |
| | | | | 常州市溧阳市 | 1 | |
| | | | | 淮安市盱眙县 | 1 | |
| | | | | 连云港市新浦区 | 2 | |
| | | | | 南京市高淳区 | 1 | |
| | | | | 南京市六合区 | 4 | |
| | | | | 南京市浦口区 | 2 | |
| | | | | 南京市栖霞区 | 1 | |
| | | | | 南通市崇川区 | 2 | |
| | | | | 苏州市常熟市 | 1 | |
| | | | | 苏州市虎丘区 | 1 | |
| | | | | 苏州市吴中区 | 1 | |
| | | | | 无锡市宜兴市 | 3 | |
| | | | | 徐州市新沂市 | 1 | |
| | | | | 镇江市丹阳市 | 1 | |
| | | | | 镇江市句容市 | 2 | |
| 108 | 白杜 | *Euonymus maackii* | 26 | 常州市武进区 | 5 | 落叶乔木 |
| | | | | 常州市新北区 | 1 | |
| | | | | 淮安市金湖县 | 1 | |
| | | | | 连云港市赣榆区 | 1 | |
| | | | | 南京市高淳区 | 2 | |
| | | | | 南京市江宁区 | 21 | |
| | | | | 南京市六合区 | 13 | |

| 序号 | 种名 | 种学名 | 份数 | 县/市/区 | 登记点数 | 生活型 |
|---|---|---|---|---|---|---|
| | | | | 南京市浦口区 | 11 | |
| | | | | 南京市栖霞区 | 4 | |
| | | | | 南京市玄武区 | 2 | |
| | | | | 南京市雨花台区 | 1 | |
| | | | | 南京市中山陵园管理局 | 2 | |
| | | | | 南通市崇川区 | 2 | |
| | | | | 苏州市吴中区 | 2 | |
| | | | | 无锡市宜兴市 | 3 | |
| | | | | 宿迁市宿豫区 | 1 | |
| | | | | 徐州市贾汪区 | 6 | |
| | | | | 徐州市开发区 | 5 | |
| | | | | 徐州市邳州市 | 4 | |
| | | | | 徐州市铜山区 | 4 | |
| | | | | 徐州市新沂市 | 1 | |
| | | | | 镇江市丹徒区 | 3 | |
| | | | | 镇江市丹阳市 | 2 | |
| | | | | 镇江市京口区 | 1 | |
| | | | | 镇江市句容市 | 2 | |
| | | | | 镇江市润州区 | 1 | |
| 109 | 山拐枣 | *Poliothyrsis sinensis* | 3 | 南京市浦口区 | 1 | 落叶乔木 |
| | | | | 无锡市宜兴市 | 4 | |
| | | | | 镇江市句容市 | 1 | |
| 110 | 响叶杨 | *Populus adenopoda* | 7 | 常州市溧阳市 | 1 | 落叶乔木 |
| | | | | 南京市江宁区 | 13 | |
| | | | | 南京市浦口区 | 6 | |
| | | | | 南京市玄武区 | 3 | |
| | | | | 无锡市宜兴市 | 2 | |

续　表

| 序号 | 种名 | 种学名 | 份数 | 县/市/区 | 登记点数 | 生活型 |
|------|------|--------|------|----------|----------|--------|
| | | | | 镇江市京口区 | 1 | |
| | | | | 镇江市句容市 | 3 | |
| 111 | 小叶杨 | *Populus simonii* | 1 | 镇江市句容市 | 1 | 落叶乔木 |
| 112 | 腺柳 | *Salix chaenomeloides* | 10 | 常州市金坛区 | 2 | 落叶乔木 |
| | | | | 常州市溧阳市 | 1 | |
| | | | | 常州市武进区 | 1 | |
| | | | | 淮安市金湖县 | 1 | |
| | | | | 连云港市赣榆区 | 1 | |
| | | | | 南京市江宁区 | 1 | |
| | | | | 南京市浦口区 | 3 | |
| | | | | 无锡市锡山区 | 1 | |
| | | | | 无锡市宜兴市 | 3 | |
| | | | | 镇江市句容市 | 1 | |
| 113 | 杞柳 | *Salix integra* | 1 | 镇江市句容市 | 1 | 落叶灌木 |
| 114 | 旱柳 | *Salix matsudana* | 8 | 常州市金坛区 | 2 | 落叶乔木 |
| | | | | 淮安市盱眙县 | 2 | |
| | | | | 南京市江宁区 | 1 | |
| | | | | 南通市启东市 | 1 | |
| | | | | 无锡市江阴市 | 1 | |
| | | | | 徐州市新沂市 | 2 | |
| | | | | 扬州市仪征市 | 1 | |
| | | | | 镇江市句容市 | 1 | |
| 115 | 三蕊柳 | *Salix nipponica* | 1 | 无锡市宜兴市 | 2 | 落叶乔木 |
| 116 | 紫柳 | *Salix wilsonii* | 2 | 南京市浦口区 | 1 | 落叶乔木 |
| | | | | 镇江市句容市 | 1 | |
| 117 | 柞木 | *Xylosma congesta* | 11 | 常州市金坛区 | 1 | 常绿灌木 |
| | | | | 常州市新北区 | 1 | |

| 序号 | 种名 | 种学名 | 份数 | 县/市/区 | 登记点数 | 生活型 |
|---|---|---|---|---|---|---|
| | | | | 淮安市盱眙县 | 1 | |
| | | | | 南京市高淳区 | 5 | |
| | | | | 南京市江宁区 | 5 | |
| | | | | 南通市崇川区 | 5 | |
| | | | | 苏州市常熟市 | 1 | |
| | | | | 苏州市吴中区 | 2 | |
| | | | | 无锡市宜兴市 | 5 | |
| | | | | 镇江市丹徒区 | 1 | |
| | | | | 镇江市丹阳市 | 2 | |
| 118 | 山麻杆 | *Alchornea davidii* | 6 | 常州市武进区 | 1 | 落叶灌木 |
| | | | | 常州市新北区 | 1 | |
| | | | | 南通市崇川区 | 1 | |
| | | | | 无锡市宜兴市 | 1 | |
| | | | | 镇江市丹徒区 | 1 | |
| | | | | 镇江市句容市 | 1 | |
| 119 | 白背叶 | *Mallotus apelta* | 12 | 常州市金坛区 | 4 | 落叶乔木 |
| | | | | 常州市溧阳市 | 9 | |
| | | | | 南京市高淳区 | 1 | |
| | | | | 南京市江宁区 | 50 | |
| | | | | 南京市浦口区 | 47 | |
| | | | | 南京市中山陵园管理局 | 4 | |
| | | | | 苏州市常熟市 | 9 | |
| | | | | 苏州市虎丘区 | 3 | |
| | | | | 苏州市吴中区 | 1 | |
| | | | | 苏州市张家港市 | 1 | |
| | | | | 镇江市丹徒区 | 2 | |
| | | | | 镇江市句容市 | 5 | |

| 序号 | 种名 | 种学名 | 份数 | 县/市/区 | 登记点数 | 生活型 |
|---|---|---|---|---|---|---|
| 120 | 野梧桐 | *Mallotus japonicus* | 10 | 常州市溧阳市 | 5 | 落叶乔木 |
| | | | | 常州市武进区 | 2 | |
| | | | | 连云港市连云区 | 2 | |
| | | | | 南京市高淳区 | 1 | |
| | | | | 南京市江宁区 | 35 | |
| | | | | 南京市中山陵园管理局 | 1 | |
| | | | | 无锡市宜兴市 | 7 | |
| | | | | 镇江市丹徒区 | 3 | |
| | | | | 镇江市丹阳市 | 1 | |
| | | | | 镇江市润州区 | 1 | |
| 121 | 粗糠柴 | *Mallotus philippensis* | 1 | 镇江市句容市 | 1 | 常绿乔木 |
| 122 | 石岩枫 | *Mallotus repandus* | 7 | 常州市溧阳市 | 1 | 落叶灌木 |
| | | | | 南通市崇川区 | 2 | |
| | | | | 苏州市常熟市 | 3 | |
| | | | | 苏州市虎丘区 | 1 | |
| | | | | 苏州市吴中区 | 1 | |
| | | | | 苏州市张家港市 | 1 | |
| | | | | 无锡市宜兴市 | 1 | |
| 123 | 白木乌桕 | *Neoshirakia japonica* | 1 | 连云港市连云区 | 8 | 落叶乔木 |
| 124 | 乌桕 | *Triadica sebifera* | 36 | 常州市金坛区 | 2 | 落叶乔木 |
| | | | | 常州市溧阳市 | 1 | |
| | | | | 常州市武进区 | 14 | |
| | | | | 常州市新北区 | 1 | |
| | | | | 淮安市金湖县 | 4 | |
| | | | | 淮安市盱眙县 | 1 | |
| | | | | 连云港市东海县 | 2 | |
| | | | | 连云港市灌云县 | 2 | |

| 序号 | 种名 | 种学名 | 份数 | 县/市/区 | 登记点数 | 生活型 |
|---|---|---|---|---|---|---|
| | | | | 连云港市连云区 | 2 | |
| | | | | 南京市高淳区 | 3 | |
| | | | | 南京市江宁区 | 21 | |
| | | | | 南京市溧水区 | 15 | |
| | | | | 南京市六合区 | 19 | |
| | | | | 南京市浦口区 | 13 | |
| | | | | 南京市栖霞区 | 7 | |
| | | | | 南京市雨花台区 | 2 | |
| | | | | 南通市崇川区 | 1 | |
| | | | | 苏州市常熟市 | 7 | |
| | | | | 苏州市虎丘区 | 1 | |
| | | | | 苏州市吴中区 | 8 | |
| | | | | 苏州市张家港市 | 1 | |
| | | | | 无锡市江阴市 | 1 | |
| | | | | 无锡市宜兴市 | 2 | |
| | | | | 宿迁市宿豫区 | 1 | |
| | | | | 徐州市贾汪区 | 2 | |
| | | | | 徐州市开发区 | 4 | |
| | | | | 徐州市邳州市 | 4 | |
| | | | | 徐州市睢宁县 | 1 | |
| | | | | 徐州市铜山区 | 2 | |
| | | | | 徐州市新沂市 | 10 | |
| | | | | 盐城市大丰区 | 2 | |
| | | | | 盐城市建湖县 | 3 | |
| | | | | 镇江市丹徒区 | 6 | |
| | | | | 镇江市丹阳市 | 3 | |
| | | | | 镇江市京口区 | 1 | |
| | | | | 镇江市句容市 | 4 | |

| 序号 | 种名 | 种学名 | 份数 | 县/市/区 | 登记点数 | 生活型 |
|---|---|---|---|---|---|---|
| 125 | 油桐 | *Vernicia fordii* | 6 | 常州市金坛区 | 1 | 落叶乔木 |
| | | | | 常州市溧阳市 | 2 | |
| | | | | 常州市武进区 | 3 | |
| | | | | 苏州市常熟市 | 18 | |
| | | | | 苏州市吴中区 | 1 | |
| | | | | 无锡市宜兴市 | 1 | |
| 126 | 重阳木 | *Bischofia polycarpa* | 2 | 常州市武进区 | 2 | 落叶乔木 |
| | | | | 南通市崇川区 | 4 | |
| 127 | 一叶萩 | *Flueggea suffruticosa* | 14 | 常州市金坛区 | 4 | 落叶灌木 |
| | | | | 常州市溧阳市 | 1 | |
| | | | | 淮安市盱眙县 | 1 | |
| | | | | 连云港市新浦区 | 1 | |
| | | | | 南京市江宁区 | 7 | |
| | | | | 南京市六合区 | 1 | |
| | | | | 南京市浦口区 | 7 | |
| | | | | 南京市玄武区 | 7 | |
| | | | | 南通市崇川区 | 2 | |
| | | | | 苏州市吴中区 | 1 | |
| | | | | 苏州市张家港市 | 1 | |
| | | | | 无锡市宜兴市 | 3 | |
| | | | | 镇江市丹徒区 | 1 | |
| | | | | 镇江市句容市 | 1 | |
| 128 | 算盘子 | *Glochidion puberum* | 25 | 常州市溧阳市 | 1 | 落叶灌木 |
| | | | | 常州市武进区 | 4 | |
| | | | | 常州市新北区 | 1 | |
| | | | | 连云港市灌云县 | 1 | |
| | | | | 连云港市海州区 | 3 | |

| 序号 | 种名 | 种学名 | 份数 | 县/市/区 | 登记点数 | 生活型 |
|---|---|---|---|---|---|---|
| | | | | 连云港市连云区 | 3 | |
| | | | | 南京市高淳区 | 3 | |
| | | | | 南京市江宁区 | 6 | |
| | | | | 南京市六合区 | 1 | |
| | | | | 南京市浦口区 | 3 | |
| | | | | 南京市栖霞区 | 1 | |
| | | | | 苏州市常熟市 | 1 | |
| | | | | 苏州市虎丘区 | 1 | |
| | | | | 苏州市吴中区 | 1 | |
| | | | | 苏州市张家港市 | 1 | |
| | | | | 无锡市宜兴市 | 1 | |
| | | | | 宿迁市宿豫区 | 1 | |
| | | | | 徐州市贾汪区 | 2 | |
| | | | | 徐州市开发区 | 4 | |
| | | | | 徐州市邳州市 | 4 | |
| | | | | 徐州市铜山区 | 3 | |
| | | | | 徐州市新沂市 | 5 | |
| | | | | 镇江市丹徒区 | 1 | |
| | | | | 镇江市京口区 | 1 | |
| | | | | 镇江市句容市 | 3 | |
| 129 | 雀儿舌头 | *Leptopus chinensis* | 1 | 无锡市宜兴市 | 2 | 落叶灌木 |
| 130 | 落萼叶下珠 | *Phyllanthus flexuosus* | 1 | 无锡市宜兴市 | 2 | 落叶灌木 |
| 131 | 青灰叶下珠 | *Phyllanthus glaucus* | 10 | 常州市溧阳市 | 1 | 落叶灌木 |
| | | | | 常州市新北区 | 1 | |
| | | | | 南京市江宁区 | 2 | |
| | | | | 南京市栖霞区 | 7 | |
| | | | | 南京市玄武区 | 1 | |

| 序号 | 种名 | 种学名 | 份数 | 县/市/区 | 登记点数 | 生活型 |
|---|---|---|---|---|---|---|
| | | | | 苏州市吴中区 | 1 | |
| | | | | 无锡市宜兴市 | 3 | |
| | | | | 镇江市丹徒区 | 1 | |
| | | | | 镇江市京口区 | 1 | |
| | | | | 镇江市句容市 | 3 | |
| 132 | 合欢 | *Albizia julibrissin* | 9 | 常州市武进区 | 8 | 落叶乔木 |
| | | | | 南京市江宁区 | 14 | |
| | | | | 南京市浦口区 | 1 | |
| | | | | 南京市栖霞区 | 1 | |
| | | | | 南京市雨花台区 | 2 | |
| | | | | 无锡市宜兴市 | 1 | |
| | | | | 徐州市睢宁县 | 1 | |
| | | | | 徐州市新沂市 | 1 | |
| | | | | 镇江市丹阳市 | 1 | |
| 133 | 山槐 | *Albizia kalkora* | 28 | 常州市金坛区 | 3 | 落叶乔木 |
| | | | | 常州市溧阳市 | 5 | |
| | | | | 常州市武进区 | 9 | |
| | | | | 常州市新北区 | 1 | |
| | | | | 连云港市赣榆区 | 1 | |
| | | | | 连云港市灌云县 | 1 | |
| | | | | 连云港市海州区 | 1 | |
| | | | | 连云港市连云区 | 8 | |
| | | | | 连云港市新浦区 | 1 | |
| | | | | 南京市高淳区 | 2 | |
| | | | | 南京市江宁区 | 30 | |
| | | | | 南京市溧水区 | 1 | |
| | | | | 南京市浦口区 | 8 | |

| 序号 | 种名 | 种学名 | 份数 | 县/市/区 | 登记点数 | 生活型 |
|---|---|---|---|---|---|---|
| | | | | 南京市栖霞区 | 11 | |
| | | | | 南京市玄武区 | 4 | |
| | | | | 南京市雨花台区 | 2 | |
| | | | | 南通市崇川区 | 1 | |
| | | | | 苏州市常熟市 | 1 | |
| | | | | 苏州市虎丘区 | 2 | |
| | | | | 苏州市吴中区 | 3 | |
| | | | | 苏州市张家港市 | 1 | |
| | | | | 无锡市宜兴市 | 2 | |
| | | | | 徐州市开发区 | 1 | |
| | | | | 徐州市邳州市 | 2 | |
| | | | | 徐州市铜山区 | 4 | |
| | | | | 扬州市仪征市 | 1 | |
| | | | | 镇江市丹徒区 | 6 | |
| | | | | 镇江市句容市 | 3 | |
| 134 | 云实 | *Caesalpinia decapetala* | 8 | 连云港市连云区 | 2 | 落叶灌木 |
| | | | | 南京市高淳区 | 1 | |
| | | | | 南京市江宁区 | 3 | |
| | | | | 南京市栖霞区 | 2 | |
| | | | | 苏州市吴中区 | 1 | |
| | | | | 苏州市张家港市 | 1 | |
| | | | | 无锡市宜兴市 | 3 | |
| | | | | 镇江市京口区 | 1 | |
| 135 | 网络鸡血藤 | *Callerya reticulata* | 3 | 南京市江宁区 | 1 | 常绿藤本 |
| | | | | 苏州市虎丘区 | 1 | |
| | | | | 苏州市吴中区 | 1 | |

续 表

| 序号 | 种名 | 种学名 | 份数 | 县/市/区 | 登记点数 | 生活型 |
|---|---|---|---|---|---|---|
| 136 | 杭子梢 | *Campylotropis macrocarpa* | 6 | 常州市金坛区 | 1 | 落叶灌木 |
| | | | | 常州市溧阳市 | 1 | |
| | | | | 南京市玄武区 | 6 | |
| | | | | 苏州市虎丘区 | 1 | |
| | | | | 无锡市宜兴市 | 2 | |
| | | | | 镇江市句容市 | 1 | |
| 137 | 毛掌叶锦鸡儿 | *Caragana leveillei* | 2 | 徐州市贾汪区 | 4 | 落叶灌木 |
| | | | | 徐州市开发区 | 5 | |
| 138 | 锦鸡儿 | *Caragana sinica* | 2 | 苏州市吴中区 | 1 | 落叶灌木 |
| | | | | 无锡市宜兴市 | 3 | |
| 139 | 翅荚香槐 | *Cladrastis platycarpa* | 2 | 常州市溧阳市 | 1 | 落叶乔木 |
| | | | | 无锡市宜兴市 | 3 | |
| 140 | 黄檀 | *Dalbergia hupeana* | 35 | 常州市金坛区 | 5 | 落叶乔木 |
| | | | | 常州市溧阳市 | 9 | |
| | | | | 常州市武进区 | 22 | |
| | | | | 淮安市金湖县 | 3 | |
| | | | | 淮安市盱眙县 | 1 | |
| | | | | 连云港市赣榆区 | 1 | |
| | | | | 连云港市灌云县 | 3 | |
| | | | | 连云港市海州区 | 2 | |
| | | | | 连云港市连云区 | 17 | |
| | | | | 连云港市新浦区 | 3 | |
| | | | | 南京市高淳区 | 11 | |
| | | | | 南京市江宁区 | 91 | |
| | | | | 南京市溧水区 | 7 | |
| | | | | 南京市六合区 | 19 | |
| | | | | 南京市浦口区 | 48 | |

| 序号 | 种名 | 种学名 | 份数 | 县/市/区 | 登记点数 | 生活型 |
|---|---|---|---|---|---|---|
| | | | | 南京市栖霞区 | 20 | |
| | | | | 南京市玄武区 | 7 | |
| | | | | 南京市雨花台区 | 15 | |
| | | | | 南京市中山陵园管理局 | 13 | |
| | | | | 南通市崇川区 | 1 | |
| | | | | 苏州市常熟市 | 13 | |
| | | | | 苏州市虎丘区 | 3 | |
| | | | | 苏州市吴中区 | 10 | |
| | | | | 苏州市张家港市 | 1 | |
| | | | | 无锡市江阴市 | 1 | |
| | | | | 无锡市锡山区 | 1 | |
| | | | | 无锡市宜兴市 | 6 | |
| | | | | 徐州市开发区 | 7 | |
| | | | | 徐州市邳州市 | 9 | |
| | | | | 徐州市铜山区 | 7 | |
| | | | | 徐州市新沂市 | 7 | |
| | | | | 镇江市丹徒区 | 7 | |
| | | | | 镇江市丹阳市 | 2 | |
| | | | | 镇江市京口区 | 1 | |
| | | | | 镇江市句容市 | 5 | |
| 141 | 假地豆 | *Desmodium heterocarpon* | 1 | 无锡市宜兴市 | 2 | 落叶灌木 |
| 142 | 长波叶山蚂蟥 | *Desmodium sequax* | 3 | 南京市栖霞区 | 11 | 落叶灌木 |
| | | | | 苏州市虎丘区 | 1 | |
| | | | | 无锡市宜兴市 | 1 | |
| 143 | 山皂荚 | *Gleditsia japonica* | 4 | 常州市金坛区 | 1 | 落叶乔木 |
| | | | | 连云港市新浦区 | 1 | |
| | | | | 无锡市宜兴市 | 3 | |
| | | | | 徐州市新沂市 | 1 | |

续　表

| 序号 | 种名 | 种学名 | 份数 | 县/市/区 | 登记点数 | 生活型 |
|------|------|--------|------|----------|----------|--------|
| 144 | 皂荚 | *Gleditsia sinensis* | 13 | 常州市溧阳市 | 1 | 落叶乔木 |
| | | | | 淮安市盱眙县 | 1 | |
| | | | | 南京市高淳区 | 1 | |
| | | | | 南京市江宁区 | 1 | |
| | | | | 南京市浦口区 | 1 | |
| | | | | 苏州市吴中区 | 1 | |
| | | | | 无锡市江阴市 | 1 | |
| | | | | 无锡市宜兴市 | 5 | |
| | | | | 徐州市开发区 | 4 | |
| | | | | 徐州市邳州市 | 1 | |
| | | | | 徐州市铜山区 | 2 | |
| | | | | 盐城市大丰区 | 1 | |
| | | | | 镇江市句容市 | 1 | |
| 145 | 肥皂荚 | *Gymnocladus chinensis* | 1 | 无锡市宜兴市 | 2 | 落叶乔木 |
| 146 | 长柄山蚂蟥 | *Hylodesmum podocarpum* | 5 | 常州市金坛区 | 1 | 落叶灌木 |
| | | | | 淮安市盱眙县 | 1 | |
| | | | | 连云港市连云区 | 1 | |
| | | | | 苏州市虎丘区 | 1 | |
| | | | | 镇江市句容市 | 1 | |
| 147 | 尖叶长柄山蚂蟥 | *Hylodesmum podocarpum* subsp. *oxyphyllum* | 5 | 常州市金坛区 | 1 | 落叶灌木 |
| | | | | 南京市六合区 | 4 | |
| | | | | 南京市浦口区 | 14 | |
| | | | | 南京市中山陵园管理局 | 1 | |
| | | | | 无锡市宜兴市 | 2 | |
| 148 | 多花木蓝 | *Indigofera amblyantha* | 2 | 常州市金坛区 | 1 | 落叶灌木 |
| | | | | 镇江市句容市 | 1 | |

| 序号 | 种名 | 种学名 | 份数 | 县/市/区 | 登记点数 | 生活型 |
|---|---|---|---|---|---|---|
| 149 | 河北木蓝 | *Indigofera bungeana* | 7 | 常州市金坛区 | 1 | 落叶灌木 |
| | | | | 常州市溧阳市 | 1 | |
| | | | | 南京市溧水区 | 3 | |
| | | | | 无锡市宜兴市 | 2 | |
| | | | | 徐州市贾汪区 | 5 | |
| | | | | 徐州市开发区 | 2 | |
| | | | | 镇江市句容市 | 1 | |
| 150 | 苏木蓝 | *Indigofera carlesii* | 4 | 连云港市海州区 | 1 | 落叶灌木 |
| | | | | 连云港市连云区 | 2 | |
| | | | | 无锡市宜兴市 | 3 | |
| | | | | 镇江市句容市 | 1 | |
| 151 | 庭藤 | *Indigofera decora* | 1 | 南京市栖霞区 | 1 | 落叶灌木 |
| 152 | 华东木蓝 | *Indigofera fortunei* | 7 | 常州市溧阳市 | 1 | 落叶灌木 |
| | | | | 常州市武进区 | 1 | |
| | | | | 南京市江宁区 | 20 | |
| | | | | 南京市雨花台区 | 4 | |
| | | | | 苏州市虎丘区 | 1 | |
| | | | | 无锡市宜兴市 | 2 | |
| | | | | 镇江市句容市 | 1 | |
| 153 | 胡枝子 | *Lespedeza bicolor* | 14 | 常州市金坛区 | 1 | 落叶灌木 |
| | | | | 连云港市海州区 | 1 | |
| | | | | 连云港市连云区 | 4 | |
| | | | | 南京市江宁区 | 27 | |
| | | | | 南京市溧水区 | 2 | |
| | | | | 南京市六合区 | 2 | |
| | | | | 南京市栖霞区 | 13 | |
| | | | | 南京市雨花台区 | 2 | |

| 序号 | 种名 | 种学名 | 份数 | 县/市/区 | 登记点数 | 生活型 |
|---|---|---|---|---|---|---|
| | | | | 南京市中山陵园管理局 | 1 | |
| | | | | 无锡市宜兴市 | 1 | |
| | | | | 镇江市丹徒区 | 5 | |
| | | | | 镇江市丹阳市 | 1 | |
| | | | | 镇江市京口区 | 1 | |
| | | | | 镇江市句容市 | 5 | |
| 154 | 绿叶胡枝子 | *Lespedeza buergeri* | 9 | 常州市金坛区 | 1 | 落叶灌木 |
| | | | | 常州市溧阳市 | 1 | |
| | | | | 南京市六合区 | 1 | |
| | | | | 南京市浦口区 | 1 | |
| | | | | 苏州市常熟市 | 1 | |
| | | | | 苏州市虎丘区 | 1 | |
| | | | | 苏州市吴中区 | 1 | |
| | | | | 无锡市宜兴市 | 2 | |
| | | | | 镇江市句容市 | 1 | |
| 155 | 中华胡枝子 | *Lespedeza chinensis* | 5 | 淮安市盱眙县 | 1 | 落叶灌木 |
| | | | | 南京市高淳区 | 1 | |
| | | | | 无锡市宜兴市 | 1 | |
| | | | | 徐州市开发区 | 1 | |
| | | | | 镇江市句容市 | 1 | |
| 156 | 截叶铁扫帚 | *Lespedeza cuneata* | 11 | 淮安市盱眙县 | 1 | 落叶灌木 |
| | | | | 连云港市连云区 | 1 | |
| | | | | 南京市浦口区 | 2 | |
| | | | | 南通市崇川区 | 1 | |
| | | | | 苏州市常熟市 | 1 | |
| | | | | 苏州市虎丘区 | 1 | |
| | | | | 苏州市张家港市 | 1 | |

| 序号 | 种名 | 种学名 | 份数 | 县/市/区 | 登记点数 | 生活型 |
|---|---|---|---|---|---|---|
| | | | | 无锡市宜兴市 | 2 | |
| | | | | 徐州市开发区 | 1 | |
| | | | | 徐州市铜山区 | 3 | |
| | | | | 徐州市新沂市 | 3 | |
| 157 | 多花胡枝子 | *Lespedeza floribunda* | 14 | 常州市溧阳市 | 1 | 落叶灌木 |
| | | | | 常州市武进区 | 4 | |
| | | | | 连云港市赣榆区 | 1 | |
| | | | | 连云港市灌云县 | 1 | |
| | | | | 连云港市海州区 | 2 | |
| | | | | 南京市高淳区 | 1 | |
| | | | | 南京市浦口区 | 6 | |
| | | | | 无锡市宜兴市 | 2 | |
| | | | | 徐州市贾汪区 | 2 | |
| | | | | 徐州市开发区 | 7 | |
| | | | | 徐州市铜山区 | 10 | |
| | | | | 徐州市新沂市 | 1 | |
| | | | | 镇江市丹徒区 | 1 | |
| | | | | 镇江市句容市 | 1 | |
| 158 | 铁马鞭 | *Lespedeza pilosa* | 2 | 常州市金坛区 | 1 | 落叶灌木 |
| | | | | 南京市浦口区 | 1 | |
| 159 | 美丽胡枝子 | *Lespedeza thunbergii subsp. formosa* | 20 | 常州市金坛区 | 1 | 落叶灌木 |
| | | | | 常州市溧阳市 | 2 | |
| | | | | 常州市武进区 | 1 | |
| | | | | 淮安市盱眙县 | 1 | |
| | | | | 连云港市连云区 | 2 | |
| | | | | 南京市高淳区 | 3 | |
| | | | | 南京市江宁区 | 8 | |

| 序号 | 种名 | 种学名 | 份数 | 县/市/区 | 登记点数 | 生活型 |
|---|---|---|---|---|---|---|
|  |  |  |  | 南京市六合区 | 1 |  |
|  |  |  |  | 南京市浦口区 | 7 |  |
|  |  |  |  | 南京市栖霞区 | 1 |  |
|  |  |  |  | 南京市雨花台区 | 2 |  |
|  |  |  |  | 苏州市常熟市 | 6 |  |
|  |  |  |  | 苏州市虎丘区 | 1 |  |
|  |  |  |  | 苏州市吴中区 | 1 |  |
|  |  |  |  | 苏州市张家港市 | 1 |  |
|  |  |  |  | 无锡市宜兴市 | 3 |  |
|  |  |  |  | 徐州市开发区 | 1 |  |
|  |  |  |  | 徐州市邳州市 | 1 |  |
|  |  |  |  | 镇江市丹徒区 | 6 |  |
|  |  |  |  | 镇江市句容市 | 1 |  |
| 160 | 绒毛胡枝子 | *Lespedeza tomentosa* | 3 | 南京市浦口区 | 1 | 落叶灌木 |
|  |  |  |  | 徐州市铜山区 | 1 |  |
|  |  |  |  | 镇江市句容市 | 1 |  |
| 161 | 细梗胡枝子 | *Lespedeza virgata* | 1 | 南通市崇川区 | 1 | 落叶灌木 |
| 162 | 朝鲜槐 | *Maackia amurensis* | 1 | 连云港市连云区 | 1 | 落叶乔木 |
| 163 | 光叶马鞍树 | *Maackia tenuifolia* | 1 | 无锡市宜兴市 | 2 | 落叶灌木 |
| 164 | 褶皮黧豆 | *Mucuna lamellata* | 1 | 无锡市宜兴市 | 2 | 落叶藤本 |
| 165 | 小槐花 | *Ohwia caudata* | 3 | 常州市金坛区 | 2 | 落叶灌木 |
|  |  |  |  | 常州市溧阳市 | 1 |  |
|  |  |  |  | 无锡市宜兴市 | 2 |  |
| 166 | 葛麻姆 | *Pueraria montana* | 18 | 常州市金坛区 | 1 | 落叶藤本 |
|  |  |  |  | 常州市溧阳市 | 1 |  |
|  |  |  |  | 淮安市盱眙县 | 1 |  |
|  |  |  |  | 连云港市连云区 | 7 |  |

| 序号 | 种名 | 种学名 | 份数 | 县/市/区 | 登记点数 | 生活型 |
|---|---|---|---|---|---|---|
| | | | | 连云港市新浦区 | 2 | |
| | | | | 南京市高淳区 | 1 | |
| | | | | 南京市江宁区 | 25 | |
| | | | | 南京市浦口区 | 6 | |
| | | | | 南京市栖霞区 | 7 | |
| | | | | 南京市玄武区 | 3 | |
| | | | | 南京市中山陵园管理局 | 1 | |
| | | | | 苏州市常熟市 | 2 | |
| | | | | 苏州市虎丘区 | 2 | |
| | | | | 苏州市吴中区 | 1 | |
| | | | | 苏州市张家港市 | 1 | |
| | | | | 无锡市宜兴市 | 2 | |
| | | | | 徐州市邳州市 | 1 | |
| | | | | 镇江市京口区 | 1 | |
| 167 | 苦参 | *Sophora flavescens* | 1 | 常州市溧阳市 | 1 | 落叶灌木 |
| 168 | 毛苦参 | *Sophora flavescens var. kronei* | 1 | 镇江市京口区 | 1 | 落叶灌木 |
| 169 | 槐 | *Styphnolobium japonicum* | 19 | 常州市金坛区 | 1 | 落叶乔木 |
| | | | | 常州市武进区 | 3 | |
| | | | | 淮安市盱眙县 | 3 | |
| | | | | 南京市高淳区 | 1 | |
| | | | | 南京市江宁区 | 17 | |
| | | | | 南京市溧水区 | 9 | |
| | | | | 南京市六合区 | 3 | |
| | | | | 南京市浦口区 | 8 | |
| | | | | 无锡市江阴市 | 2 | |
| | | | | 无锡市宜兴市 | 3 | |
| | | | | 徐州市贾汪区 | 1 | |

| 序号 | 种名 | 种学名 | 份数 | 县/市/区 | 登记点数 | 生活型 |
|---|---|---|---|---|---|---|
|  |  |  |  | 徐州市开发区 | 3 |  |
|  |  |  |  | 徐州市睢宁县 | 1 |  |
|  |  |  |  | 徐州市铜山区 | 4 |  |
|  |  |  |  | 徐州市新沂市 | 2 |  |
|  |  |  |  | 镇江市丹徒区 | 3 |  |
|  |  |  |  | 镇江市丹阳市 | 1 |  |
|  |  |  |  | 镇江市京口区 | 1 |  |
|  |  |  |  | 镇江市句容市 | 4 |  |
| 170 | 紫藤 | *Wisteria sinensis* | 21 | 常州市金坛区 | 5 | 落叶藤本 |
|  |  |  |  | 常州市溧阳市 | 4 |  |
|  |  |  |  | 常州市新北区 | 1 |  |
|  |  |  |  | 连云港市连云区 | 1 |  |
|  |  |  |  | 连云港市新浦区 | 2 |  |
|  |  |  |  | 南京市江宁区 | 53 |  |
|  |  |  |  | 南京市浦口区 | 4 |  |
|  |  |  |  | 南京市栖霞区 | 19 |  |
|  |  |  |  | 南京市雨花台区 | 5 |  |
|  |  |  |  | 苏州市常熟市 | 2 |  |
|  |  |  |  | 苏州市虎丘区 | 1 |  |
|  |  |  |  | 苏州市吴中区 | 1 |  |
|  |  |  |  | 无锡市江阴市 | 1 |  |
|  |  |  |  | 无锡市宜兴市 | 3 |  |
|  |  |  |  | 徐州市开发区 | 5 |  |
|  |  |  |  | 徐州市铜山区 | 1 |  |
|  |  |  |  | 徐州市新沂市 | 2 |  |
|  |  |  |  | 镇江市丹徒区 | 6 |  |
|  |  |  |  | 镇江市丹阳市 | 2 |  |

| 序号 | 种名 | 种学名 | 份数 | 县/市/区 | 登记点数 | 生活型 |
|------|------|--------|------|----------|----------|--------|
|      |      |        |      | 镇江市京口区 | 2 |  |
|      |      |        |      | 镇江市句容市 | 5 |  |
| 171 | 锥栗 | *Castanea henryi* | 3 | 常州市溧阳市 | 1 | 落叶乔木 |
|      |      |        |      | 无锡市宜兴市 | 3 |  |
|      |      |        |      | 镇江市句容市 | 1 |  |
| 172 | 栗 | *Castanea mollissima* | 6 | 常州市金坛区 | 1 | 落叶乔木 |
|      |      |        |      | 常州市溧阳市 | 1 |  |
|      |      |        |      | 淮安市盱眙县 | 1 |  |
|      |      |        |      | 南京市江宁区 | 15 |  |
|      |      |        |      | 无锡市锡山区 | 1 |  |
|      |      |        |      | 无锡市宜兴市 | 1 |  |
| 173 | 茅栗 | *Castanea seguinii* | 8 | 常州市溧阳市 | 1 | 落叶乔木 |
|      |      |        |      | 淮安市金湖县 | 8 |  |
|      |      |        |      | 连云港市连云区 | 5 |  |
|      |      |        |      | 连云港市新浦区 | 1 |  |
|      |      |        |      | 南京市浦口区 | 2 |  |
|      |      |        |      | 无锡市宜兴市 | 1 |  |
|      |      |        |      | 扬州市仪征市 | 1 |  |
|      |      |        |      | 镇江市句容市 | 2 |  |
| 174 | 米槠 | *Castanopsis carlesii* | 1 | 无锡市宜兴市 | 2 | 常绿乔木 |
| 175 | 甜槠 | *Castanopsis eyrei* | 1 | 无锡市宜兴市 | 1 | 常绿乔木 |
| 176 | 苦槠 | *Castanopsis sclerophylla* | 13 | 常州市溧阳市 | 4 | 常绿乔木 |
|      |      |        |      | 常州市武进区 | 1 |  |
|      |      |        |      | 南京市江宁区 | 14 |  |
|      |      |        |      | 南京市玄武区 | 1 |  |
|      |      |        |      | 南京市雨花台区 | 1 |  |
|      |      |        |      | 南京市中山陵园管理局 | 6 |  |

续　表

| 序号 | 种名 | 种学名 | 份数 | 县/市/区 | 登记点数 | 生活型 |
|---|---|---|---|---|---|---|
| | | | | 南通市崇川区 | 1 | |
| | | | | 苏州市虎丘区 | 2 | |
| | | | | 苏州市吴中区 | 7 | |
| | | | | 苏州市张家港市 | 1 | |
| | | | | 无锡市江阴市 | 1 | |
| | | | | 无锡市宜兴市 | 4 | |
| | | | | 镇江市句容市 | 1 | |
| 177 | 青冈 | *Cyclobalanopsis glauca* | 9 | 常州市溧阳市 | 9 | 常绿乔木 |
| | | | | 南京市江宁区 | 1 | |
| | | | | 南京市雨花台区 | 1 | |
| | | | | 南京市中山陵园管理局 | 1 | |
| | | | | 苏州市常熟市 | 4 | |
| | | | | 苏州市虎丘区 | 1 | |
| | | | | 苏州市吴中区 | 1 | |
| | | | | 无锡市宜兴市 | 4 | |
| | | | | 镇江市句容市 | 1 | |
| 178 | 细叶青冈 | *Cyclobalanopsis gracilis* | 1 | 无锡市宜兴市 | 4 | 常绿乔木 |
| 179 | 小叶青冈 | *Cyclobalanopsis myrsinifolia* | 2 | 常州市溧阳市 | 1 | 常绿乔木 |
| | | | | 无锡市宜兴市 | 1 | |
| 180 | 褐叶青冈 | *Cyclobalanopsis stewardiana* | 1 | 无锡市宜兴市 | 6 | 常绿乔木 |
| 181 | 柯 | *Lithocarpus glaber* | 8 | 常州市溧阳市 | 2 | 常绿乔木 |
| | | | | 南京市江宁区 | 1 | |
| | | | | 南京市玄武区 | 3 | |
| | | | | 南京市雨花台区 | 2 | |
| | | | | 南京市中山陵园管理局 | 13 | |
| | | | | 苏州市吴中区 | 1 | |
| | | | | 无锡市宜兴市 | 3 | |
| | | | | 镇江市句容市 | 1 | |

| 序号 | 种名 | 种学名 | 份数 | 县/市/区 | 登记点数 | 生活型 |
|---|---|---|---|---|---|---|
| 182 | 麻栎 | *Quercus acutissima* | 29 | 常州市金坛区 | 5 | 落叶乔木 |
| | | | | 常州市溧阳市 | 13 | |
| | | | | 常州市武进区 | 2 | |
| | | | | 常州市新北区 | 2 | |
| | | | | 淮安市盱眙县 | 4 | |
| | | | | 连云港市赣榆区 | 1 | |
| | | | | 连云港市灌云县 | 1 | |
| | | | | 南京市江宁区 | 46 | |
| | | | | 南京市溧水区 | 50 | |
| | | | | 南京市六合区 | 55 | |
| | | | | 南京市栖霞区 | 7 | |
| | | | | 南京市雨花台区 | 5 | |
| | | | | 南通市崇川区 | 4 | |
| | | | | 苏州市常熟市 | 15 | |
| | | | | 苏州市虎丘区 | 1 | |
| | | | | 苏州市吴中区 | 3 | |
| | | | | 苏州市张家港市 | 1 | |
| | | | | 无锡市宜兴市 | 3 | |
| | | | | 宿迁市宿豫区 | 1 | |
| | | | | 徐州市贾汪区 | 3 | |
| | | | | 徐州市开发区 | 3 | |
| | | | | 徐州市邳州市 | 4 | |
| | | | | 徐州市新沂市 | 9 | |
| | | | | 扬州市仪征市 | 2 | |
| | | | | 镇江市丹徒区 | 6 | |
| | | | | 镇江市丹阳市 | 2 | |
| | | | | 镇江市京口区 | 1 | |
| | | | | 镇江市句容市 | 6 | |
| | | | | 镇江市润州区 | 2 | |

| 序号 | 种名 | 种学名 | 份数 | 县/市/区 | 登记点数 | 生活型 |
|---|---|---|---|---|---|---|
| 183 | 槲栎 | *Quercus aliena* | 15 | 常州市金坛区 | 6 | 落叶乔木 |
| | | | | 常州市溧阳市 | 1 | |
| | | | | 淮安市盱眙县 | 1 | |
| | | | | 连云港市新浦区 | 2 | |
| | | | | 南京市江宁区 | 15 | |
| | | | | 南京市溧水区 | 7 | |
| | | | | 南京市六合区 | 1 | |
| | | | | 南京市浦口区 | 3 | |
| | | | | 南京市栖霞区 | 4 | |
| | | | | 南京市玄武区 | 1 | |
| | | | | 南京市雨花台区 | 7 | |
| | | | | 无锡市宜兴市 | 3 | |
| | | | | 镇江市丹徒区 | 2 | |
| | | | | 镇江市丹阳市 | 2 | |
| | | | | 镇江市句容市 | 4 | |
| 184 | 锐齿槲栎 | *Quercus aliena* var. *acutiserrata* | 2 | 常州市金坛区 | 1 | 落叶乔木 |
| | | | | 无锡市宜兴市 | 2 | |
| 185 | 小叶栎 | *Quercus chenii* | 13 | 常州市武进区 | 1 | 落叶乔木 |
| | | | | 南京市江宁区 | 23 | |
| | | | | 南京市玄武区 | 2 | |
| | | | | 南京市中山陵园管理局 | 1 | |
| | | | | 苏州市虎丘区 | 1 | |
| | | | | 苏州市吴中区 | 1 | |
| | | | | 无锡市宜兴市 | 3 | |
| | | | | 徐州市开发区 | 1 | |
| | | | | 徐州市邳州市 | 1 | |
| | | | | 徐州市新沂市 | 5 | |

| 序号 | 种名 | 种学名 | 份数 | 县/市/区 | 登记点数 | 生活型 |
|---|---|---|---|---|---|---|
| | | | | 镇江市丹徒区 | 1 | |
| | | | | 镇江市丹阳市 | 1 | |
| | | | | 镇江市句容市 | 2 | |
| 186 | 槲树 | *Quercus dentata* | 10 | 常州市金坛区 | 3 | 落叶乔木 |
| | | | | 淮安市盱眙县 | 1 | |
| | | | | 连云港市赣榆区 | 1 | |
| | | | | 连云港市连云区 | 3 | |
| | | | | 连云港市新浦区 | 1 | |
| | | | | 南京市溧水区 | 2 | |
| | | | | 南京市中山陵园管理局 | 2 | |
| | | | | 镇江市丹徒区 | 1 | |
| | | | | 镇江市京口区 | 1 | |
| | | | | 镇江市润州区 | 2 | |
| 187 | 白栎 | *Quercus fabri* | 27 | 常州市金坛区 | 1 | 落叶乔木 |
| | | | | 常州市溧阳市 | 2 | |
| | | | | 常州市武进区 | 18 | |
| | | | | 淮安市盱眙县 | 1 | |
| | | | | 连云港市灌云县 | 1 | |
| | | | | 连云港市连云区 | 1 | |
| | | | | 南京市高淳区 | 1 | |
| | | | | 南京市江宁区 | 53 | |
| | | | | 南京市溧水区 | 7 | |
| | | | | 南京市六合区 | 3 | |
| | | | | 南京市浦口区 | 17 | |
| | | | | 南京市栖霞区 | 6 | |
| | | | | 南京市玄武区 | 7 | |
| | | | | 南京市雨花台区 | 9 | |

**续　表**

| 序号 | 种名 | 种学名 | 份数 | 县/市/区 | 登记点数 | 生活型 |
|------|------|--------|------|----------|----------|--------|
| | | | | 南京市中山陵园管理局 | 5 | |
| | | | | 苏州市常熟市 | 16 | |
| | | | | 苏州市虎丘区 | 2 | |
| | | | | 苏州市吴中区 | 3 | |
| | | | | 苏州市张家港市 | 1 | |
| | | | | 无锡市江阴市 | 1 | |
| | | | | 无锡市锡山区 | 1 | |
| | | | | 无锡市宜兴市 | 1 | |
| | | | | 镇江市丹徒区 | 6 | |
| | | | | 镇江市丹阳市 | 2 | |
| | | | | 镇江市京口区 | 1 | |
| | | | | 镇江市句容市 | 5 | |
| | | | | 镇江市润州区 | 2 | |
| 188 | 枹栎 | *Quercus serrata* | 24 | 常州市金坛区 | 1 | 落叶乔木 |
| | | | | 常州市溧阳市 | 6 | |
| | | | | 常州市武进区 | 1 | |
| | | | | 淮安市盱眙县 | 1 | |
| | | | | 连云港市连云区 | 13 | |
| | | | | 连云港市新浦区 | 3 | |
| | | | | 南京市江宁区 | 61 | |
| | | | | 南京市溧水区 | 6 | |
| | | | | 南京市六合区 | 1 | |
| | | | | 南京市浦口区 | 1 | |
| | | | | 南京市栖霞区 | 22 | |
| | | | | 南京市玄武区 | 1 | |
| | | | | 南京市雨花台区 | 15 | |
| | | | | 南京市中山陵园管理局 | 1 | |

| 序号 | 种名 | 种学名 | 份数 | 县/市/区 | 登记点数 | 生活型 |
|------|------|--------|------|----------|----------|--------|
| | | | | 苏州市常熟市 | 7 | |
| | | | | 苏州市虎丘区 | 1 | |
| | | | | 苏州市吴中区 | 7 | |
| | | | | 苏州市张家港市 | 1 | |
| | | | | 无锡市滨湖区 | 2 | |
| | | | | 无锡市宜兴市 | 4 | |
| | | | | 镇江市丹徒区 | 1 | |
| | | | | 镇江市丹阳市 | 2 | |
| | | | | 镇江市句容市 | 5 | |
| | | | | 镇江市润州区 | 1 | |
| | | | | 常州市金坛区 | 4 | |
| | | | | 常州市溧阳市 | 2 | |
| | | | | 常州市武进区 | 1 | |
| | | | | 淮安市盱眙县 | 1 | |
| | | | | 连云港市赣榆区 | 1 | |
| | | | | 连云港市灌云县 | 3 | |
| 189 | 栓皮栎 | *Quercus variabilis* | 26 | 南京市江宁区 | 27 | 落叶乔木 |
| | | | | 南京市溧水区 | 17 | |
| | | | | 南京市六合区 | 13 | |
| | | | | 南京市浦口区 | 6 | |
| | | | | 南京市栖霞区 | 16 | |
| | | | | 南京市玄武区 | 4 | |
| | | | | 南京市雨花台区 | 5 | |
| | | | | 南京市中山陵园管理局 | 16 | |
| | | | | 南通市崇川区 | 6 | |
| | | | | 苏州市常熟市 | 7 | |
| | | | | 苏州市虎丘区 | 3 | |

| 序号 | 种名 | 种学名 | 份数 | 县/市/区 | 登记点数 | 生活型 |
|---|---|---|---|---|---|---|
| | | | | 苏州市吴中区 | 5 | |
| | | | | 苏州市张家港市 | 1 | |
| | | | | 无锡市江阴市 | 1 | |
| | | | | 无锡市锡山区 | 1 | |
| | | | | 无锡市宜兴市 | 3 | |
| | | | | 扬州市仪征市 | 1 | |
| | | | | 镇江市丹徒区 | 4 | |
| | | | | 镇江市丹阳市 | 2 | |
| | | | | 镇江市句容市 | 4 | |
| 190 | 杨梅 | *Myrica rubra* | 4 | 苏州市常熟市 | 5 | 常绿灌木 |
| | | | | 苏州市虎丘区 | 1 | |
| | | | | 苏州市吴中区 | 5 | |
| | | | | 无锡市宜兴市 | 2 | |
| 191 | 胡桃楸 | *Juglans mandshurica* | 3 | 连云港市连云区 | 3 | 落叶乔木 |
| | | | | 南京市六合区 | 1 | |
| | | | | 镇江市句容市 | 2 | |
| 192 | 化香树 | *Platycarya strobilacea* | 26 | 常州市金坛区 | 10 | 落叶乔木 |
| | | | | 常州市溧阳市 | 2 | |
| | | | | 常州市武进区 | 8 | |
| | | | | 常州市新北区 | 1 | |
| | | | | 淮安市盱眙县 | 1 | |
| | | | | 连云港市东海县 | 1 | |
| | | | | 连云港市连云区 | 9 | |
| | | | | 连云港市新浦区 | 2 | |
| | | | | 南京市江宁区 | 57 | |
| | | | | 南京市溧水区 | 7 | |
| | | | | 南京市浦口区 | 13 | |

| 序号 | 种名 | 种学名 | 份数 | 县/市/区 | 登记点数 | 生活型 |
|---|---|---|---|---|---|---|
| | | | | 南京市栖霞区 | 19 | |
| | | | | 南京市玄武区 | 5 | |
| | | | | 南京市雨花台区 | 11 | |
| | | | | 南京市中山陵园管理局 | 2 | |
| | | | | 苏州市常熟市 | 8 | |
| | | | | 苏州市虎丘区 | 2 | |
| | | | | 苏州市吴中区 | 3 | |
| | | | | 苏州市张家港市 | 1 | |
| | | | | 无锡市宜兴市 | 2 | |
| | | | | 扬州市仪征市 | 1 | |
| | | | | 镇江市丹徒区 | 6 | |
| | | | | 镇江市丹阳市 | 2 | |
| | | | | 镇江市京口区 | 1 | |
| | | | | 镇江市句容市 | 5 | |
| | | | | 镇江市润州区 | 2 | |
| 193 | 枫杨 | *Pterocarya stenoptera* | 27 | 常州市金坛区 | 2 | 落叶乔木 |
| | | | | 常州市溧阳市 | 1 | |
| | | | | 常州市武进区 | 1 | |
| | | | | 淮安市盱眙县 | 7 | |
| | | | | 连云港市赣榆区 | 1 | |
| | | | | 连云港市灌云县 | 1 | |
| | | | | 连云港市新浦区 | 1 | |
| | | | | 南京市高淳区 | 1 | |
| | | | | 南京市江宁区 | 4 | |
| | | | | 南京市溧水区 | 8 | |
| | | | | 南京市六合区 | 7 | |
| | | | | 南京市浦口区 | 14 | |

| 序号 | 种名 | 种学名 | 份数 | 县/市/区 | 登记点数 | 生活型 |
|---|---|---|---|---|---|---|
| | | | | 南京市栖霞区 | 3 | |
| | | | | 南京市玄武区 | 1 | |
| | | | | 南通市崇川区 | 5 | |
| | | | | 苏州市常熟市 | 1 | |
| | | | | 苏州市虎丘区 | 1 | |
| | | | | 苏州市吴中区 | 1 | |
| | | | | 无锡市宜兴市 | 1 | |
| | | | | 徐州市开发区 | 3 | |
| | | | | 徐州市邳州市 | 1 | |
| | | | | 徐州市新沂市 | 3 | |
| | | | | 盐城市建湖县 | 1 | |
| | | | | 扬州市仪征市 | 1 | |
| | | | | 镇江市丹阳市 | 2 | |
| | | | | 镇江市京口区 | 1 | |
| | | | | 镇江市句容市 | 4 | |
| 194 | 江南桤木 | *Alnus trabeculosa* | 2 | 南京市江宁区 | 1 | 落叶乔木 |
| | | | | 无锡市宜兴市 | 2 | |
| 195 | 宝华鹅耳枥 | *Carpinus oblongifolia* | 1 | 镇江市句容市 | 1 | 落叶乔木 |
| 196 | 鹅耳枥 | *Carpinus turczaninowii* | 2 | 连云港市连云区 | 5 | 落叶乔木 |
| | | | | 连云港市新浦区 | 1 | |
| 197 | 川榛 | *Corylus heterophylla* var. *sutchuanensis* | 2 | 连云港市连云区 | 1 | 落叶灌木 |
| | | | | 无锡市宜兴市 | 2 | |
| 198 | 桃 | *Amygdalus persica* | 1 | 南京市江宁区 | 6 | 落叶乔木 |
| 199 | 野杏 | *Armeniaca vulgaris* var. *ansu* | 1 | 徐州市铜山区 | 2 | 落叶乔木 |
| 200 | 毛叶欧李 | *Cerasus dictyoneura* | 2 | 常州市金坛区 | 1 | 落叶灌木 |
| | | | | 徐州市开发区 | 3 | |

| 序号 | 种名 | 种学名 | 份数 | 县/市/区 | 登记点数 | 生活型 |
|---|---|---|---|---|---|---|
| 201 | 尾叶樱桃 | *Cerasus dielsiana* | 3 | 常州市金坛区 | 1 | 落叶乔木 |
| | | | | 常州市溧阳市 | 2 | |
| | | | | 无锡市宜兴市 | 2 | |
| 202 | 迎春樱桃 | *Cerasus discoidea* | 1 | 无锡市宜兴市 | 2 | 落叶乔木 |
| 203 | 麦李 | *Cerasus glandulosa* | 6 | 连云港市赣榆区 | 1 | 落叶灌木 |
| | | | | 连云港市灌云县 | 1 | |
| | | | | 连云港市海州区 | 2 | |
| | | | | 连云港市连云区 | 3 | |
| | | | | 南京市浦口区 | 7 | |
| | | | | 无锡市宜兴市 | 2 | |
| 204 | 郁李 | *Cerasus japonica* | 2 | 南京市江宁区 | 1 | 落叶灌木 |
| | | | | 南京市六合区 | 1 | |
| 205 | 山樱花 | *Cerasus serrulata* | 4 | 连云港市连云区 | 6 | 落叶乔木 |
| | | | | 连云港市新浦区 | 1 | |
| | | | | 无锡市宜兴市 | 1 | |
| | | | | 镇江市句容市 | 1 | |
| 206 | 大叶早樱 | *Cerasus × subhirtella* | 2 | 南京市江宁区 | 1 | 落叶乔木 |
| | | | | 镇江市句容市 | 1 | |
| 207 | 毛樱桃 | *Cerasus tomentosa* | 1 | 连云港市连云区 | 1 | 落叶灌木 |
| 208 | 木瓜 | *Chaenomeles sinensis* | 3 | 淮安市金湖县 | 1 | 落叶灌木 |
| | | | | 无锡市宜兴市 | 1 | |
| | | | | 镇江市句容市 | 1 | |
| 209 | 华中栒子 | *Cotoneaster silvestrii* | 4 | 连云港市连云区 | 2 | 落叶灌木 |
| | | | | 连云港市新浦区 | 1 | |
| | | | | 南京市浦口区 | 2 | |
| | | | | 南京市玄武区 | 1 | |

| 序号 | 种名 | 种学名 | 份数 | 县/市/区 | 登记点数 | 生活型 |
|---|---|---|---|---|---|---|
| 210 | 野山楂 | *Crataegus cuneata* | 24 | 常州市金坛区 | 3 | 落叶灌木 |
| | | | | 常州市溧阳市 | 1 | |
| | | | | 常州市武进区 | 7 | |
| | | | | 淮安市盱眙县 | 1 | |
| | | | | 连云港市灌云县 | 1 | |
| | | | | 连云港市连云区 | 1 | |
| | | | | 连云港市新浦区 | 1 | |
| | | | | 南京市高淳区 | 4 | |
| | | | | 南京市六合区 | 5 | |
| | | | | 南京市浦口区 | 4 | |
| | | | | 南京市栖霞区 | 3 | |
| | | | | 苏州市常熟市 | 1 | |
| | | | | 苏州市虎丘区 | 1 | |
| | | | | 苏州市吴中区 | 1 | |
| | | | | 苏州市张家港市 | 1 | |
| | | | | 无锡市宜兴市 | 4 | |
| | | | | 徐州市开发区 | 4 | |
| | | | | 徐州市铜山区 | 2 | |
| | | | | 徐州市新沂市 | 3 | |
| | | | | 扬州市仪征市 | 1 | |
| | | | | 镇江市丹徒区 | 1 | |
| | | | | 镇江市丹阳市 | 2 | |
| | | | | 镇江市京口区 | 1 | |
| | | | | 镇江市句容市 | 2 | |
| 211 | 湖北山楂 | *Crataegus hupehensis* | 2 | 无锡市宜兴市 | 2 | 落叶乔木 |
| | | | | 镇江市句容市 | 1 | |

| 序号 | 种名 | 种学名 | 份数 | 县/市/区 | 登记点数 | 生活型 |
|---|---|---|---|---|---|---|
| 212 | 山楂 | *Crataegus pinnatifida* | 5 | 南京市江宁区 | 3 | 落叶乔木 |
| | | | | 南京市六合区 | 2 | |
| | | | | 南京市玄武区 | 1 | |
| | | | | 无锡市宜兴市 | 2 | |
| | | | | 镇江市丹阳市 | 2 | |
| 213 | 白鹃梅 | *Exochorda racemosa* | 9 | 常州市溧阳市 | 4 | 落叶灌木 |
| | | | | 南京市江宁区 | 3 | |
| | | | | 南京市栖霞区 | 2 | |
| | | | | 苏州市虎丘区 | 2 | |
| | | | | 苏州市吴中区 | 1 | |
| | | | | 无锡市宜兴市 | 2 | |
| | | | | 镇江市丹徒区 | 3 | |
| | | | | 镇江市丹阳市 | 1 | |
| | | | | 镇江市句容市 | 3 | |
| 214 | 湖北海棠 | *Malus hupehensis* | 3 | 常州市溧阳市 | 1 | 落叶乔木 |
| | | | | 连云港市连云区 | 3 | |
| | | | | 无锡市宜兴市 | 2 | |
| 215 | 稠李 | *Padus avium* | 2 | 连云港市连云区 | 1 | 落叶乔木 |
| | | | | 连云港市新浦区 | 2 | |
| 216 | 橉木 | *Padus buergeriana* | 1 | 无锡市宜兴市 | 2 | 落叶乔木 |
| 217 | 细齿稠李 | *Padus obtusata* | 3 | 常州市金坛区 | 1 | 落叶乔木 |
| | | | | 常州市溧阳市 | 1 | |
| | | | | 无锡市宜兴市 | 2 | |
| 218 | 中华石楠 | *Photinia beauverdiana* | 6 | 淮安市盱眙县 | 1 | 落叶乔木 |
| | | | | 南京市江宁区 | 1 | |
| | | | | 南京市栖霞区 | 1 | |
| | | | | 南京市雨花台区 | 1 | |
| | | | | 南京市中山陵园管理局 | 1 | |
| | | | | 无锡市宜兴市 | 3 | |

| 序号 | 种名 | 种学名 | 份数 | 县/市/区 | 登记点数 | 生活型 |
|---|---|---|---|---|---|---|
| 219 | 短叶中华石楠 | *Photinia beauverdiana* var. *brevifolia* | 1 | 南京市中山陵园管理局 | 11 | 落叶乔木 |
| 220 | 光叶石楠 | *Photinia glabra* | 3 | 南京市雨花台区 | 1 | 常绿乔木 |
| | | | | 无锡市宜兴市 | 5 | |
| | | | | 镇江市句容市 | 1 | |
| 221 | 小叶石楠 | *Photinia parvifolia* | 6 | 常州市金坛区 | 3 | 落叶灌木 |
| | | | | 常州市溧阳市 | 1 | |
| | | | | 南京市中山陵园管理局 | 9 | |
| | | | | 苏州市虎丘区 | 1 | |
| | | | | 无锡市宜兴市 | 2 | |
| | | | | 镇江市句容市 | 1 | |
| 222 | 石楠 | *Photinia serratifolia* | 10 | 常州市武进区 | 4 | 落叶灌木 |
| | | | | 南京市高淳区 | 2 | |
| | | | | 南京市江宁区 | 5 | |
| | | | | 南京市雨花台区 | 3 | |
| | | | | 苏州市常熟市 | 5 | |
| | | | | 苏州市吴中区 | 1 | |
| | | | | 苏州市张家港市 | 1 | |
| | | | | 无锡市宜兴市 | 2 | |
| | | | | 镇江市丹徒区 | 3 | |
| | | | | 镇江市句容市 | 1 | |
| 223 | 毛叶石楠 | *Photinia villosa* | 3 | 常州市金坛区 | 1 | 落叶灌木 |
| | | | | 常州市溧阳市 | 1 | |
| | | | | 无锡市宜兴市 | 2 | |
| 224 | 无毛毛叶石楠 | *Photinia villosa* var. *sinica* | 1 | 连云港市连云区 | 2 | 落叶灌木 |
| 225 | 火棘 | *Pyracantha fortuneana* | 1 | 无锡市宜兴市 | 1 | 常绿灌木 |
| 226 | 杜梨 | *Pyrus betulifolia* | 19 | 常州市金坛区 | 1 | 落叶乔木 |
| | | | | 常州市溧阳市 | 1 | |
| | | | | 淮安市金湖县 | 1 | |

| 序号 | 种名 | 种学名 | 份数 | 县/市/区 | 登记点数 | 生活型 |
|------|------|--------|------|----------|----------|--------|
| 226 | 杜梨 | *Pyrus betulifolia* | 19 | 淮安市盱眙县 | 1 | 落叶乔木 |
| | | | | 连云港市赣榆区 | 1 | |
| | | | | 南京市高淳区 | 1 | |
| | | | | 南京市江宁区 | 2 | |
| | | | | 南京市六合区 | 9 | |
| | | | | 南京市浦口区 | 6 | |
| | | | | 无锡市宜兴市 | 1 | |
| | | | | 徐州市贾汪区 | 1 | |
| | | | | 徐州市开发区 | 4 | |
| | | | | 徐州市邳州市 | 6 | |
| | | | | 徐州市铜山区 | 9 | |
| | | | | 徐州市新沂市 | 6 | |
| | | | | 扬州市仪征市 | 1 | |
| | | | | 镇江市丹徒区 | 1 | |
| | | | | 镇江市丹阳市 | 1 | |
| | | | | 镇江市句容市 | 1 | |
| 227 | 豆梨 | *Pyrus calleryana* | 19 | 常州市金坛区 | 1 | 落叶乔木 |
| | | | | 常州市武进区 | 8 | |
| | | | | 淮安市盱眙县 | 4 | |
| | | | | 连云港市赣榆区 | 1 | |
| | | | | 连云港市连云区 | 3 | |
| | | | | 南京市高淳区 | 1 | |
| | | | | 南京市江宁区 | 2 | |
| | | | | 南京市六合区 | 10 | |
| | | | | 南京市浦口区 | 14 | |
| | | | | 无锡市宜兴市 | 2 | |
| | | | | 徐州市贾汪区 | 2 | |

| 序号 | 种名 | 种学名 | 份数 | 县/市/区 | 登记点数 | 生活型 |
|------|------|--------|------|----------|---------|--------|
| | | | | 徐州市开发区 | 1 | |
| | | | | 徐州市邳州市 | 7 | |
| | | | | 徐州市睢宁县 | 1 | |
| | | | | 徐州市铜山区 | 10 | |
| | | | | 徐州市新沂市 | 9 | |
| | | | | 镇江市丹徒区 | 2 | |
| | | | | 镇江市京口区 | 1 | |
| | | | | 镇江市句容市 | 3 | |
| 228 | 褐梨 | *Pyrus phaeocarpa* | 2 | 连云港市连云区 | 2 | 落叶乔木 |
| | | | | 徐州市铜山区 | 1 | |
| | | | | 连云港市海州区 | 1 | |
| | | | | 连云港市连云区 | 1 | |
| 229 | 鸡麻 | *Rhodotypos scandens* | 6 | 连云港市新浦区 | 1 | 落叶灌木 |
| | | | | 南京市浦口区 | 2 | |
| | | | | 南京市雨花台区 | 2 | |
| | | | | 镇江市句容市 | 1 | |
| 230 | 硕苞蔷薇 | *Rosa bracteata* | 2 | 南京市高淳区 | 1 | 常绿灌木 |
| | | | | 扬州市仪征市 | 1 | |
| | | | | 常州市金坛区 | 1 | |
| | | | | 常州市溧阳市 | 1 | |
| | | | | 南京市高淳区 | 7 | |
| | | | | 南京市江宁区 | 9 | |
| 231 | 小果蔷薇 | *Rosa cymosa* | 15 | 南京市六合区 | 3 | 落叶灌木 |
| | | | | 南京市浦口区 | 15 | |
| | | | | 南京市玄武区 | 8 | |
| | | | | 南京市中山陵园管理局 | 1 | |
| | | | | 苏州市常熟市 | 5 | |

续　表

| 序号 | 种名 | 种学名 | 份数 | 县/市/区 | 登记点数 | 生活型 |
|---|---|---|---|---|---|---|
| | | | | 苏州市虎丘区 | 3 | |
| | | | | 苏州市吴中区 | 1 | |
| | | | | 苏州市张家港市 | 1 | |
| | | | | 无锡市宜兴市 | 3 | |
| | | | | 镇江市丹阳市 | 1 | |
| | | | | 镇江市句容市 | 1 | |
| 232 | 软条七蔷薇 | *Rosa henryi* | 2 | 淮安市盱眙县 | 1 | 落叶灌木 |
| | | | | 无锡市宜兴市 | 2 | |
| | | | | 常州市金坛区 | 2 | |
| | | | | 常州市溧阳市 | 2 | |
| | | | | 常州市武进区 | 7 | |
| | | | | 南京市高淳区 | 2 | |
| 233 | 金樱子 | *Rosa laevigata* | 10 | 苏州市常熟市 | 3 | 常绿灌木 |
| | | | | 苏州市虎丘区 | 2 | |
| | | | | 苏州市吴中区 | 1 | |
| | | | | 无锡市宜兴市 | 3 | |
| | | | | 镇江市丹徒区 | 1 | |
| | | | | 镇江市句容市 | 1 | |
| | | | | 常州市金坛区 | 6 | |
| | | | | 常州市溧阳市 | 5 | |
| | | | | 常州市武进区 | 16 | |
| | | | | 常州市新北区 | 3 | |
| 234 | 野蔷薇 | *Rosa multiflora* | 39 | 连云港市东海县 | 3 | 落叶灌木 |
| | | | | 连云港市赣榆区 | 1 | |
| | | | | 连云港市灌云县 | 2 | |
| | | | | 连云港市海州区 | 1 | |
| | | | | 连云港市连云区 | 10 | |

| 序号 | 种名 | 种学名 | 份数 | 县/市/区 | 登记点数 | 生活型 |
|------|------|--------|------|----------|----------|--------|
|      |      |        |      | 连云港市新浦区 | 2 |  |
|      |      |        |      | 南京市高淳区 | 14 |  |
|      |      |        |      | 南京市江宁区 | 33 |  |
|      |      |        |      | 南京市溧水区 | 1 |  |
|      |      |        |      | 南京市六合区 | 40 |  |
|      |      |        |      | 南京市浦口区 | 62 |  |
|      |      |        |      | 南京市栖霞区 | 35 |  |
|      |      |        |      | 南京市玄武区 | 16 |  |
|      |      |        |      | 南京市雨花台区 | 5 |  |
|      |      |        |      | 南京市中山陵园管理局 | 12 |  |
|      |      |        |      | 南通市崇川区 | 1 |  |
|      |      |        |      | 南通市海安县 | 1 |  |
|      |      |        |      | 苏州市常熟市 | 2 |  |
|      |      |        |      | 苏州市虎丘区 | 1 |  |
|      |      |        |      | 苏州市吴中区 | 1 |  |
|      |      |        |      | 苏州市张家港市 | 1 |  |
|      |      |        |      | 无锡市江阴市 | 2 |  |
|      |      |        |      | 无锡市宜兴市 | 2 |  |
|      |      |        |      | 宿迁市宿豫区 | 1 |  |
|      |      |        |      | 徐州市贾汪区 | 1 |  |
|      |      |        |      | 徐州市开发区 | 6 |  |
|      |      |        |      | 徐州市邳州市 | 1 |  |
|      |      |        |      | 徐州市铜山区 | 3 |  |
|      |      |        |      | 徐州市新沂市 | 9 |  |
|      |      |        |      | 盐城市建湖县 | 1 |  |
|      |      |        |      | 扬州市仪征市 | 1 |  |
|      |      |        |      | 镇江市丹徒区 | 7 |  |

| 序号 | 种名 | 种学名 | 份数 | 县/市/区 | 登记点数 | 生活型 |
|------|------|--------|------|----------|----------|--------|
| | | | | 镇江市丹阳市 | 3 | |
| | | | | 镇江市句容市 | 5 | |
| | | | | 镇江市润州区 | 2 | |
| 235 | 粗叶悬钩子 | *Rubus alceifolius* | 1 | 南京市栖霞区 | 4 | 常绿灌木 |
| 236 | 寒莓 | *Rubus buergeri* | 2 | 常州市溧阳市 | 1 | 常绿灌木 |
| | | | | 无锡市宜兴市 | 3 | |
| 237 | 掌叶覆盆子 | *Rubus chingii* | 10 | 常州市溧阳市 | 1 | 落叶灌木 |
| | | | | 常州市武进区 | 4 | |
| | | | | 南京市高淳区 | 3 | |
| | | | | 南京市江宁区 | 18 | |
| | | | | 苏州市常熟市 | 1 | |
| | | | | 苏州市吴中区 | 1 | |
| | | | | 无锡市宜兴市 | 2 | |
| | | | | 镇江市丹徒区 | 3 | |
| | | | | 镇江市丹阳市 | 1 | |
| | | | | 镇江市句容市 | 4 | |
| 238 | 山莓 | *Rubus corchorifolius* | 23 | 常州市金坛区 | 5 | 落叶灌木 |
| | | | | 常州市溧阳市 | 6 | |
| | | | | 常州市武进区 | 8 | |
| | | | | 连云港市东海县 | 3 | |
| | | | | 连云港市海州区 | 1 | |
| | | | | 连云港市连云区 | 17 | |
| | | | | 连云港市新浦区 | 3 | |
| | | | | 南京市高淳区 | 6 | |
| | | | | 南京市江宁区 | 65 | |
| | | | | 南京市溧水区 | 2 | |
| | | | | 南京市浦口区 | 3 | |

| 序号 | 种名 | 种学名 | 份数 | 县/市/区 | 登记点数 | 生活型 |
|------|------|--------|------|----------|----------|--------|
| | | | | 南京市玄武区 | 2 | |
| | | | | 南京市雨花台区 | 10 | |
| | | | | 南京市中山陵园管理局 | 12 | |
| | | | | 南通市崇川区 | 1 | |
| | | | | 苏州市常熟市 | 10 | |
| | | | | 苏州市吴中区 | 1 | |
| | | | | 苏州市张家港市 | 1 | |
| | | | | 无锡市宜兴市 | 3 | |
| | | | | 镇江市丹徒区 | 2 | |
| | | | | 镇江市丹阳市 | 2 | |
| | | | | 镇江市句容市 | 5 | |
| | | | | 镇江市润州区 | 2 | |
| 239 | 插田泡 | *Rubus coreanus* | 6 | 常州市金坛区 | 1 | 落叶灌木 |
| | | | | 常州市溧阳市 | 1 | |
| | | | | 连云港市连云区 | 1 | |
| | | | | 南京市江宁区 | 2 | |
| | | | | 无锡市宜兴市 | 2 | |
| | | | | 镇江市句容市 | 1 | |
| 240 | 蓬蘽 | *Rubus hirsutus* | 14 | 常州市金坛区 | 10 | 常绿灌木 |
| | | | | 常州市溧阳市 | 4 | |
| | | | | 连云港市连云区 | 2 | |
| | | | | 南京市高淳区 | 8 | |
| | | | | 南京市六合区 | 14 | |
| | | | | 南京市浦口区 | 46 | |
| | | | | 南京市玄武区 | 2 | |
| | | | | 苏州市常熟市 | 1 | |
| | | | | 苏州市虎丘区 | 1 | |

| 序号 | 种名 | 种学名 | 份数 | 县/市/区 | 登记点数 | 生活型 |
|---|---|---|---|---|---|---|
| | | | | 苏州市吴中区 | 1 | |
| | | | | 苏州市张家港市 | 1 | |
| | | | | 无锡市宜兴市 | 2 | |
| | | | | 镇江市丹阳市 | 1 | |
| | | | | 镇江市京口区 | 1 | |
| 241 | 高粱泡 | *Rubus lambertianus* | 13 | 常州市金坛区 | 1 | 常绿灌木 |
| | | | | 常州市溧阳市 | 1 | |
| | | | | 常州市武进区 | 1 | |
| | | | | 连云港市新浦区 | 1 | |
| | | | | 南京市高淳区 | 4 | |
| | | | | 南京市江宁区 | 4 | |
| | | | | 南京市六合区 | 9 | |
| | | | | 南京市浦口区 | 67 | |
| | | | | 南京市栖霞区 | 4 | |
| | | | | 无锡市宜兴市 | 3 | |
| | | | | 镇江市丹徒区 | 2 | |
| | | | | 镇江市京口区 | 1 | |
| | | | | 镇江市句容市 | 1 | |
| 242 | 茅莓 | *Rubus parvifolius* | 32 | 常州市金坛区 | 1 | 落叶灌木 |
| | | | | 常州市溧阳市 | 1 | |
| | | | | 常州市武进区 | 3 | |
| | | | | 常州市新北区 | 1 | |
| | | | | 淮安市盱眙县 | 1 | |
| | | | | 连云港市赣榆区 | 2 | |
| | | | | 连云港市灌云县 | 1 | |
| | | | | 连云港市海州区 | 3 | |
| | | | | 连云港市连云区 | 5 | |

| 序号 | 种名 | 种学名 | 份数 | 县/市/区 | 登记点数 | 生活型 |
|---|---|---|---|---|---|---|
| | | | | 连云港市新浦区 | 1 | |
| | | | | 南京市高淳区 | 1 | |
| | | | | 南京市江宁区 | 33 | |
| | | | | 南京市六合区 | 20 | |
| | | | | 南京市栖霞区 | 2 | |
| | | | | 南京市玄武区 | 8 | |
| | | | | 南京市雨花台区 | 5 | |
| | | | | 南京市中山陵园管理局 | 1 | |
| | | | | 南通市崇川区 | 7 | |
| | | | | 苏州市常熟市 | 1 | |
| | | | | 苏州市虎丘区 | 2 | |
| | | | | 苏州市吴中区 | 1 | |
| | | | | 苏州市张家港市 | 1 | |
| | | | | 无锡市宜兴市 | 3 | |
| | | | | 徐州市贾汪区 | 3 | |
| | | | | 徐州市开发区 | 12 | |
| | | | | 徐州市邳州市 | 1 | |
| | | | | 徐州市铜山区 | 8 | |
| | | | | 徐州市新沂市 | 6 | |
| | | | | 镇江市丹徒区 | 1 | |
| | | | | 镇江市丹阳市 | 2 | |
| | | | | 镇江市京口区 | 1 | |
| | | | | 镇江市润州区 | 2 | |
| 243 | 腺花茅莓 | *Rubus parvifolius* var. *adenochlamys* | 3 | 南京市高淳区 | 1 | 落叶灌木 |
| | | | | 南京市浦口区 | 30 | |
| | | | | 镇江市句容市 | 1 | |

| 序号 | 种名 | 种学名 | 份数 | 县/市/区 | 登记点数 | 生活型 |
|---|---|---|---|---|---|---|
| 244 | 红腺悬钩子 | *Rubus sumatranus* | 2 | 常州市溧阳市 | 1 | 落叶灌木 |
| | | | | 无锡市宜兴市 | 2 | |
| 245 | 木莓 | *Rubus swinhoei* | 5 | 南京市高淳区 | 1 | 落叶灌木 |
| | | | | 无锡市锡山区 | 1 | |
| | | | | 无锡市宜兴市 | 1 | |
| | | | | 镇江市句容市 | 1 | |
| | | | | 镇江市润州区 | 2 | |
| 246 | 三花悬钩子 | *Rubus trianthus* | 1 | 无锡市宜兴市 | 1 | 落叶灌木 |
| 247 | 水榆花楸 | *Sorbus alnifolia* | 2 | 连云港市连云区 | 4 | 落叶乔木 |
| | | | | 连云港市新浦区 | 3 | |
| 248 | 裂叶水榆花楸 | *Sorbus alnifolia* var. *lobulata* | 1 | 连云港市连云区 | 1 | 落叶乔木 |
| 249 | 绣球绣线菊 | *Spiraea blumei* | 3 | 南京市浦口区 | 4 | 落叶灌木 |
| | | | | 南京市玄武区 | 1 | |
| | | | | 镇江市句容市 | 1 | |
| 250 | 麻叶绣线菊 | *Spiraea cantoniensis* | 3 | 南京市江宁区 | 13 | 落叶灌木 |
| | | | | 镇江市丹徒区 | 1 | |
| | | | | 镇江市句容市 | 4 | |
| 251 | 中华绣线菊 | *Spiraea chinensis* | 6 | 常州市溧阳市 | 1 | 落叶灌木 |
| | | | | 南京市栖霞区 | 1 | |
| | | | | 南京市中山陵园管理局 | 1 | |
| | | | | 苏州市虎丘区 | 1 | |
| | | | | 无锡市宜兴市 | 2 | |
| | | | | 徐州市贾汪区 | 1 | |
| 252 | 华北绣线菊 | *Spiraea fritschiana* | 4 | 连云港市海州区 | 1 | 落叶灌木 |
| | | | | 连云港市连云区 | 5 | |
| | | | | 连云港市新浦区 | 1 | |
| | | | | 徐州市贾汪区 | 6 | |

| 序号 | 种名 | 种学名 | 份数 | 县/市/区 | 登记点数 | 生活型 |
|---|---|---|---|---|---|---|
| 253 | 光叶粉花绣线菊 | *Spiraea japonica* var. *fortunei* | 1 | 无锡市宜兴市 | 2 | 落叶灌木 |
| 254 | 李叶绣线菊 | *Spiraea prunifolia* | 1 | 镇江市句容市 | 1 | 落叶灌木 |
| 255 | 华空木 | *Stephanandra chinensis* | 3 | 连云港市连云区 | 16 | 落叶灌木 |
| | | | | 连云港市新浦区 | 2 | |
| | | | | 南京市江宁区 | 1 | |
| 256 | 佘山羊奶子 | *Elaeagnus argyi* | 4 | 常州市金坛区 | 1 | 落叶灌木 |
| | | | | 南京市浦口区 | 3 | |
| | | | | 苏州市常熟市 | 1 | |
| | | | | 苏州市吴中区 | 1 | |
| 257 | 蔓胡颓子 | *Elaeagnus glabra* | 1 | 无锡市宜兴市 | 1 | 常绿灌木 |
| 258 | 大叶胡颓子 | *Elaeagnus macrophylla* | 1 | 连云港市连云区 | 1 | 常绿灌木 |
| 259 | 木半夏 | *Elaeagnus multiflora* | 6 | 淮安市盱眙县 | 1 | 落叶灌木 |
| | | | | 连云港市连云区 | 3 | |
| | | | | 连云港市新浦区 | 2 | |
| | | | | 南京市栖霞区 | 12 | |
| | | | | 无锡市宜兴市 | 1 | |
| | | | | 镇江市句容市 | 1 | |
| 260 | 胡颓子 | *Elaeagnus pungens* | 16 | 常州市金坛区 | 5 | 常绿灌木 |
| | | | | 常州市溧阳市 | 2 | |
| | | | | 淮安市盱眙县 | 1 | |
| | | | | 南京市高淳区 | 4 | |
| | | | | 南京市江宁区 | 32 | |
| | | | | 南京市浦口区 | 21 | |
| | | | | 南京市栖霞区 | 14 | |
| | | | | 南京市雨花台区 | 2 | |
| | | | | 苏州市常熟市 | 2 | |

| 序号 | 种名 | 种学名 | 份数 | 县/市/区 | 登记点数 | 生活型 |
|---|---|---|---|---|---|---|
| | | | | 苏州市吴中区 | 1 | |
| | | | | 无锡市宜兴市 | 3 | |
| | | | | 镇江市丹徒区 | 4 | |
| | | | | 镇江市丹阳市 | 3 | |
| | | | | 镇江市京口区 | 1 | |
| | | | | 镇江市句容市 | 5 | |
| | | | | 镇江市润州区 | 2 | |
| 261 | 牛奶子 | *Elaeagnus umbellata* | 16 | 常州市溧阳市 | 1 | 落叶灌木 |
| | | | | 常州市新北区 | 1 | |
| | | | | 连云港市连云区 | 1 | |
| | | | | 南京市高淳区 | 1 | |
| | | | | 南京市江宁区 | 13 | |
| | | | | 南京市六合区 | 13 | |
| | | | | 南京市浦口区 | 8 | |
| | | | | 南京市雨花台区 | 3 | |
| | | | | 南京市中山陵园管理局 | 2 | |
| | | | | 苏州市常熟市 | 1 | |
| | | | | 无锡市宜兴市 | 3 | |
| | | | | 徐州市新沂市 | 1 | |
| | | | | 镇江市丹徒区 | 5 | |
| | | | | 镇江市丹阳市 | 2 | |
| | | | | 镇江市京口区 | 1 | |
| | | | | 镇江市句容市 | 5 | |
| 262 | 多花勾儿茶 | *Berchemia floribunda* | 6 | 常州市金坛区 | 1 | 落叶灌木 |
| | | | | 南京市高淳区 | 2 | |
| | | | | 南京市江宁区 | 2 | |
| | | | | 南京市栖霞区 | 1 | |

续　表

| 序号 | 种名 | 种学名 | 份数 | 县/市/区 | 登记点数 | 生活型 |
|---|---|---|---|---|---|---|
| | | | | 无锡市宜兴市 | 2 | |
| | | | | 镇江市句容市 | 1 | |
| 263 | 大叶勾儿茶 | *Berchemia huana* | 1 | 常州市溧阳市 | 1 | 落叶灌木 |
| 264 | 枳椇 | *Hovenia acerba* | 14 | 常州市金坛区 | 1 | 落叶乔木 |
| | | | | 淮安市盱眙县 | 1 | |
| | | | | 南京市江宁区 | 7 | |
| | | | | 南京市浦口区 | 1 | |
| | | | | 南京市栖霞区 | 13 | |
| | | | | 南京市玄武区 | 10 | |
| | | | | 南京市中山陵园管理局 | 2 | |
| | | | | 苏州市常熟市 | 10 | |
| | | | | 苏州市吴中区 | 1 | |
| | | | | 无锡市宜兴市 | 2 | |
| | | | | 镇江市丹徒区 | 1 | |
| | | | | 镇江市丹阳市 | 2 | |
| | | | | 镇江市京口区 | 3 | |
| | | | | 镇江市句容市 | 2 | |
| 265 | 北枳椇 | *Hovenia dulcis* | 2 | 连云港市灌云县 | 1 | 落叶乔木 |
| | | | | 连云港市连云区 | 2 | |
| 266 | 铜钱树 | *Paliurus hemsleyanus* | 3 | 南京市江宁区 | 9 | 落叶乔木 |
| | | | | 无锡市宜兴市 | 4 | |
| | | | | 镇江市句容市 | 1 | |
| 267 | 马甲子 | *Paliurus ramosissimus* | 3 | 南京市玄武区 | 2 | 落叶灌木 |
| | | | | 无锡市宜兴市 | 2 | |
| | | | | 镇江市句容市 | 1 | |
| 268 | 猫乳 | *Rhamnella franguloides* | 21 | 常州市金坛区 | 1 | 落叶灌木 |
| | | | | 常州市溧阳市 | 1 | |

续　表

| 序号 | 种名 | 种学名 | 份数 | 县/市/区 | 登记点数 | 生活型 |
|------|------|--------|------|----------|----------|--------|
| | | | | 常州市武进区 | 2 | |
| | | | | 常州市新北区 | 1 | |
| | | | | 淮安市盱眙县 | 1 | |
| | | | | 连云港市连云区 | 1 | |
| | | | | 南京市高淳区 | 3 | |
| | | | | 南京市江宁区 | 9 | |
| | | | | 南京市六合区 | 1 | |
| | | | | 南京市浦口区 | 12 | |
| | | | | 南京市栖霞区 | 6 | |
| | | | | 南京市玄武区 | 3 | |
| | | | | 苏州市吴中区 | 1 | |
| | | | | 无锡市宜兴市 | 3 | |
| | | | | 徐州市贾汪区 | 3 | |
| | | | | 徐州市开发区 | 6 | |
| | | | | 徐州市新沂市 | 5 | |
| | | | | 镇江市丹徒区 | 4 | |
| | | | | 镇江市丹阳市 | 1 | |
| | | | | 镇江市京口区 | 1 | |
| | | | | 镇江市句容市 | 3 | |
| 269 | 长叶冻绿 | *Rhamnus crenata* | 9 | 南京市高淳区 | 1 | 落叶灌木 |
| | | | | 南京市六合区 | 1 | |
| | | | | 南京市玄武区 | 1 | |
| | | | | 苏州市常熟市 | 1 | |
| | | | | 苏州市虎丘区 | 1 | |
| | | | | 无锡市宜兴市 | 2 | |
| | | | | 镇江市丹徒区 | 2 | |
| | | | | 镇江市京口区 | 1 | |
| | | | | 镇江市润州区 | 1 | |

| 序号 | 种名 | 种学名 | 份数 | 县/市/区 | 登记点数 | 生活型 |
|---|---|---|---|---|---|---|
| 270 | 圆叶鼠李 | *Rhamnus globosa* | 19 | 常州市金坛区 | 3 | 落叶灌木 |
| | | | | 常州市溧阳市 | 1 | |
| | | | | 常州市武进区 | 1 | |
| | | | | 淮安市盱眙县 | 1 | |
| | | | | 连云港市连云区 | 1 | |
| | | | | 连云港市新浦区 | 1 | |
| | | | | 南京市江宁区 | 19 | |
| | | | | 南京市六合区 | 7 | |
| | | | | 南京市浦口区 | 13 | |
| | | | | 南京市栖霞区 | 7 | |
| | | | | 南京市玄武区 | 6 | |
| | | | | 南通市崇川区 | 2 | |
| | | | | 苏州市常熟市 | 1 | |
| | | | | 苏州市吴中区 | 1 | |
| | | | | 无锡市宜兴市 | 4 | |
| | | | | 镇江市丹徒区 | 2 | |
| | | | | 镇江市丹阳市 | 2 | |
| | | | | 镇江市京口区 | 2 | |
| | | | | 镇江市句容市 | 2 | |
| 271 | 薄叶鼠李 | *Rhamnus leptophylla* | 1 | 淮安市盱眙县 | 1 | 落叶灌木 |
| 272 | 小叶鼠李 | *Rhamnus parvifolia* | 3 | 淮安市盱眙县 | 1 | 落叶灌木 |
| | | | | 南京市玄武区 | 1 | |
| | | | | 徐州市铜山区 | 1 | |
| 273 | 冻绿 | *Rhamnus utilis* | 9 | 常州市金坛区 | 1 | 落叶灌木 |
| | | | | 常州市武进区 | 4 | |
| | | | | 南京市江宁区 | 5 | |
| | | | | 南京市六合区 | 4 | |

| 序号 | 种名 | 种学名 | 份数 | 县/市/区 | 登记点数 | 生活型 |
|---|---|---|---|---|---|---|
| | | | | 南京市玄武区 | 3 | |
| | | | | 无锡市宜兴市 | 2 | |
| | | | | 镇江市丹徒区 | 1 | |
| | | | | 镇江市京口区 | 1 | |
| | | | | 镇江市句容市 | 1 | |
| 274 | 雀梅藤 | *Sageretia thea* | 20 | 常州市金坛区 | 3 | 常绿灌木 |
| | | | | 常州市溧阳市 | 1 | |
| | | | | 常州市武进区 | 2 | |
| | | | | 常州市新北区 | 1 | |
| | | | | 南京市高淳区 | 6 | |
| | | | | 南京市江宁区 | 6 | |
| | | | | 南京市浦口区 | 2 | |
| | | | | 南京市栖霞区 | 16 | |
| | | | | 南京市雨花台区 | 1 | |
| | | | | 南京市中山陵园管理局 | 4 | |
| | | | | 南通市崇川区 | 1 | |
| | | | | 苏州市常熟市 | 1 | |
| | | | | 苏州市虎丘区 | 1 | |
| | | | | 苏州市吴中区 | 1 | |
| | | | | 苏州市张家港市 | 1 | |
| | | | | 无锡市宜兴市 | 3 | |
| | | | | 镇江市丹徒区 | 5 | |
| | | | | 镇江市丹阳市 | 2 | |
| | | | | 镇江市京口区 | 1 | |
| | | | | 镇江市句容市 | 3 | |
| 275 | 枣 | *Ziziphus jujuba* | 3 | 淮安市金湖县 | 2 | 落叶乔木 |
| | | | | 无锡市宜兴市 | 1 | |
| | | | | 徐州市铜山区 | 1 | |

续　表

| 序号 | 种名 | 种学名 | 份数 | 县/市/区 | 登记点数 | 生活型 |
|---|---|---|---|---|---|---|
| 276 | 酸枣 | *Ziziphus jujuba* var. *spinosa* | 13 | 常州市金坛区 | 1 | 落叶乔木 |
| | | | | 常州市溧阳市 | 1 | |
| | | | | 连云港市东海县 | 3 | |
| | | | | 连云港市赣榆区 | 1 | |
| | | | | 连云港市灌云县 | 1 | |
| | | | | 连云港市海州区 | 1 | |
| | | | | 南京市浦口区 | 6 | |
| | | | | 南通市崇川区 | 1 | |
| | | | | 徐州市贾汪区 | 9 | |
| | | | | 徐州市开发区 | 12 | |
| | | | | 徐州市邳州市 | 1 | |
| | | | | 徐州市铜山区 | 10 | |
| | | | | 徐州市新沂市 | 6 | |
| 277 | 刺榆 | *Hemiptelea davidii* | 6 | 常州市溧阳市 | 1 | 落叶乔木 |
| | | | | 淮安市盱眙县 | 1 | |
| | | | | 连云港市连云区 | 3 | |
| | | | | 南京市浦口区 | 1 | |
| | | | | 南京市中山陵园管理局 | 2 | |
| | | | | 镇江市句容市 | 1 | |
| 278 | 琅琊榆 | *Ulmus chenmoui* | 1 | 镇江市句容市 | 1 | 落叶乔木 |
| 279 | 春榆 | *Ulmus davidiana* var. *japonica* | 2 | 连云港市连云区 | 2 | 落叶乔木 |
| | | | | 连云港市新浦区 | 1 | |
| 280 | 大果榆 | *Ulmus macrocarpa* | 5 | 连云港市连云区 | 2 | 落叶乔木 |
| | | | | 徐州市贾汪区 | 4 | |
| | | | | 徐州市开发区 | 1 | |
| | | | | 徐州市铜山区 | 4 | |
| | | | | 镇江市句容市 | 1 | |

| 序号 | 种名 | 种学名 | 份数 | 县/市/区 | 登记点数 | 生活型 |
|------|------|--------|------|----------|----------|--------|
| 281 | 榔榆 | *Ulmus parvifolia* | 36 | 常州市金坛区 | 4 | 落叶乔木 |
| | | | | 常州市武进区 | 7 | |
| | | | | 淮安市金湖县 | 4 | |
| | | | | 淮安市盱眙县 | 1 | |
| | | | | 连云港市海州区 | 1 | |
| | | | | 连云港市新浦区 | 2 | |
| | | | | 南京市高淳区 | 10 | |
| | | | | 南京市江宁区 | 39 | |
| | | | | 南京市溧水区 | 8 | |
| | | | | 南京市六合区 | 33 | |
| | | | | 南京市浦口区 | 38 | |
| | | | | 南京市栖霞区 | 25 | |
| | | | | 南京市玄武区 | 16 | |
| | | | | 南京市雨花台区 | 2 | |
| | | | | 南京市中山陵园管理局 | 3 | |
| | | | | 南通市崇川区 | 3 | |
| | | | | 苏州市常熟市 | 6 | |
| | | | | 苏州市虎丘区 | 1 | |
| | | | | 苏州市吴中区 | 5 | |
| | | | | 苏州市张家港市 | 1 | |
| | | | | 无锡市江阴市 | 1 | |
| | | | | 无锡市锡山区 | 1 | |
| | | | | 无锡市宜兴市 | 3 | |
| | | | | 宿迁市宿豫区 | 1 | |
| | | | | 徐州市贾汪区 | 3 | |
| | | | | 徐州市开发区 | 14 | |
| | | | | 徐州市邳州市 | 9 | |

续　表

| 序号 | 种名 | 种学名 | 份数 | 县/市/区 | 登记点数 | 生活型 |
|---|---|---|---|---|---|---|
| | | | | 徐州市睢宁县 | 1 | |
| | | | | 徐州市铜山区 | 11 | |
| | | | | 徐州市新沂市 | 11 | |
| | | | | 盐城市建湖县 | 2 | |
| | | | | 扬州市仪征市 | 1 | |
| | | | | 镇江市丹徒区 | 6 | |
| | | | | 镇江市丹阳市 | 3 | |
| | | | | 镇江市京口区 | 1 | |
| | | | | 镇江市句容市 | 4 | |
| 282 | 榆树 | *Ulmus pumila* | 21 | 常州市金坛区 | 1 | 落叶乔木 |
| | | | | 常州市溧阳市 | 1 | |
| | | | | 常州市武进区 | 5 | |
| | | | | 常州市新北区 | 1 | |
| | | | | 淮安市盱眙县 | 2 | |
| | | | | 连云港市东海县 | 2 | |
| | | | | 连云港市海州区 | 1 | |
| | | | | 南京市溧水区 | 1 | |
| | | | | 南京市玄武区 | 3 | |
| | | | | 南通市崇川区 | 6 | |
| | | | | 无锡市宜兴市 | 2 | |
| | | | | 徐州市开发区 | 2 | |
| | | | | 徐州市邳州市 | 1 | |
| | | | | 徐州市睢宁县 | 1 | |
| | | | | 徐州市铜山区 | 3 | |
| | | | | 徐州市新沂市 | 3 | |
| | | | | 盐城市建湖县 | 1 | |
| | | | | 扬州市仪征市 | 1 | |

| 序号 | 种名 | 种学名 | 份数 | 县/市/区 | 登记点数 | 生活型 |
|---|---|---|---|---|---|---|
| | | | | 镇江市丹徒区 | 3 | |
| | | | | 镇江市丹阳市 | 1 | |
| | | | | 镇江市句容市 | 4 | |
| 283 | 大叶榉树 | *Zelkova schneideriana* | 15 | 常州市金坛区 | 1 | 落叶乔木 |
| | | | | 常州市溧阳市 | 5 | |
| | | | | 常州市武进区 | 4 | |
| | | | | 常州市新北区 | 1 | |
| | | | | 南京市江宁区 | 3 | |
| | | | | 南京市浦口区 | 2 | |
| | | | | 南京市栖霞区 | 12 | |
| | | | | 南通市崇川区 | 6 | |
| | | | | 苏州市常熟市 | 5 | |
| | | | | 苏州市虎丘区 | 1 | |
| | | | | 苏州市吴中区 | 4 | |
| | | | | 无锡市宜兴市 | 6 | |
| | | | | 镇江市丹徒区 | 3 | |
| | | | | 镇江市京口区 | 1 | |
| | | | | 镇江市句容市 | 6 | |
| 284 | 榉树 | *Zelkova serrata* | 2 | 苏州市常熟市 | 1 | 落叶乔木 |
| | | | | 苏州市吴中区 | 1 | |
| 285 | 大果榉 | *Zelkova sinica* | 1 | 南京市六合区 | 1 | 落叶乔木 |
| 286 | 糙叶树 | *Aphananthe aspera* | 17 | 常州市金坛区 | 14 | 落叶乔木 |
| | | | | 常州市溧阳市 | 4 | |
| | | | | 常州市武进区 | 1 | |
| | | | | 连云港市连云区 | 7 | |
| | | | | 连云港市新浦区 | 3 | |
| | | | | 南京市高淳区 | 1 | |

续 表

| 序号 | 种名 | 种学名 | 份数 | 县/市/区 | 登记点数 | 生活型 |
|---|---|---|---|---|---|---|
| | | | | 南京市江宁区 | 9 | |
| | | | | 南京市六合区 | 1 | |
| | | | | 南京市栖霞区 | 13 | |
| | | | | 南京市玄武区 | 6 | |
| | | | | 南京市中山陵园管理局 | 17 | |
| | | | | 苏州市常熟市 | 12 | |
| | | | | 苏州市吴中区 | 2 | |
| | | | | 无锡市宜兴市 | 3 | |
| | | | | 镇江市丹徒区 | 3 | |
| | | | | 镇江市京口区 | 1 | |
| | | | | 镇江市句容市 | 6 | |
| | | | | 常州市金坛区 | 3 | |
| | | | | 常州市溧阳市 | 4 | |
| | | | | 连云港市海州区 | 1 | |
| | | | | 连云港市新浦区 | 1 | |
| | | | | 南京市高淳区 | 1 | |
| | | | | 南京市江宁区 | 1 | |
| 287 | 紫弹树 | *Celtis biondii* | 13 | 南京市浦口区 | 19 | 落叶乔木 |
| | | | | 南京市中山陵园管理局 | 24 | |
| | | | | 苏州市常熟市 | 2 | |
| | | | | 苏州市虎丘区 | 1 | |
| | | | | 苏州市吴中区 | 1 | |
| | | | | 无锡市宜兴市 | 1 | |
| | | | | 镇江市句容市 | 1 | |
| 288 | 黑弹树 | *Celtis bungeana* | 10 | 常州市溧阳市 | 1 | 落叶乔木 |
| | | | | 淮安市盱眙县 | 1 | |
| | | | | 南京市江宁区 | 2 | |

| 序号 | 种名 | 种学名 | 份数 | 县/市/区 | 登记点数 | 生活型 |
|---|---|---|---|---|---|---|
|  |  |  |  | 南京市六合区 | 2 |  |
|  |  |  |  | 南京市浦口区 | 10 |  |
|  |  |  |  | 无锡市锡山区 | 1 |  |
|  |  |  |  | 无锡市宜兴市 | 4 |  |
|  |  |  |  | 徐州市贾汪区 | 2 |  |
|  |  |  |  | 徐州市开发区 | 8 |  |
|  |  |  |  | 镇江市句容市 | 1 |  |
| 289 | 大叶朴 | *Celtis koraiensis* | 1 | 淮安市盱眙县 | 1 | 落叶乔木 |
| 290 | 朴树 | *Celtis sinensis* | 40 | 常州市金坛区 | 10 | 落叶乔木 |
|  |  |  |  | 常州市溧阳市 | 11 |  |
|  |  |  |  | 常州市武进区 | 13 |  |
|  |  |  |  | 常州市新北区 | 1 |  |
|  |  |  |  | 淮安市金湖县 | 6 |  |
|  |  |  |  | 淮安市盱眙县 | 7 |  |
|  |  |  |  | 连云港市东海县 | 3 |  |
|  |  |  |  | 连云港市赣榆区 | 1 |  |
|  |  |  |  | 连云港市海州区 | 3 |  |
|  |  |  |  | 连云港市连云区 | 13 |  |
|  |  |  |  | 连云港市新浦区 | 4 |  |
|  |  |  |  | 南京市高淳区 | 16 |  |
|  |  |  |  | 南京市江宁区 | 155 |  |
|  |  |  |  | 南京市溧水区 | 37 |  |
|  |  |  |  | 南京市六合区 | 72 |  |
|  |  |  |  | 南京市浦口区 | 89 |  |
|  |  |  |  | 南京市栖霞区 | 40 |  |
|  |  |  |  | 南京市玄武区 | 24 |  |
|  |  |  |  | 南京市雨花台区 | 14 |  |

| 序号 | 种名 | 种学名 | 份数 | 县/市/区 | 登记点数 | 生活型 |
|---|---|---|---|---|---|---|
| | | | | 南京市中山陵园管理局 | 28 | |
| | | | | 南通市崇川区 | 10 | |
| | | | | 苏州市常熟市 | 18 | |
| | | | | 苏州市虎丘区 | 2 | |
| | | | | 苏州市吴中区 | 11 | |
| | | | | 苏州市张家港市 | 1 | |
| | | | | 无锡市江阴市 | 1 | |
| | | | | 无锡市锡山区 | 1 | |
| | | | | 无锡市宜兴市 | 3 | |
| | | | | 徐州市开发区 | 27 | |
| | | | | 徐州市邳州市 | 13 | |
| | | | | 徐州市睢宁县 | 1 | |
| | | | | 徐州市铜山区 | 16 | |
| | | | | 徐州市新沂市 | 13 | |
| | | | | 盐城市大丰区 | 1 | |
| | | | | 扬州市仪征市 | 2 | |
| | | | | 镇江市丹徒区 | 7 | |
| | | | | 镇江市丹阳市 | 3 | |
| | | | | 镇江市京口区 | 1 | |
| | | | | 镇江市句容市 | 4 | |
| | | | | 镇江市润州区 | 2 | |
| 291 | 青檀 | *Pteroceltis tatarinowii* | 7 | 常州市金坛区 | 1 | 落叶乔木 |
| | | | | 常州市溧阳市 | 1 | |
| | | | | 南京市溧水区 | 4 | |
| | | | | 无锡市宜兴市 | 2 | |
| | | | | 徐州市开发区 | 1 | |
| | | | | 镇江市丹徒区 | 1 | |
| | | | | 镇江市京口区 | 1 | |

| 序号 | 种名 | 种学名 | 份数 | 县/市/区 | 登记点数 | 生活型 |
|---|---|---|---|---|---|---|
| 292 | 山油麻 | *Trema cannabina* var. *dielsiana* | 2 | 常州市溧阳市 | 1 | 落叶灌木 |
| | | | | 无锡市宜兴市 | 2 | |
| 293 | 楮 | *Broussonetia kazinoki* | 8 | 常州市金坛区 | 2 | 落叶灌木 |
| | | | | 常州市溧阳市 | 4 | |
| | | | | 连云港市连云区 | 2 | |
| | | | | 连云港市新浦区 | 1 | |
| | | | | 南京市六合区 | 3 | |
| | | | | 南京市中山陵园管理局 | 1 | |
| | | | | 无锡市宜兴市 | 1 | |
| | | | | 镇江市句容市 | 1 | |
| 294 | 构树 | *Broussonetia papyrifera* | 41 | 常州市金坛区 | 14 | 落叶乔木 |
| | | | | 常州市溧阳市 | 3 | |
| | | | | 常州市武进区 | 16 | |
| | | | | 常州市新北区 | 3 | |
| | | | | 淮安市盱眙县 | 1 | |
| | | | | 连云港市东海县 | 4 | |
| | | | | 连云港市赣榆区 | 3 | |
| | | | | 连云港市灌云县 | 1 | |
| | | | | 连云港市海州区 | 1 | |
| | | | | 连云港市连云区 | 1 | |
| | | | | 连云港市新浦区 | 2 | |
| | | | | 南京市高淳区 | 15 | |
| | | | | 南京市江宁区 | 78 | |
| | | | | 南京市溧水区 | 22 | |
| | | | | 南京市六合区 | 50 | |
| | | | | 南京市浦口区 | 47 | |
| | | | | 南京市栖霞区 | 26 | |

续　表

| 序号 | 种名 | 种学名 | 份数 | 县/市/区 | 登记点数 | 生活型 |
|---|---|---|---|---|---|---|
| | | | | 南京市玄武区 | 24 | |
| | | | | 南京市雨花台区 | 8 | |
| | | | | 南京市中山陵园管理局 | 5 | |
| | | | | 南通市崇川区 | 5 | |
| | | | | 苏州市常熟市 | 7 | |
| | | | | 苏州市虎丘区 | 1 | |
| | | | | 苏州市吴中区 | 3 | |
| | | | | 苏州市张家港市 | 1 | |
| | | | | 无锡市江阴市 | 2 | |
| | | | | 无锡市锡山区 | 1 | |
| | | | | 宿迁市宿豫区 | 1 | |
| | | | | 徐州市贾汪区 | 10 | |
| | | | | 徐州市开发区 | 15 | |
| | | | | 徐州市邳州市 | 10 | |
| | | | | 徐州市睢宁县 | 1 | |
| | | | | 徐州市铜山区 | 21 | |
| | | | | 徐州市新沂市 | 12 | |
| | | | | 盐城市大丰区 | 1 | |
| | | | | 盐城市建湖县 | 5 | |
| | | | | 镇江市丹徒区 | 7 | |
| | | | | 镇江市丹阳市 | 3 | |
| | | | | 镇江市京口区 | 1 | |
| | | | | 镇江市句容市 | 6 | |
| | | | | 镇江市润州区 | 2 | |
| 295 | 矮小天仙果 | *Ficus erecta* | 1 | 无锡市宜兴市 | 2 | 落叶乔木 |
| 296 | 薜荔 | *Ficus pumila* | 9 | 常州市溧阳市 | 1 | 常绿灌木 |
| | | | | 南京市高淳区 | 3 | |

| 序号 | 种名 | 种学名 | 份数 | 县/市/区 | 登记点数 | 生活型 |
|---|---|---|---|---|---|---|
| | | | | 南京市栖霞区 | 2 | |
| | | | | 南通市崇川区 | 2 | |
| | | | | 苏州市常熟市 | 3 | |
| | | | | 苏州市吴中区 | 1 | |
| | | | | 苏州市张家港市 | 1 | |
| | | | | 无锡市宜兴市 | 3 | |
| | | | | 镇江市丹徒区 | 1 | |
| 297 | 珍珠莲 | *Ficus sarmentosa* var. *henryi* | 2 | 常州市溧阳市 | 1 | 常绿灌木 |
| | | | | 无锡市宜兴市 | 3 | |
| 298 | 爬藤榕 | *Ficus sarmentosa* var. *impressa* | 2 | 无锡市宜兴市 | 2 | 常绿灌木 |
| | | | | 镇江市句容市 | 1 | |
| 299 | 柘 | *Maclura tricuspidata* | 35 | 常州市金坛区 | 6 | 落叶灌木 |
| | | | | 常州市溧阳市 | 5 | |
| | | | | 常州市武进区 | 7 | |
| | | | | 淮安市盱眙县 | 2 | |
| | | | | 连云港市东海县 | 4 | |
| | | | | 连云港市赣榆区 | 1 | |
| | | | | 连云港市灌云县 | 1 | |
| | | | | 连云港市海州区 | 2 | |
| | | | | 连云港市连云区 | 12 | |
| | | | | 连云港市新浦区 | 3 | |
| | | | | 南京市高淳区 | 10 | |
| | | | | 南京市江宁区 | 71 | |
| | | | | 南京市溧水区 | 4 | |
| | | | | 南京市六合区 | 53 | |
| | | | | 南京市浦口区 | 37 | |
| | | | | 南京市栖霞区 | 20 | |

| 序号 | 种名 | 种学名 | 份数 | 县/市/区 | 登记点数 | 生活型 |
|------|------|--------|------|----------|----------|--------|
|  |  |  |  | 南京市玄武区 | 11 |  |
|  |  |  |  | 南京市雨花台区 | 7 |  |
|  |  |  |  | 南京市中山陵园管理局 | 4 |  |
|  |  |  |  | 南通市崇川区 | 4 |  |
|  |  |  |  | 苏州市常熟市 | 3 |  |
|  |  |  |  | 苏州市虎丘区 | 2 |  |
|  |  |  |  | 苏州市吴中区 | 1 |  |
|  |  |  |  | 苏州市张家港市 | 1 |  |
|  |  |  |  | 无锡市宜兴市 | 3 |  |
|  |  |  |  | 徐州市贾汪区 | 3 |  |
|  |  |  |  | 徐州市开发区 | 16 |  |
|  |  |  |  | 徐州市邳州市 | 2 |  |
|  |  |  |  | 徐州市铜山区 | 9 |  |
|  |  |  |  | 徐州市新沂市 | 5 |  |
|  |  |  |  | 镇江市丹徒区 | 6 |  |
|  |  |  |  | 镇江市丹阳市 | 1 |  |
|  |  |  |  | 镇江市京口区 | 1 |  |
|  |  |  |  | 镇江市句容市 | 5 |  |
|  |  |  |  | 镇江市润州区 | 2 |  |
| 300 | 桑 | *Morus alba* | 35 | 常州市金坛区 | 1 | 落叶乔木 |
|  |  |  |  | 常州市溧阳市 | 1 |  |
|  |  |  |  | 常州市武进区 | 8 |  |
|  |  |  |  | 淮安市金湖县 | 4 |  |
|  |  |  |  | 淮安市盱眙县 | 8 |  |
|  |  |  |  | 连云港市东海县 | 2 |  |
|  |  |  |  | 连云港市海州区 | 1 |  |
|  |  |  |  | 连云港市连云区 | 1 |  |

| 序号 | 种名 | 种学名 | 份数 | 县/市/区 | 登记点数 | 生活型 |
|---|---|---|---|---|---|---|
| | | | | 连云港市新浦区 | 2 | |
| | | | | 南京市高淳区 | 4 | |
| | | | | 南京市江宁区 | 22 | |
| | | | | 南京市六合区 | 45 | |
| | | | | 南京市浦口区 | 14 | |
| | | | | 南京市栖霞区 | 8 | |
| | | | | 南京市玄武区 | 7 | |
| | | | | 南京市雨花台区 | 3 | |
| | | | | 南京市中山陵园管理局 | 1 | |
| | | | | 南通市崇川区 | 3 | |
| | | | | 苏州市吴中区 | 1 | |
| | | | | 苏州市张家港市 | 1 | |
| | | | | 无锡市江阴市 | 2 | |
| | | | | 无锡市宜兴市 | 1 | |
| | | | | 宿迁市宿豫区 | 1 | |
| | | | | 徐州市贾汪区 | 2 | |
| | | | | 徐州市开发区 | 1 | |
| | | | | 徐州市睢宁县 | 1 | |
| | | | | 徐州市铜山区 | 1 | |
| | | | | 徐州市新沂市 | 1 | |
| | | | | 盐城市大丰区 | 4 | |
| | | | | 盐城市建湖县 | 5 | |
| | | | | 扬州市仪征市 | 1 | |
| | | | | 镇江市丹徒区 | 5 | |
| | | | | 镇江市丹阳市 | 3 | |
| | | | | 镇江市京口区 | 2 | |
| | | | | 镇江市句容市 | 5 | |

| 序号 | 种名 | 种学名 | 份数 | 县/市/区 | 登记点数 | 生活型 |
|---|---|---|---|---|---|---|
| 301 | 鸡桑 | *Morus australis* | 11 | 常州市金坛区 | 1 | 落叶乔木 |
| | | | | 连云港市连云区 | 1 | |
| | | | | 南京市浦口区 | 2 | |
| | | | | 无锡市宜兴市 | 2 | |
| | | | | 徐州市贾汪区 | 3 | |
| | | | | 徐州市开发区 | 6 | |
| | | | | 徐州市邳州市 | 1 | |
| | | | | 徐州市铜山区 | 3 | |
| | | | | 徐州市新沂市 | 2 | |
| | | | | 扬州市仪征市 | 1 | |
| | | | | 镇江市句容市 | 1 | |
| 302 | 华桑 | *Morus cathayana* | 3 | 南京市江宁区 | 2 | 落叶乔木 |
| | | | | 无锡市宜兴市 | 3 | |
| | | | | 镇江市句容市 | 4 | |
| 303 | 蒙桑 | *Morus mongolica* | 6 | 连云港市连云区 | 1 | 落叶乔木 |
| | | | | 南京市江宁区 | 1 | |
| | | | | 南京市浦口区 | 3 | |
| | | | | 徐州市开发区 | 4 | |
| | | | | 徐州市铜山区 | 1 | |
| | | | | 镇江市句容市 | | |
| 304 | 苎麻 | *Boehmeria nivea* | 10 | 常州市金坛区 | 2 | 落叶灌木 |
| | | | | 常州市溧阳市 | 1 | |
| | | | | 常州市武进区 | 1 | |
| | | | | 南京市江宁区 | 3 | |
| | | | | 南京市溧水区 | 5 | |
| | | | | 南京市栖霞区 | 4 | |
| | | | | 南通市港闸区 | 2 | |

| 序号 | 种名 | 种学名 | 份数 | 县/市/区 | 登记点数 | 生活型 |
|------|------|--------|------|---------|----------|--------|
| | | | | 无锡市宜兴市 | 3 | |
| | | | | 镇江市丹徒区 | 4 | |
| | | | | 镇江市句容市 | 5 | |
| 305 | 悬铃叶苎麻 | *Boehmeria tricuspis* | 4 | 常州市金坛区 | 1 | 落叶灌木 |
| | | | | 常州市溧阳市 | 1 | |
| | | | | 南京市六合区 | 1 | |
| | | | | 无锡市宜兴市 | 2 | |
| 306 | 野鸦椿 | *Euscaphis japonica* | 20 | 常州市金坛区 | 4 | 落叶乔木 |
| | | | | 常州市溧阳市 | 7 | |
| | | | | 常州市武进区 | 4 | |
| | | | | 连云港市连云区 | 3 | |
| | | | | 连云港市新浦区 | 2 | |
| | | | | 南京市高淳区 | 3 | |
| | | | | 南京市江宁区 | 66 | |
| | | | | 南京市溧水区 | 2 | |
| | | | | 南京市浦口区 | 12 | |
| | | | | 南京市栖霞区 | 8 | |
| | | | | 南京市玄武区 | 1 | |
| | | | | 南京市雨花台区 | 13 | |
| | | | | 南京市中山陵园管理局 | 13 | |
| | | | | 苏州市常熟市 | 12 | |
| | | | | 苏州市虎丘区 | 3 | |
| | | | | 苏州市吴中区 | 1 | |
| | | | | 无锡市宜兴市 | 2 | |
| | | | | 镇江市丹徒区 | 7 | |
| | | | | 镇江市京口区 | 1 | |
| | | | | 镇江市句容市 | 5 | |

| 序号 | 种名 | 种学名 | 份数 | 县/市/区 | 登记点数 | 生活型 |
|---|---|---|---|---|---|---|
| 307 | 省沽油 | *Staphylea bumalda* | 1 | 南京市浦口区 | 3 | 落叶灌木 |
| 308 | 梧桐 | *Firmiana simplex* | 24 | 常州市金坛区 | 1 | 落叶乔木 |
| | | | | 常州市溧阳市 | 1 | |
| | | | | 常州市武进区 | 5 | |
| | | | | 常州市新北区 | 1 | |
| | | | | 连云港市灌云县 | 1 | |
| | | | | 连云港市连云区 | 3 | |
| | | | | 连云港市新浦区 | 4 | |
| | | | | 南京市高淳区 | 2 | |
| | | | | 南京市江宁区 | 24 | |
| | | | | 南京市溧水区 | 1 | |
| | | | | 南京市六合区 | 6 | |
| | | | | 南京市浦口区 | 8 | |
| | | | | 南京市玄武区 | 7 | |
| | | | | 南京市中山陵园管理局 | 19 | |
| | | | | 南通市崇川区 | 1 | |
| | | | | 苏州市常熟市 | 1 | |
| | | | | 苏州市虎丘区 | 1 | |
| | | | | 苏州市吴中区 | 6 | |
| | | | | 无锡市宜兴市 | 1 | |
| | | | | 徐州市开发区 | 8 | |
| | | | | 徐州市新沂市 | 1 | |
| | | | | 盐城市大丰区 | 1 | |
| | | | | 镇江市京口区 | 2 | |
| | | | | 镇江市句容市 | 5 | |
| 309 | 扁担杆 | *Grewia biloba* | 24 | 常州市金坛区 | 2 | 落叶灌木 |
| | | | | 常州市溧阳市 | 1 | |

| 序号 | 种名 | 种学名 | 份数 | 县/市/区 | 登记点数 | 生活型 |
|------|------|--------|------|----------|----------|--------|
| | | | | 常州市新北区 | 1 | |
| | | | | 淮安市盱眙县 | 1 | |
| | | | | 南京市江宁区 | 29 | |
| | | | | 南京市溧水区 | 1 | |
| | | | | 南京市六合区 | 1 | |
| | | | | 南京市浦口区 | 3 | |
| | | | | 南京市栖霞区 | 7 | |
| | | | | 南京市玄武区 | 8 | |
| | | | | 南京市雨花台区 | 1 | |
| | | | | 南通市崇川区 | 4 | |
| | | | | 苏州市常熟市 | 1 | |
| | | | | 苏州市吴中区 | 1 | |
| | | | | 苏州市张家港市 | 1 | |
| | | | | 无锡市宜兴市 | 3 | |
| | | | | 徐州市贾汪区 | 10 | |
| | | | | 徐州市开发区 | 11 | |
| | | | | 徐州市邳州市 | 2 | |
| | | | | 徐州市铜山区 | 6 | |
| | | | | 扬州市仪征市 | 1 | |
| | | | | 镇江市丹徒区 | 2 | |
| | | | | 镇江市京口区 | 1 | |
| | | | | 镇江市句容市 | 3 | |
| 310 | 小花扁担杆 | *Grewia biloba* var. *parviflora* | 7 | 连云港市赣榆区 | 2 | 落叶灌木 |
| | | | | 连云港市海州区 | 1 | |
| | | | | 连云港市连云区 | 4 | |
| | | | | 连云港市新浦区 | 2 | |
| | | | | 南京市六合区 | 4 | |

| 序号 | 种名 | 种学名 | 份数 | 县/市/区 | 登记点数 | 生活型 |
|------|------|--------|------|----------|----------|--------|
| | | | | 南京市浦口区 | 9 | |
| | | | | 南京市栖霞区 | 2 | |
| 311 | 短毛椴 | *Tilia chingiana* | 1 | 无锡市宜兴市 | 1 | 落叶乔木 |
| 312 | 糯米椴 | *Tilia henryana* var. *subglabra* | 5 | 常州市金坛区 | 5 | 落叶乔木 |
| | | | | 淮安市盱眙县 | 1 | |
| | | | | 南京市江宁区 | 1 | |
| | | | | 南京市栖霞区 | 7 | |
| | | | | 镇江市句容市 | 1 | |
| 313 | 辽椴 | *Tilia mandshurica* | 1 | 连云港市连云区 | 5 | 落叶乔木 |
| 314 | 南京椴 | *Tilia miqueliana* | 9 | 常州市金坛区 | 1 | 落叶乔木 |
| | | | | 常州市溧阳市 | 2 | |
| | | | | 淮安市盱眙县 | 1 | |
| | | | | 连云港市连云区 | 5 | |
| | | | | 南京市江宁区 | 8 | |
| | | | | 南京市浦口区 | 3 | |
| | | | | 南京市玄武区 | 1 | |
| | | | | 苏州市吴中区 | 4 | |
| | | | | 镇江市句容市 | 3 | |
| 315 | 粉椴 | *Tilia oliveri* | 1 | 无锡市宜兴市 | 2 | 落叶乔木 |
| 316 | 椴树 | *Tilia tuan* | 1 | 无锡市宜兴市 | 1 | 落叶乔木 |
| 317 | 芫花 | *Daphne genkwa* | 10 | 常州市溧阳市 | 1 | 落叶灌木 |
| | | | | 淮安市盱眙县 | 1 | |
| | | | | 连云港市赣榆区 | 1 | |
| | | | | 连云港市连云区 | 1 | |
| | | | | 南京市六合区 | 1 | |
| | | | | 南京市浦口区 | 3 | |
| | | | | 徐州市贾汪区 | 2 | |

| 序号 | 种名 | 种学名 | 份数 | 县/市/区 | 登记点数 | 生活型 |
|---|---|---|---|---|---|---|
| | | | | 徐州市开发区 | 7 | |
| | | | | 徐州市铜山区 | 3 | |
| | | | | 徐州市新沂市 | 2 | |
| 318 | 毛瑞香 | *Daphne kiusiana* var. *atrocaulis* | 2 | 常州市溧阳市 | 1 | 常绿灌木 |
| | | | | 南京市六合区 | 1 | |
| 319 | 河朔荛花 | *Wikstroemia chamaedaphne* | 1 | 无锡市宜兴市 | 1 | 落叶灌木 |
| 320 | 紫薇 | *Lagerstroemia indica* | 1 | 无锡市宜兴市 | 3 | 落叶灌木 |
| 321 | 南酸枣 | *Choerospondias axillaris* | 1 | 镇江市句容市 | 1 | 落叶乔木 |
| 322 | 黄连木 | *Pistacia chinensis* | 29 | 常州市金坛区 | 11 | 落叶乔木 |
| | | | | 常州市溧阳市 | 3 | |
| | | | | 常州市武进区 | 6 | |
| | | | | 常州市新北区 | 1 | |
| | | | | 淮安市盱眙县 | 13 | |
| | | | | 连云港市灌云县 | 1 | |
| | | | | 连云港市海州区 | 2 | |
| | | | | 连云港市连云区 | 7 | |
| | | | | 连云港市新浦区 | 3 | |
| | | | | 南京市高淳区 | 2 | |
| | | | | 南京市江宁区 | 76 | |
| | | | | 南京市六合区 | 39 | |
| | | | | 南京市浦口区 | 53 | |
| | | | | 南京市栖霞区 | 31 | |
| | | | | 南京市玄武区 | 18 | |
| | | | | 南京市雨花台区 | 12 | |
| | | | | 南京市中山陵园管理局 | 15 | |
| | | | | 南通市崇川区 | 11 | |

| 序号 | 种名 | 种学名 | 份数 | 县/市/区 | 登记点数 | 生活型 |
|---|---|---|---|---|---|---|
| | | | | 苏州市吴中区 | 4 | |
| | | | | 苏州市张家港市 | 1 | |
| | | | | 无锡市宜兴市 | 3 | |
| | | | | 徐州市贾汪区 | 2 | |
| | | | | 徐州市开发区 | 19 | |
| | | | | 徐州市邳州市 | 1 | |
| | | | | 徐州市铜山区 | 24 | |
| | | | | 镇江市丹徒区 | 6 | |
| | | | | 镇江市丹阳市 | 3 | |
| | | | | 镇江市京口区 | 1 | |
| | | | | 镇江市句容市 | 5 | |
| | | | | 常州市金坛区 | 2 | |
| | | | | 常州市溧阳市 | 5 | |
| | | | | 常州市武进区 | 13 | |
| | | | | 淮安市盱眙县 | 1 | |
| | | | | 连云港市东海县 | 3 | |
| | | | | 连云港市海州区 | 1 | |
| | | | | 连云港市连云区 | 17 | |
| | | | | 连云港市新浦区 | 3 | |
| 323 | 盐麸木 | *Rhus chinensis* | 28 | 南京市高淳区 | 9 | 落叶乔木 |
| | | | | 南京市江宁区 | 63 | |
| | | | | 南京市溧水区 | 8 | |
| | | | | 南京市浦口区 | 15 | |
| | | | | 南京市栖霞区 | 15 | |
| | | | | 南京市玄武区 | 8 | |
| | | | | 南京市雨花台区 | 5 | |
| | | | | 南京市中山陵园管理局 | 2 | |

| 序号 | 种名 | 种学名 | 份数 | 县/市/区 | 登记点数 | 生活型 |
|---|---|---|---|---|---|---|
| | | | | 苏州市常熟市 | 6 | |
| | | | | 苏州市虎丘区 | 2 | |
| | | | | 苏州市吴中区 | 5 | |
| | | | | 苏州市张家港市 | 1 | |
| | | | | 无锡市江阴市 | 1 | |
| | | | | 无锡市锡山区 | 1 | |
| | | | | 无锡市宜兴市 | 3 | |
| | | | | 镇江市丹徒区 | 6 | |
| | | | | 镇江市丹阳市 | 2 | |
| | | | | 镇江市京口区 | 1 | |
| | | | | 镇江市句容市 | 5 | |
| | | | | 镇江市润州区 | 1 | |
| 324 | 野漆 | *Toxicodendron succedaneum* | 8 | 常州市金坛区 | 1 | 落叶乔木 |
| | | | | 常州市溧阳市 | 1 | |
| | | | | 常州市武进区 | 1 | |
| | | | | 南京市江宁区 | 9 | |
| | | | | 无锡市滨湖区 | 2 | |
| | | | | 无锡市宜兴市 | 3 | |
| | | | | 镇江市丹阳市 | 1 | |
| | | | | 镇江市句容市 | 1 | |
| 325 | 木蜡树 | *Toxicodendron sylvestre* | 14 | 常州市金坛区 | 6 | 落叶乔木 |
| | | | | 常州市溧阳市 | 8 | |
| | | | | 连云港市连云区 | 9 | |
| | | | | 南京市江宁区 | 34 | |
| | | | | 南京市栖霞区 | 4 | |
| | | | | 南京市雨花台区 | 13 | |
| | | | | 南京市中山陵园管理局 | 3 | |

| 序号 | 种名 | 种学名 | 份数 | 县/市/区 | 登记点数 | 生活型 |
|---|---|---|---|---|---|---|
|  |  |  |  | 苏州市常熟市 | 16 |  |
|  |  |  |  | 苏州市虎丘区 | 1 |  |
|  |  |  |  | 苏州市吴中区 | 9 |  |
|  |  |  |  | 无锡市宜兴市 | 1 |  |
|  |  |  |  | 镇江市丹徒区 | 2 |  |
|  |  |  |  | 镇江市丹阳市 | 1 |  |
|  |  |  |  | 镇江市句容市 | 4 |  |
| 326 | 漆 | *Toxicodendron vernicifluum* | 2 | 淮安市盱眙县 | 1 | 落叶乔木 |
|  |  |  |  | 无锡市宜兴市 | 2 |  |
|  |  |  |  | 常州市金坛区 | 1 |  |
|  |  |  |  | 常州市溧阳市 | 1 |  |
|  |  |  |  | 淮安市盱眙县 | 3 |  |
|  |  |  |  | 南京市江宁区 | 3 |  |
|  |  |  |  | 南京市六合区 | 1 |  |
|  |  |  |  | 南京市浦口区 | 19 |  |
|  |  |  |  | 南京市玄武区 | 12 |  |
| 327 | 三角槭 | *Acer buergerianum* | 16 | 南京市中山陵园管理局 | 19 | 落叶乔木 |
|  |  |  |  | 南通市崇川区 | 4 |  |
|  |  |  |  | 苏州市虎丘区 | 2 |  |
|  |  |  |  | 苏州市吴中区 | 2 |  |
|  |  |  |  | 徐州市开发区 | 1 |  |
|  |  |  |  | 镇江市丹徒区 | 2 |  |
|  |  |  |  | 镇江市丹阳市 | 3 |  |
|  |  |  |  | 镇江市京口区 | 1 |  |
|  |  |  |  | 镇江市句容市 | 5 |  |
| 328 | 青榨槭 | *Acer davidii* | 2 | 常州市溧阳市 | 3 | 落叶乔木 |
|  |  |  |  | 无锡市宜兴市 | 5 |  |

| 序号 | 种名 | 种学名 | 份数 | 县/市/区 | 登记点数 | 生活型 |
|------|------|--------|------|----------|----------|--------|
| 329 | 建始槭 | *Acer henryi* | 3 | 常州市溧阳市 | 1 | 落叶乔木 |
| | | | | 无锡市宜兴市 | 2 | |
| | | | | 镇江市句容市 | 2 | |
| 330 | 五角枫 | *Acer pictum* subsp. *mono* | 6 | 淮安市盱眙县 | 1 | 落叶乔木 |
| | | | | 连云港市连云区 | 3 | |
| | | | | 连云港市新浦区 | 3 | |
| | | | | 无锡市宜兴市 | 5 | |
| | | | | 镇江市丹徒区 | 1 | |
| | | | | 镇江市句容市 | 2 | |
| 331 | 茶条枫 | *Acer tataricum* subsp. *ginnala* | 16 | 常州市金坛区 | 5 | 落叶乔木 |
| | | | | 常州市溧阳市 | 1 | |
| | | | | 淮安市盱眙县 | 1 | |
| | | | | 南京市江宁区 | 37 | |
| | | | | 南京市浦口区 | 6 | |
| | | | | 南京市栖霞区 | 22 | |
| | | | | 南京市玄武区 | 7 | |
| | | | | 南京市雨花台区 | 5 | |
| | | | | 南京市中山陵园管理局 | 14 | |
| | | | | 南通市崇川区 | 1 | |
| | | | | 无锡市宜兴市 | 3 | |
| | | | | 镇江市丹徒区 | 5 | |
| | | | | 镇江市丹阳市 | 2 | |
| | | | | 镇江市京口区 | | |
| | | | | 镇江市句容市 | 5 | |
| | | | | 镇江市润州区 | 2 | |
| 332 | 苦条枫 | *Acer tataricum* subsp. *theiferum* | 3 | 连云港市连云区 | 7 | 落叶乔木 |
| | | | | 南京市浦口区 | 29 | |
| | | | | 苏州市吴中区 | 1 | |

续　表

| 序号 | 种名 | 种学名 | 份数 | 县/市/区 | 登记点数 | 生活型 |
|------|------|--------|------|---------|---------|--------|
| 333 | 元宝槭 | *Acer truncatum* | 1 | 常州市溧阳市 | 1 | 落叶乔木 |
| 334 | 无患子 | *Sapindus saponaria* | 5 | 连云港市连云区 | 1 | 落叶乔木 |
| | | | | 连云港市新浦区 | 2 | |
| | | | | 苏州市吴中区 | 1 | |
| | | | | 无锡市江阴市 | 1 | |
| | | | | 镇江市句容市 | 3 | |
| 335 | 枳 | *Citrus trifoliata* | 2 | 常州市武进区 | 1 | 落叶乔木 |
| | | | | 镇江市句容市 | 1 | |
| 336 | 臭檀吴萸 | *Tetradium daniellii* | 2 | 连云港市连云区 | 1 | 落叶乔木 |
| | | | | 连云港市新浦区 | 1 | |
| 337 | 楝叶吴萸 | *Tetradium glabrifolium* | 3 | 常州市溧阳市 | 1 | 落叶乔木 |
| | | | | 南京市栖霞区 | 1 | |
| | | | | 无锡市宜兴市 | 1 | |
| 338 | 吴茱萸 | *Tetradium ruticarpum* | 1 | 南京市江宁区 | 1 | 落叶灌木 |
| 339 | 竹叶花椒 | *Zanthoxylum armatum* | 28 | 常州市金坛区 | 5 | 常绿灌木 |
| | | | | 常州市溧阳市 | 1 | |
| | | | | 常州市武进区 | 2 | |
| | | | | 常州市新北区 | 2 | |
| | | | | 淮安市盱眙县 | 2 | |
| | | | | 连云港市连云区 | 3 | |
| | | | | 南京市高淳区 | 8 | |
| | | | | 南京市江宁区 | 22 | |
| | | | | 南京市溧水区 | 1 | |
| | | | | 南京市六合区 | 7 | |
| | | | | 南京市浦口区 | 11 | |
| | | | | 南京市栖霞区 | 10 | |
| | | | | 南京市玄武区 | 17 | |

| 序号 | 种名 | 种学名 | 份数 | 县/市/区 | 登记点数 | 生活型 |
|---|---|---|---|---|---|---|
| | | | | 南京市中山陵园管理局 | 4 | |
| | | | | 南通市崇川区 | 2 | |
| | | | | 苏州市常熟市 | 1 | |
| | | | | 苏州市虎丘区 | 1 | |
| | | | | 苏州市吴中区 | 1 | |
| | | | | 无锡市江阴市 | 1 | |
| | | | | 徐州市贾汪区 | 2 | |
| | | | | 徐州市开发区 | 2 | |
| | | | | 徐州市铜山区 | 3 | |
| | | | | 徐州市新沂市 | 4 | |
| | | | | 扬州市仪征市 | 1 | |
| | | | | 镇江市丹徒区 | 2 | |
| | | | | 镇江市丹阳市 | 2 | |
| | | | | 镇江市京口区 | 1 | |
| | | | | 镇江市句容市 | 5 | |
| 340 | 花椒 | *Zanthoxylum bungeanum* | 4 | 南京市江宁区 | 7 | 落叶灌木 |
| | | | | 南京市玄武区 | 8 | |
| | | | | 镇江市丹阳市 | 1 | |
| | | | | 镇江市润州区 | 1 | |
| 341 | 青花椒 | *Zanthoxylum schinifolium* | 15 | 常州市金坛区 | 1 | 落叶灌木 |
| | | | | 常州市溧阳市 | 1 | |
| | | | | 连云港市赣榆区 | 1 | |
| | | | | 连云港市灌云县 | 3 | |
| | | | | 连云港市海州区 | 3 | |
| | | | | 连云港市连云区 | 10 | |
| | | | | 连云港市新浦区 | 2 | |
| | | | | 南京市江宁区 | 30 | |

续　表

| 序号 | 种名 | 种学名 | 份数 | 县/市/区 | 登记点数 | 生活型 |
|---|---|---|---|---|---|---|
| | | | | 南京市溧水区 | 2 | |
| | | | | 南京市浦口区 | 8 | |
| | | | | 南京市雨花台区 | 3 | |
| | | | | 苏州市常熟市 | 1 | |
| | | | | 苏州市虎丘区 | 3 | |
| | | | | 苏州市吴中区 | 1 | |
| | | | | 无锡市宜兴市 | 1 | |
| 342 | 野花椒 | *Zanthoxylum simulans* | 20 | 常州市金坛区 | 1 | 落叶灌木 |
| | | | | 常州市武进区 | 4 | |
| | | | | 淮安市盱眙县 | 1 | |
| | | | | 连云港市连云区 | 3 | |
| | | | | 连云港市新浦区 | 1 | |
| | | | | 南京市高淳区 | 9 | |
| | | | | 南京市江宁区 | 7 | |
| | | | | 南京市六合区 | 12 | |
| | | | | 南京市浦口区 | 15 | |
| | | | | 南京市栖霞区 | 3 | |
| | | | | 南京市玄武区 | 3 | |
| | | | | 无锡市宜兴市 | 1 | |
| | | | | 宿迁市宿豫区 | 1 | |
| | | | | 徐州市贾汪区 | 2 | |
| | | | | 徐州市开发区 | 7 | |
| | | | | 徐州市铜山区 | 8 | |
| | | | | 扬州市仪征市 | 1 | |
| | | | | 镇江市丹徒区 | 5 | |
| | | | | 镇江市京口区 | 2 | |
| | | | | 镇江市句容市 | 3 | |

| 序号 | 种名 | 种学名 | 份数 | 县/市/区 | 登记点数 | 生活型 |
|---|---|---|---|---|---|---|
| 343 | 臭椿 | *Ailanthus altissima* | 31 | 常州市金坛区 | 1 | 落叶乔木 |
| | | | | 常州市溧阳市 | 1 | |
| | | | | 常州市武进区 | 3 | |
| | | | | 淮安市盱眙县 | 1 | |
| | | | | 连云港市东海县 | 4 | |
| | | | | 连云港市赣榆区 | 1 | |
| | | | | 连云港市海州区 | 1 | |
| | | | | 连云港市连云区 | 3 | |
| | | | | 连云港市新浦区 | 1 | |
| | | | | 南京市高淳区 | 3 | |
| | | | | 南京市江宁区 | 17 | |
| | | | | 南京市六合区 | 5 | |
| | | | | 南京市浦口区 | 36 | |
| | | | | 南京市栖霞区 | 7 | |
| | | | | 南京市雨花台区 | 1 | |
| | | | | 南通市崇川区 | 2 | |
| | | | | 苏州市常熟市 | 1 | |
| | | | | 苏州市吴中区 | 1 | |
| | | | | 无锡市江阴市 | 1 | |
| | | | | 无锡市锡山区 | 2 | |
| | | | | 无锡市宜兴市 | 3 | |
| | | | | 徐州市贾汪区 | 4 | |
| | | | | 徐州市开发区 | 15 | |
| | | | | 徐州市邳州市 | 3 | |
| | | | | 徐州市睢宁县 | 1 | |
| | | | | 徐州市铜山区 | 23 | |
| | | | | 徐州市新沂市 | 4 | |

| 序号 | 种名 | 种学名 | 份数 | 县/市/区 | 登记点数 | 生活型 |
|------|------|--------|------|----------|----------|--------|
| | | | | 盐城市建湖县 | 1 | |
| | | | | 镇江市丹徒区 | 3 | |
| | | | | 镇江市京口区 | 1 | |
| | | | | 镇江市句容市 | 4 | |
| 344 | 苦树 | *Picrasma quassioides* | 11 | 常州市金坛区 | 2 | 落叶乔木 |
| | | | | 常州市溧阳市 | 1 | |
| | | | | 淮安市盱眙县 | 1 | |
| | | | | 连云港市连云区 | 2 | |
| | | | | 连云港市新浦区 | 3 | |
| | | | | 南京市江宁区 | 1 | |
| | | | | 南京市浦口区 | 9 | |
| | | | | 南京市中山陵园管理局 | 12 | |
| | | | | 无锡市宜兴市 | 2 | |
| | | | | 徐州市贾汪区 | 5 | |
| | | | | 镇江市句容市 | 1 | |
| 345 | 楝 | *Melia azedarach* | 39 | 常州市金坛区 | 1 | 落叶乔木 |
| | | | | 常州市溧阳市 | 3 | |
| | | | | 常州市武进区 | 15 | |
| | | | | 淮安市金湖县 | 1 | |
| | | | | 淮安市盱眙县 | 2 | |
| | | | | 连云港市东海县 | 4 | |
| | | | | 连云港市海州区 | 2 | |
| | | | | 连云港市连云区 | 1 | |
| | | | | 南京市高淳区 | 4 | |
| | | | | 南京市江宁区 | 48 | |
| | | | | 南京市溧水区 | 6 | |
| | | | | 南京市六合区 | 13 | |

| 序号 | 种名 | 种学名 | 份数 | 县/市/区 | 登记点数 | 生活型 |
|---|---|---|---|---|---|---|
| | | | | 南京市浦口区 | 8 | |
| | | | | 南京市栖霞区 | 16 | |
| | | | | 南京市玄武区 | 5 | |
| | | | | 南京市雨花台区 | 10 | |
| | | | | 南京市中山陵园管理局 | 1 | |
| | | | | 南通市崇川区 | 3 | |
| | | | | 苏州市常熟市 | 1 | |
| | | | | 苏州市虎丘区 | 2 | |
| | | | | 苏州市吴中区 | 6 | |
| | | | | 苏州市张家港市 | 1 | |
| | | | | 无锡市江阴市 | 1 | |
| | | | | 无锡市锡山区 | 1 | |
| | | | | 无锡市宜兴市 | 2 | |
| | | | | 宿迁市宿豫区 | 1 | |
| | | | | 徐州市贾汪区 | 4 | |
| | | | | 徐州市开发区 | 19 | |
| | | | | 徐州市邳州市 | 3 | |
| | | | | 徐州市睢宁县 | 2 | |
| | | | | 徐州市铜山区 | 10 | |
| | | | | 徐州市新沂市 | 7 | |
| | | | | 盐城市大丰区 | 3 | |
| | | | | 盐城市建湖县 | 2 | |
| | | | | 镇江市丹徒区 | 5 | |
| | | | | 镇江市丹阳市 | 3 | |
| | | | | 镇江市京口区 | 1 | |
| | | | | 镇江市句容市 | 5 | |
| | | | | 镇江市润州区 | 2 | |

续 表

| 序号 | 种名 | 种学名 | 份数 | 县/市/区 | 登记点数 | 生活型 |
|---|---|---|---|---|---|---|
| 346 | 香椿 | *Toona sinensis* | 5 | 淮安市盱眙县 | 1 | 落叶乔木 |
| | | | | 南通市崇川区 | 1 | |
| | | | | 徐州市睢宁县 | 1 | |
| | | | | 盐城市建湖县 | 1 | |
| | | | | 镇江市丹阳市 | 2 | |
| 347 | 柽柳 | *Tamarix chinensis* | 2 | 南京市溧水区 | 2 | 落叶灌木 |
| | | | | 徐州市铜山区 | 1 | |
| 348 | 槲寄生 | *Viscum coloratum* | 1 | 镇江市句容市 | 2 | 常绿灌木 |
| 349 | 青皮木 | *Schoepfia jasminodora* | 2 | 常州市溧阳市 | 1 | 落叶乔木 |
| | | | | 无锡市宜兴市 | 2 | |
| 350 | 喜树 | *Camptotheca acuminata* | 1 | 常州市溧阳市 | 1 | 落叶乔木 |
| 351 | 蓝果树 | *Nyssa sinensis* | 1 | 常州市溧阳市 | 1 | 落叶乔木 |
| 352 | 齿叶溲疏 | *Deutzia crenata* | 1 | 常州市溧阳市 | 1 | 落叶灌木 |
| 353 | 大花溲疏 | *Deutzia grandiflora* | 1 | 连云港市连云区 | 1 | 落叶灌木 |
| 354 | 常山 | *Dichroa febrifuga* | 1 | 南京市江宁区 | 1 | 落叶灌木 |
| 355 | 钻地风 | *Schizophragma integrifolium* | 2 | 常州市溧阳市 | 1 | 落叶藤本 |
| | | | | 无锡市宜兴市 | 2 | |
| 356 | 八角枫 | *Alangium chinense* | 21 | 常州市金坛区 | 10 | 落叶灌木 |
| | | | | 常州市溧阳市 | 2 | |
| | | | | 常州市新北区 | 3 | |
| | | | | 淮安市盱眙县 | 1 | |
| | | | | 连云港市连云区 | 5 | |
| | | | | 连云港市新浦区 | 3 | |
| | | | | 南京市高淳区 | 2 | |
| | | | | 南京市江宁区 | 18 | |
| | | | | 南京市六合区 | 2 | |
| | | | | 南京市浦口区 | 47 | |

| 序号 | 种名 | 种学名 | 份数 | 县/市/区 | 登记点数 | 生活型 |
|---|---|---|---|---|---|---|
| | | | | 南京市栖霞区 | 19 | |
| | | | | 南京市玄武区 | 2 | |
| | | | | 南京市中山陵园管理局 | 1 | |
| | | | | 苏州市虎丘区 | 1 | |
| | | | | 苏州市吴中区 | 1 | |
| | | | | 无锡市宜兴市 | 5 | |
| | | | | 镇江市丹徒区 | 3 | |
| | | | | 镇江市丹阳市 | 1 | |
| | | | | 镇江市京口区 | 1 | |
| | | | | 镇江市句容市 | 5 | |
| | | | | 镇江市润州区 | 2 | |
| | | | | 常州市溧阳市 | 1 | |
| 357 | 毛八角枫 | *Alangium kurzii* | 4 | 南京市江宁区 | 8 | 落叶乔木 |
| | | | | 南京市雨花台区 | 1 | |
| | | | | 无锡市宜兴市 | 2 | |
| | | | | 常州市金坛区 | 1 | |
| | | | | 常州市溧阳市 | 1 | |
| | | | | 常州市新北区 | 1 | |
| | | | | 淮安市盱眙县 | 1 | |
| 358 | 三裂瓜木 | *Alangium platanifolium var. trilobum* | 11 | 南京市江宁区 | 14 | 落叶灌木 |
| | | | | 南京市溧水区 | 1 | |
| | | | | 南京市浦口区 | 14 | |
| | | | | 南京市玄武区 | 18 | |
| | | | | 南京市中山陵园管理局 | 15 | |
| | | | | 无锡市宜兴市 | 3 | |
| | | | | 镇江市丹徒区 | 3 | |
| 359 | 灯台树 | *Cornus controversa* | 1 | 无锡市宜兴市 | 2 | 落叶乔木 |

续　表

| 序号 | 种名 | 种学名 | 份数 | 县/市/区 | 登记点数 | 生活型 |
|---|---|---|---|---|---|---|
| 360 | 四照花 | *Cornus kousa* subsp. *chinensis* | 3 | 常州市溧阳市 | 1 | 落叶乔木 |
| | | | | 连云港市连云区 | 2 | |
| | | | | 镇江市句容市 | 1 | |
| 361 | 毛梾 | *Cornus walteri* | 8 | 淮安市盱眙县 | 1 | 落叶乔木 |
| | | | | 连云港市新浦区 | 1 | |
| | | | | 南京市浦口区 | 12 | |
| | | | | 南京市玄武区 | 3 | |
| | | | | 南京市中山陵园管理局 | 7 | |
| | | | | 无锡市宜兴市 | 2 | |
| | | | | 镇江市句容市 | 2 | |
| | | | | 镇江市润州区 | 1 | |
| 362 | 红淡比 | *Cleyera japonica* | 2 | 常州市溧阳市 | 1 | 常绿灌木 |
| | | | | 无锡市宜兴市 | 1 | |
| 363 | 微毛柃 | *Eurya hebeclados* | 2 | 常州市溧阳市 | 1 | 常绿灌木 |
| | | | | 苏州市常熟市 | 15 | |
| 364 | 柃木 | *Eurya japonica* | 2 | 常州市溧阳市 | 4 | 常绿灌木 |
| | | | | 南京市雨花台区 | 1 | |
| 365 | 格药柃 | *Eurya muricata* | 4 | 常州市溧阳市 | 1 | 常绿灌木 |
| | | | | 苏州市虎丘区 | 1 | |
| | | | | 苏州市吴中区 | 2 | |
| | | | | 无锡市宜兴市 | 2 | |
| 366 | 细齿叶柃 | *Eurya nitida* | 2 | 常州市溧阳市 | 1 | 常绿灌木 |
| | | | | 无锡市宜兴市 | 1 | |
| 367 | 红褐柃 | *Eurya rubiginosa* | 1 | 无锡市宜兴市 | 2 | 常绿灌木 |
| 368 | 野柿 | *Diospyros kaki* var. *sylvestris* | 27 | 常州市金坛区 | 2 | 落叶乔木 |
| | | | | 常州市溧阳市 | 1 | |
| | | | | 常州市武进区 | 8 | |

| 序号 | 种名 | 种学名 | 份数 | 县/市/区 | 登记点数 | 生活型 |
|------|------|--------|------|----------|----------|--------|
| | | | | 淮安市盱眙县 | 1 | |
| | | | | 连云港市东海县 | 1 | |
| | | | | 连云港市赣榆区 | 1 | |
| | | | | 连云港市连云区 | 4 | |
| | | | | 连云港市新浦区 | 3 | |
| | | | | 南京市高淳区 | 6 | |
| | | | | 南京市江宁区 | 52 | |
| | | | | 南京市溧水区 | 15 | |
| | | | | 南京市六合区 | 3 | |
| | | | | 南京市浦口区 | 26 | |
| | | | | 南京市栖霞区 | 17 | |
| | | | | 南京市玄武区 | 4 | |
| | | | | 南京市雨花台区 | 8 | |
| | | | | 南京市中山陵园管理局 | 19 | |
| | | | | 苏州市常熟市 | 8 | |
| | | | | 苏州市虎丘区 | 3 | |
| | | | | 苏州市吴中区 | 1 | |
| | | | | 苏州市张家港市 | 1 | |
| | | | | 无锡市锡山区 | 1 | |
| | | | | 无锡市宜兴市 | 4 | |
| | | | | 镇江市丹徒区 | 6 | |
| | | | | 镇江市丹阳市 | 3 | |
| | | | | 镇江市京口区 | 1 | |
| | | | | 镇江市句容市 | 5 | |
| | | | | 常州市金坛区 | 2 | |
| 369 | 君迁子 | *Diospyros lotus* | 12 | 常州市溧阳市 | 7 | 落叶乔木 |
| | | | | 淮安市盱眙县 | 1 | |

| 序号 | 种名 | 种学名 | 份数 | 县/市/区 | 登记点数 | 生活型 |
|---|---|---|---|---|---|---|
| | | | | 连云港市新浦区 | 3 | |
| | | | | 南京市江宁区 | 16 | |
| | | | | 南京市浦口区 | 1 | |
| | | | | 南京市雨花台区 | 6 | |
| | | | | 徐州市开发区 | 13 | |
| | | | | 徐州市邳州市 | 1 | |
| | | | | 徐州市铜山区 | 10 | |
| | | | | 镇江市丹徒区 | 1 | |
| | | | | 镇江市京口区 | 1 | |
| 370 | 老鸦柿 | *Diospyros rhombifolia* | 20 | 常州市金坛区 | 11 | 落叶乔木 |
| | | | | 常州市溧阳市 | 2 | |
| | | | | 常州市新北区 | 1 | |
| | | | | 淮安市盱眙县 | 1 | |
| | | | | 南京市高淳区 | 3 | |
| | | | | 南京市江宁区 | 52 | |
| | | | | 南京市六合区 | 6 | |
| | | | | 南京市浦口区 | 38 | |
| | | | | 南京市栖霞区 | 11 | |
| | | | | 南京市玄武区 | 15 | |
| | | | | 南京市雨花台区 | 3 | |
| | | | | 南京市中山陵园管理局 | 25 | |
| | | | | 苏州市虎丘区 | 2 | |
| | | | | 苏州市吴中区 | 1 | |
| | | | | 无锡市宜兴市 | 3 | |
| | | | | 镇江市丹徒区 | 4 | |
| | | | | 镇江市丹阳市 | 1 | |
| | | | | 镇江市京口区 | 2 | |
| | | | | 镇江市句容市 | 4 | |
| | | | | 镇江市润州区 | 1 | |

| 序号 | 种名 | 种学名 | 份数 | 县/市/区 | 登记点数 | 生活型 |
|------|------|--------|------|----------|----------|--------|
| 371 | 朱砂根 | *Ardisia crenata* | 1 | 无锡市宜兴市 | 3 | 常绿灌木 |
| 372 | 百两金 | *Ardisia crispa* | 1 | 无锡市宜兴市 | 3 | 常绿灌木 |
| 373 | 紫金牛 | *Ardisia japonica* | 10 | 常州市溧阳市 | 1 | 常绿灌木 |
| | | | | 连云港市连云区 | 2 | |
| | | | | 南京市江宁区 | 4 | |
| | | | | 南京市栖霞区 | 3 | |
| | | | | 南通市崇川区 | 1 | |
| | | | | 苏州市吴中区 | 1 | |
| | | | | 无锡市宜兴市 | 1 | |
| | | | | 镇江市丹徒区 | 1 | |
| | | | | 镇江市丹阳市 | 1 | |
| | | | | 镇江市句容市 | 1 | |
| 374 | 毛柄连蕊茶 | *Camellia fraterna* | 2 | 常州市溧阳市 | 6 | 常绿灌木 |
| | | | | 无锡市宜兴市 | 3 | |
| 375 | 茶 | *Camellia sinensis* | 7 | 常州市溧阳市 | 5 | 常绿灌木 |
| | | | | 淮安市盱眙县 | 1 | |
| | | | | 南京市江宁区 | 4 | |
| | | | | 苏州市常熟市 | 6 | |
| | | | | 苏州市虎丘区 | 1 | |
| | | | | 苏州市吴中区 | 1 | |
| | | | | 镇江市润州区 | 2 | |
| 376 | 木荷 | *Schima superba* | 3 | 常州市溧阳市 | 1 | 常绿乔木 |
| | | | | 苏州市常熟市 | 2 | |
| | | | | 苏州市吴中区 | 4 | |
| 377 | 薄叶山矾 | *Symplocos anomala* | 2 | 常州市溧阳市 | 1 | 常绿灌木 |
| | | | | 无锡市宜兴市 | 3 | |
| 378 | 光亮山矾 | *Symplocos lucida* | 2 | 常州市溧阳市 | 3 | 常绿乔木 |
| | | | | 无锡市宜兴市 | 1 | |
| 379 | 白檀 | *Symplocos paniculata* | 31 | 常州市金坛区 | 8 | 落叶灌木 |
| | | | | 常州市溧阳市 | 5 | |

| 序号 | 种名 | 种学名 | 份数 | 县/市/区 | 登记点数 | 生活型 |
|---|---|---|---|---|---|---|
| | | | | 常州市武进区 | 23 | |
| | | | | 常州市新北区 | 1 | |
| | | | | 淮安市盱眙县 | 1 | |
| | | | | 连云港市灌云县 | 2 | |
| | | | | 连云港市海州区 | 2 | |
| | | | | 连云港市连云区 | 18 | |
| | | | | 连云港市新浦区 | 3 | |
| | | | | 南京市高淳区 | 8 | |
| | | | | 南京市江宁区 | 108 | |
| | | | | 南京市溧水区 | 18 | |
| | | | | 南京市六合区 | 10 | |
| | | | | 南京市浦口区 | 47 | |
| | | | | 南京市栖霞区 | 28 | |
| | | | | 南京市玄武区 | 6 | |
| | | | | 南京市雨花台区 | 17 | |
| | | | | 南京市中山陵园管理局 | 35 | |
| | | | | 南通市崇川区 | 3 | |
| | | | | 苏州市常熟市 | 10 | |
| | | | | 苏州市虎丘区 | 1 | |
| | | | | 苏州市吴中区 | 8 | |
| | | | | 苏州市张家港市 | 1 | |
| | | | | 无锡市江阴市 | 1 | |
| | | | | 无锡市锡山区 | 1 | |
| | | | | 无锡市宜兴市 | 4 | |
| | | | | 镇江市丹徒区 | 6 | |
| | | | | 镇江市丹阳市 | 2 | |
| | | | | 镇江市京口区 | 1 | |

| 序号 | 种名 | 种学名 | 份数 | 县/市/区 | 登记点数 | 生活型 |
|---|---|---|---|---|---|---|
| | | | | 镇江市句容市 | 5 | |
| | | | | 镇江市润州区 | 2 | |
| 380 | 老鼠屎 | *Symplocos stellaris* | 1 | 无锡市宜兴市 | 4 | 常绿乔木 |
| 381 | 山矾 | *Symplocos sumuntia* | 6 | 常州市溧阳市 | 1 | 常绿灌木 |
| | | | | 苏州市虎丘区 | 1 | |
| | | | | 苏州市吴中区 | 7 | |
| | | | | 无锡市宜兴市 | 1 | |
| | | | | 镇江市丹徒区 | 1 | |
| | | | | 镇江市句容市 | 1 | |
| 382 | 赤杨叶 | *Alniphyllum fortunei* | 3 | 常州市金坛区 | 1 | 落叶乔木 |
| | | | | 常州市溧阳市 | 1 | |
| | | | | 无锡市宜兴市 | 2 | |
| 383 | 秤锤树 | *Sinojackia xylocarpa* | 1 | 南京市浦口区 | 1 | 落叶乔木 |
| 384 | 赛山梅 | *Styrax confusus* | 9 | 常州市金坛区 | 2 | 落叶乔木 |
| | | | | 常州市溧阳市 | 1 | |
| | | | | 连云港市连云区 | 2 | |
| | | | | 南通市崇川区 | 1 | |
| | | | | 苏州市常熟市 | 1 | |
| | | | | 无锡市宜兴市 | 2 | |
| | | | | 镇江市京口区 | 1 | |
| | | | | 镇江市句容市 | 1 | |
| | | | | 镇江市润州区 | 1 | |
| 385 | 垂珠花 | *Styrax dasyanthus* | 15 | 常州市金坛区 | 1 | 落叶乔木 |
| | | | | 常州市溧阳市 | 1 | |
| | | | | 连云港市连云区 | 5 | |
| | | | | 连云港市新浦区 | 1 | |
| | | | | 南京市高淳区 | 3 | |

| 序号 | 种名 | 种学名 | 份数 | 县/市/区 | 登记点数 | 生活型 |
|---|---|---|---|---|---|---|
| | | | | 南京市六合区 | 2 | |
| | | | | 南京市浦口区 | 30 | |
| | | | | 南京市中山陵园管理局 | 5 | |
| | | | | 苏州市常熟市 | 1 | |
| | | | | 苏州市虎丘区 | 1 | |
| | | | | 苏州市吴中区 | 1 | |
| | | | | 苏州市张家港市 | 1 | |
| | | | | 无锡市宜兴市 | 1 | |
| | | | | 镇江市京口区 | 1 | |
| | | | | 镇江市句容市 | 1 | |
| 386 | 白花龙 | *Styrax faberi* | 6 | 常州市武进区 | 2 | 落叶灌木 |
| | | | | 南京市江宁区 | 1 | |
| | | | | 南京市栖霞区 | 4 | |
| | | | | 无锡市江阴市 | 2 | |
| | | | | 无锡市宜兴市 | 3 | |
| | | | | 镇江市句容市 | 1 | |
| 387 | 野茉莉 | *Styrax japonicus* | 12 | 常州市溧阳市 | 1 | 落叶乔木 |
| | | | | 常州市武进区 | 3 | |
| | | | | 连云港市连云区 | 14 | |
| | | | | 南京市江宁区 | 68 | |
| | | | | 南京市溧水区 | 7 | |
| | | | | 南京市栖霞区 | 17 | |
| | | | | 南京市雨花台区 | 10 | |
| | | | | 苏州市虎丘区 | 1 | |
| | | | | 无锡市宜兴市 | 4 | |
| | | | | 镇江市丹徒区 | 6 | |
| | | | | 镇江市丹阳市 | 1 | |
| | | | | 镇江市句容市 | 5 | |

| 序号 | 种名 | 种学名 | 份数 | 县/市/区 | 登记点数 | 生活型 |
|---|---|---|---|---|---|---|
| 388 | 玉铃花 | *Styrax obassia* | 1 | 连云港市连云区 | 1 | 落叶乔木 |
| 389 | 芬芳安息香 | *Styrax odoratissimus* | 4 | 淮安市盱眙县 | 1 | 落叶灌木 |
| | | | | 南京市栖霞区 | 3 | |
| | | | | 无锡市宜兴市 | 3 | |
| | | | | 镇江市京口区 | 1 | |
| 390 | 软枣猕猴桃 | *Actinidia arguta* | 1 | 连云港市连云区 | 1 | 落叶藤本 |
| 391 | 中华猕猴桃 | *Actinidia chinensis* | 1 | 无锡市宜兴市 | 2 | 落叶藤本 |
| 392 | 大籽猕猴桃 | *Actinidia macrosperma* | 1 | 无锡市宜兴市 | 2 | 落叶藤本 |
| 393 | 对萼猕猴桃 | *Actinidia valvata* | 2 | 淮安市盱眙县 | 1 | 落叶藤本 |
| | | | | 南京市浦口区 | 1 | |
| 394 | 小果珍珠花 | *Lyonia ovalifolia* var. *elliptica* | 1 | 无锡市宜兴市 | 3 | 落叶灌木 |
| 395 | 毛果珍珠花 | *Lyonia ovalifolia* var. *hebecarpa* | 1 | 常州市溧阳市 | 1 | 落叶灌木 |
| 396 | 满山红 | *Rhododendron mariesii* | 7 | 常州市溧阳市 | 3 | 落叶灌木 |
| | | | | 连云港市海州区 | 2 | |
| | | | | 连云港市连云区 | 1 | |
| | | | | 苏州市虎丘区 | 6 | |
| | | | | 苏州市吴中区 | 1 | |
| | | | | 无锡市宜兴市 | 1 | |
| | | | | 镇江市句容市 | 1 | |
| 397 | 羊踯躅 | *Rhododendron molle* | 5 | 连云港市连云区 | 1 | 落叶灌木 |
| | | | | 南京市江宁区 | 2 | |
| | | | | 南京市浦口区 | 1 | |
| | | | | 无锡市宜兴市 | 2 | |
| | | | | 镇江市句容市 | 1 | |

| 序号 | 种名 | 种学名 | 份数 | 县/市/区 | 登记点数 | 生活型 |
|---|---|---|---|---|---|---|
| 398 | 马银花 | *Rhododendron ovatum* | 2 | 常州市溧阳市 | 3 | 常绿灌木 |
| | | | | 无锡市宜兴市 | 2 | |
| 399 | 杜鹃 | *Rhododendron simsii* | 9 | 常州市溧阳市 | 2 | 落叶灌木 |
| | | | | 常州市武进区 | 3 | |
| | | | | 连云港市连云区 | 1 | |
| | | | | 南京市江宁区 | 8 | |
| | | | | 南京市栖霞区 | 1 | |
| | | | | 无锡市宜兴市 | 3 | |
| | | | | 镇江市丹徒区 | 5 | |
| | | | | 镇江市京口区 | 1 | |
| | | | | 镇江市句容市 | 5 | |
| 400 | 南烛 | *Vaccinium bracteatum* | 13 | 常州市溧阳市 | 1 | 常绿灌木 |
| | | | | 常州市武进区 | 5 | |
| | | | | 南京市江宁区 | 14 | |
| | | | | 南京市雨花台区 | 2 | |
| | | | | 苏州市常熟市 | 6 | |
| | | | | 苏州市虎丘区 | 2 | |
| | | | | 苏州市吴中区 | 1 | |
| | | | | 苏州市张家港市 | 1 | |
| | | | | 无锡市江阴市 | 1 | |
| | | | | 无锡市宜兴市 | 2 | |
| | | | | 镇江市丹徒区 | 3 | |
| | | | | 镇江市句容市 | 4 | |
| | | | | 镇江市润州区 | 1 | |
| 401 | 江南越橘 | *Vaccinium mandarinorum* | 1 | 常州市武进区 | 1 | 常绿灌木 |
| 402 | 腺齿越橘 | *Vaccinium oldhamii* | 1 | 连云港市连云区 | 1 | 落叶灌木 |

| 序号 | 种名 | 种学名 | 份数 | 县/市/区 | 登记点数 | 生活型 |
|---|---|---|---|---|---|---|
| 403 | 细叶水团花 | *Adina rubella* | 4 | 常州市溧阳市 | 1 | 落叶灌木 |
| | | | | 无锡市宜兴市 | 2 | |
| | | | | 镇江市丹徒区 | 2 | |
| | | | | 镇江市句容市 | 1 | |
| 404 | 虎刺 | *Damnacanthus indicus* | 2 | 无锡市宜兴市 | 3 | 常绿灌木 |
| | | | | 镇江市句容市 | 1 | |
| 405 | 香果树 | *Emmenopterys henryi* | 1 | 常州市溧阳市 | 4 | 落叶乔木 |
| 406 | 栀子 | *Gardenia jasminoides* | 6 | 南京市高淳区 | 2 | 常绿灌木 |
| | | | | 南京市雨花台区 | 2 | |
| | | | | 苏州市常熟市 | 11 | |
| | | | | 苏州市虎丘区 | 2 | |
| | | | | 苏州市吴中区 | 1 | |
| | | | | 无锡市宜兴市 | 1 | |
| 407 | 六月雪 | *Serissa japonica* | 17 | 常州市金坛区 | 2 | 落叶灌木 |
| | | | | 常州市溧阳市 | 3 | |
| | | | | 常州市武进区 | 5 | |
| | | | | 南京市江宁区 | 80 | |
| | | | | 南京市溧水区 | 1 | |
| | | | | 南京市六合区 | 18 | |
| | | | | 南京市浦口区 | 5 | |
| | | | | 南京市栖霞区 | 19 | |
| | | | | 南京市玄武区 | 12 | |
| | | | | 南京市雨花台区 | 10 | |
| | | | | 南京市中山陵园管理局 | 9 | |
| | | | | 南通市崇川区 | 1 | |
| | | | | 无锡市宜兴市 | 2 | |
| | | | | 镇江市丹徒区 | 7 | |

| 序号 | 种名 | 种学名 | 份数 | 县/市/区 | 登记点数 | 生活型 |
|---|---|---|---|---|---|---|
| | | | | 镇江市丹阳市 | 2 | |
| | | | | 镇江市京口区 | 1 | |
| | | | | 镇江市句容市 | 5 | |
| 408 | 白马骨 | *Serissa serissoides* | 14 | 常州市溧阳市 | 1 | 落叶灌木 |
| | | | | 常州市武进区 | 5 | |
| | | | | 淮安市盱眙县 | 1 | |
| | | | | 南京市高淳区 | 9 | |
| | | | | 南京市溧水区 | 1 | |
| | | | | 南京市六合区 | 9 | |
| | | | | 南京市浦口区 | 18 | |
| | | | | 南京市栖霞区 | 32 | |
| | | | | 南京市玄武区 | 1 | |
| | | | | 苏州市常熟市 | 2 | |
| | | | | 苏州市虎丘区 | 1 | |
| | | | | 苏州市吴中区 | 1 | |
| | | | | 苏州市张家港市 | 1 | |
| | | | | 无锡市宜兴市 | 2 | |
| 409 | 鸡仔木 | *Sinoadina racemosa* | 4 | 南京市江宁区 | 1 | 落叶乔木 |
| | | | | 南京市中山陵园管理局 | 2 | |
| | | | | 无锡市宜兴市 | 3 | |
| | | | | 镇江市句容市 | 1 | |
| 410 | 蓬莱葛 | *Gardneria multiflora* | 2 | 常州市溧阳市 | 1 | 常绿藤本 |
| | | | | 无锡市宜兴市 | 2 | |
| 411 | 杠柳 | *Periploca sepium* | 1 | 连云港市连云区 | 1 | 落叶灌木 |
| 412 | 络石 | *Trachelospermum jasminoides* | 30 | 常州市金坛区 | 12 | 常绿藤本 |
| | | | | 常州市溧阳市 | 6 | |
| | | | | 常州市武进区 | 9 | |

| 序号 | 种名 | 种学名 | 份数 | 县/市/区 | 登记点数 | 生活型 |
|------|------|--------|------|----------|----------|--------|
| | | | | 常州市新北区 | 2 | |
| | | | | 淮安市盱眙县 | 1 | |
| | | | | 连云港市东海县 | 1 | |
| | | | | 连云港市海州区 | 3 | |
| | | | | 连云港市连云区 | 15 | |
| | | | | 连云港市新浦区 | 3 | |
| | | | | 南京市高淳区 | 11 | |
| | | | | 南京市江宁区 | 47 | |
| | | | | 南京市溧水区 | 1 | |
| | | | | 南京市六合区 | 5 | |
| | | | | 南京市浦口区 | 78 | |
| | | | | 南京市栖霞区 | 23 | |
| | | | | 南京市玄武区 | 3 | |
| | | | | 南京市雨花台区 | 2 | |
| | | | | 南通市崇川区 | 4 | |
| | | | | 苏州市常熟市 | 5 | |
| | | | | 苏州市虎丘区 | 3 | |
| | | | | 苏州市吴中区 | 1 | |
| | | | | 苏州市张家港市 | 1 | |
| | | | | 无锡市宜兴市 | 2 | |
| | | | | 徐州市贾汪区 | 8 | |
| | | | | 徐州市开发区 | 2 | |
| | | | | 徐州市铜山区 | 1 | |
| | | | | 镇江市丹徒区 | 6 | |
| | | | | 镇江市丹阳市 | 2 | |
| | | | | 镇江市京口区 | 1 | |
| | | | | 镇江市句容市 | 6 | |

| 序号 | 种名 | 种学名 | 份数 | 县/市/区 | 登记点数 | 生活型 |
|---|---|---|---|---|---|---|
| 413 | 贵州娃儿藤 | *Tylophora silvestris* | 1 | 无锡市宜兴市 | 1 | 常绿灌木 |
| 414 | 厚壳树 | *Ehretia acuminata* | 10 | 常州市溧阳市 | 1 | 落叶乔木 |
| | | | | 南京市浦口区 | 2 | |
| | | | | 南京市栖霞区 | 4 | |
| | | | | 南京市中山陵园管理局 | 1 | |
| | | | | 南通市崇川区 | 1 | |
| | | | | 苏州市常熟市 | 2 | |
| | | | | 苏州市张家港市 | 1 | |
| | | | | 无锡市锡山区 | 1 | |
| | | | | 无锡市宜兴市 | 3 | |
| | | | | 镇江市句容市 | 3 | |
| 415 | 枸杞 | *Lycium chinense* | 23 | 常州市金坛区 | 2 | 落叶灌木 |
| | | | | 常州市溧阳市 | 1 | |
| | | | | 常州市新北区 | 3 | |
| | | | | 淮安市盱眙县 | 1 | |
| | | | | 南京市高淳区 | 1 | |
| | | | | 南京市六合区 | 17 | |
| | | | | 南京市浦口区 | 5 | |
| | | | | 南京市栖霞区 | 2 | |
| | | | | 南京市玄武区 | 2 | |
| | | | | 南通市崇川区 | 1 | |
| | | | | 苏州市常熟市 | 1 | |
| | | | | 苏州市虎丘区 | 1 | |
| | | | | 苏州市吴中区 | 1 | |
| | | | | 无锡市宜兴市 | 1 | |
| | | | | 宿迁市宿豫区 | 1 | |
| | | | | 徐州市贾汪区 | 1 | |

| 序号 | 种名 | 种学名 | 份数 | 县/市/区 | 登记点数 | 生活型 |
|---|---|---|---|---|---|---|
| | | | | 徐州市开发区 | 6 | |
| | | | | 徐州市铜山区 | 5 | |
| | | | | 徐州市新沂市 | 4 | |
| | | | | 镇江市丹徒区 | 2 | |
| | | | | 镇江市丹阳市 | 2 | |
| | | | | 镇江市京口区 | 1 | |
| | | | | 镇江市句容市 | 1 | |
| 416 | 流苏树 | *Chionanthus retusus* | 4 | 常州市溧阳市 | 1 | 落叶乔木 |
| | | | | 连云港市连云区 | 7 | |
| | | | | 南京市江宁区 | 1 | |
| | | | | 南京市浦口区 | 1 | |
| 417 | 雪柳 | *Fontanesia phillyreoides* subsp. *fortunei* | 5 | 连云港市灌云县 | 1 | 落叶乔木 |
| | | | | 南京市浦口区 | 3 | |
| | | | | 南通市崇川区 | 1 | |
| | | | | 镇江市京口区 | 1 | |
| | | | | 镇江市句容市 | 1 | |
| 418 | 金钟花 | *Forsythia viridissima* | 1 | 无锡市宜兴市 | 1 | 落叶灌木 |
| 419 | 白蜡树 | *Fraxinus chinensis* | 8 | 常州市溧阳市 | 2 | 落叶乔木 |
| | | | | 南京市江宁区 | 1 | |
| | | | | 南京市浦口区 | 2 | |
| | | | | 南京市玄武区 | 1 | |
| | | | | 南京市中山陵园管理局 | 1 | |
| | | | | 无锡市宜兴市 | 1 | |
| | | | | 镇江市丹徒区 | 1 | |
| | | | | 镇江市句容市 | 5 | |
| 420 | 苦枥木 | *Fraxinus insularis* | 4 | 常州市溧阳市 | 1 | 落叶乔木 |
| | | | | 连云港市连云区 | 6 | |

| 序号 | 种名 | 种学名 | 份数 | 县/市/区 | 登记点数 | 生活型 |
|---|---|---|---|---|---|---|
| | | | | 南京市江宁区 | 2 | |
| | | | | 无锡市宜兴市 | 1 | |
| 421 | 女贞 | *Ligustrum lucidum* | 13 | 常州市金坛区 | 18 | 常绿乔木 |
| | | | | 常州市溧阳市 | 2 | |
| | | | | 常州市武进区 | 5 | |
| | | | | 南京市江宁区 | 22 | |
| | | | | 南京市浦口区 | 2 | |
| | | | | 苏州市常熟市 | 4 | |
| | | | | 苏州市吴中区 | 1 | |
| | | | | 无锡市江阴市 | 1 | |
| | | | | 无锡市宜兴市 | 1 | |
| | | | | 宿迁市宿豫区 | 1 | |
| | | | | 镇江市丹阳市 | 3 | |
| | | | | 镇江市京口区 | 2 | |
| | | | | 镇江市句容市 | 6 | |
| 422 | 小叶女贞 | *Ligustrum quihoui* | 14 | 常州市金坛区 | 6 | 落叶灌木 |
| | | | | 常州市溧阳市 | 3 | |
| | | | | 常州市武进区 | 3 | |
| | | | | 常州市新北区 | 2 | |
| | | | | 连云港市连云区 | 4 | |
| | | | | 南京市江宁区 | 14 | |
| | | | | 南京市浦口区 | 1 | |
| | | | | 苏州市常熟市 | 1 | |
| | | | | 苏州市虎丘区 | 1 | |
| | | | | 苏州市吴中区 | 1 | |
| | | | | 无锡市宜兴市 | 3 | |
| | | | | 镇江市丹阳市 | 3 | |

| 序号 | 种名 | 种学名 | 份数 | 县/市/区 | 登记点数 | 生活型 |
|---|---|---|---|---|---|---|
| | | | | 镇江市句容市 | 1 | |
| | | | | 镇江市润州区 | 2 | |
| 423 | 小蜡 | *Ligustrum sinense* | 17 | 常州市溧阳市 | 1 | 落叶灌木 |
| | | | | 常州市武进区 | 3 | |
| | | | | 淮安市盱眙县 | 1 | |
| | | | | 连云港市连云区 | 5 | |
| | | | | 连云港市新浦区 | 2 | |
| | | | | 南京市江宁区 | 6 | |
| | | | | 南京市六合区 | 5 | |
| | | | | 南通市崇川区 | 1 | |
| | | | | 苏州市常熟市 | 1 | |
| | | | | 苏州市虎丘区 | 2 | |
| | | | | 苏州市吴中区 | 1 | |
| | | | | 无锡市宜兴市 | 4 | |
| | | | | 徐州市开发区 | 7 | |
| | | | | 徐州市铜山区 | 1 | |
| | | | | 镇江市丹徒区 | 1 | |
| | | | | 镇江市丹阳市 | 2 | |
| | | | | 镇江市句容市 | 3 | |
| 424 | 醉鱼草 | *Buddleja lindleyana* | 2 | 常州市溧阳市 | 1 | 落叶灌木 |
| | | | | 无锡市宜兴市 | 2 | |
| 425 | 楸 | *Catalpa bungei* | 7 | 淮安市盱眙县 | 3 | 落叶乔木 |
| | | | | 连云港市连云区 | 6 | |
| | | | | 连云港市新浦区 | 2 | |
| | | | | 南京市栖霞区 | 1 | |
| | | | | 徐州市邳州市 | 1 | |
| | | | | 徐州市睢宁县 | 1 | |
| | | | | 徐州市铜山区 | 8 | |

| 序号 | 种名 | 种学名 | 份数 | 县/市/区 | 登记点数 | 生活型 |
|---|---|---|---|---|---|---|
| 426 | 梓 | *Catalpa ovata* | 3 | 常州市溧阳市 | 1 | 落叶乔木 |
| | | | | 南京市浦口区 | 1 | |
| | | | | 镇江市句容市 | 1 | |
| 427 | 紫珠 | *Callicarpa bodinieri* | 9 | 南京市江宁区 | 23 | 落叶灌木 |
| | | | | 南京市栖霞区 | 1 | |
| | | | | 南京市中山陵园管理局 | 2 | |
| | | | | 苏州市吴中区 | 1 | |
| | | | | 无锡市宜兴市 | 1 | |
| | | | | 镇江市丹徒区 | 1 | |
| | | | | 镇江市丹阳市 | 1 | |
| | | | | 镇江市句容市 | 5 | |
| | | | | 镇江市润州区 | 1 | |
| 428 | 华紫珠 | *Callicarpa cathayana* | 8 | 常州市金坛区 | 6 | 落叶灌木 |
| | | | | 常州市溧阳市 | 1 | |
| | | | | 南京市高淳区 | 3 | |
| | | | | 南京市浦口区 | 1 | |
| | | | | 南京市中山陵园管理局 | 1 | |
| | | | | 苏州市吴中区 | 1 | |
| | | | | 无锡市宜兴市 | 1 | |
| | | | | 镇江市句容市 | 1 | |
| 429 | 白棠子树 | *Callicarpa dichotoma* | 5 | 常州市溧阳市 | 1 | 落叶灌木 |
| | | | | 连云港市海州区 | 1 | |
| | | | | 连云港市连云区 | 2 | |
| | | | | 连云港市新浦区 | 1 | |
| | | | | 南京市高淳区 | 2 | |
| 430 | 老鸦糊 | *Callicarpa giraldii* | 2 | 常州市溧阳市 | 2 | 落叶灌木 |
| | | | | 南京市栖霞区 | 1 | |

| 序号 | 种名 | 种学名 | 份数 | 县/市/区 | 登记点数 | 生活型 |
|---|---|---|---|---|---|---|
| 431 | 臭牡丹 | *Clerodendrum bungei* | 4 | 常州市溧阳市 | 1 | 落叶灌木 |
| | | | | 南京市栖霞区 | 1 | |
| | | | | 无锡市宜兴市 | 2 | |
| | | | | 徐州市开发区 | 1 | |
| 432 | 大青 | *Clerodendrum cyrtophyllum* | 11 | 常州市金坛区 | 2 | 落叶灌木 |
| | | | | 常州市溧阳市 | 1 | |
| | | | | 南京市高淳区 | 2 | |
| | | | | 南京市江宁区 | 6 | |
| | | | | 南京市雨花台区 | 2 | |
| | | | | 苏州市常熟市 | 5 | |
| | | | | 苏州市虎丘区 | 2 | |
| | | | | 苏州市吴中区 | 1 | |
| | | | | 无锡市宜兴市 | 1 | |
| | | | | 镇江市京口区 | 2 | |
| | | | | 镇江市句容市 | 1 | |
| 433 | 海州常山 | *Clerodendrum trichotomum* | 31 | 常州市金坛区 | 2 | 落叶灌木 |
| | | | | 常州市溧阳市 | 9 | |
| | | | | 常州市武进区 | 7 | |
| | | | | 常州市新北区 | 2 | |
| | | | | 淮安市盱眙县 | 1 | |
| | | | | 连云港市海州区 | 3 | |
| | | | | 连云港市连云区 | 2 | |
| | | | | 连云港市新浦区 | 3 | |
| | | | | 南京市高淳区 | 1 | |
| | | | | 南京市江宁区 | 3 | |
| | | | | 南京市六合区 | 1 | |
| | | | | 南京市浦口区 | 3 | |

| 序号 | 种名 | 种学名 | 份数 | 县/市/区 | 登记点数 | 生活型 |
|---|---|---|---|---|---|---|
| | | | | 南京市玄武区 | 1 | |
| | | | | 南京市中山陵园管理局 | 2 | |
| | | | | 南通市崇川区 | 4 | |
| | | | | 南通市海安县 | 1 | |
| | | | | 苏州市常熟市 | 3 | |
| | | | | 苏州市虎丘区 | 1 | |
| | | | | 苏州市吴中区 | 1 | |
| | | | | 苏州市张家港市 | 1 | |
| | | | | 无锡市江阴市 | 1 | |
| | | | | 无锡市宜兴市 | 1 | |
| | | | | 徐州市贾汪区 | 1 | |
| | | | | 徐州市开发区 | 6 | |
| | | | | 徐州市邳州市 | 1 | |
| | | | | 徐州市铜山区 | 1 | |
| | | | | 扬州市仪征市 | 1 | |
| | | | | 镇江市丹徒区 | 4 | |
| | | | | 镇江市丹阳市 | 2 | |
| | | | | 镇江市京口区 | 1 | |
| | | | | 镇江市句容市 | 1 | |
| 434 | 豆腐柴 | *Premna microphylla* | 9 | 常州市溧阳市 | 1 | 落叶灌木 |
| | | | | 常州市武进区 | 1 | |
| | | | | 南京市高淳区 | 2 | |
| | | | | 南京市江宁区 | 1 | |
| | | | | 南京市栖霞区 | 1 | |
| | | | | 南京市中山陵园管理局 | 4 | |
| | | | | 苏州市吴中区 | 1 | |
| | | | | 无锡市宜兴市 | 1 | |
| | | | | 镇江市句容市 | 1 | |

| 序号 | 种名 | 种学名 | 份数 | 县/市/区 | 登记点数 | 生活型 |
|---|---|---|---|---|---|---|
| 435 | 黄荆 | *Vitex negundo* | 12 | 常州市金坛区 | 2 | 落叶灌木 |
| | | | | 南京市江宁区 | 20 | |
| | | | | 南京市溧水区 | 14 | |
| | | | | 南京市浦口区 | 3 | |
| | | | | 南京市栖霞区 | 10 | |
| | | | | 南京市玄武区 | 1 | |
| | | | | 南京市雨花台区 | 1 | |
| | | | | 南京市中山陵园管理局 | 1 | |
| | | | | 无锡市宜兴市 | 3 | |
| | | | | 镇江市丹徒区 | 2 | |
| | | | | 镇江市丹阳市 | 2 | |
| | | | | 镇江市京口区 | 1 | |
| 436 | 牡荆 | *Vitex negundo* var. *cannabifolia* | 25 | 常州市金坛区 | 8 | 落叶灌木 |
| | | | | 常州市溧阳市 | 1 | |
| | | | | 连云港市东海县 | 4 | |
| | | | | 连云港市灌云县 | 1 | |
| | | | | 连云港市海州区 | 3 | |
| | | | | 连云港市连云区 | 9 | |
| | | | | 连云港市新浦区 | 2 | |
| | | | | 南京市高淳区 | 4 | |
| | | | | 南京市江宁区 | 75 | |
| | | | | 南京市溧水区 | 3 | |
| | | | | 南京市六合区 | 3 | |
| | | | | 南京市浦口区 | 20 | |
| | | | | 南京市栖霞区 | 24 | |
| | | | | 南京市玄武区 | 12 | |
| | | | | 南京市雨花台区 | 10 | |

| 序号 | 种名 | 种学名 | 份数 | 县/市/区 | 登记点数 | 生活型 |
|---|---|---|---|---|---|---|
| | | | | 南京市中山陵园管理局 | 1 | |
| | | | | 苏州市虎丘区 | 1 | |
| | | | | 苏州市吴中区 | 1 | |
| | | | | 无锡市宜兴市 | 2 | |
| | | | | 徐州市贾汪区 | 9 | |
| | | | | 徐州市开发区 | 13 | |
| | | | | 徐州市邳州市 | 3 | |
| | | | | 徐州市铜山区 | 23 | |
| | | | | 徐州市新沂市 | 9 | |
| | | | | 镇江市京口区 | 1 | |
| 437 | 荆条 | *Vitex negundo* var. *heterophylla* | 2 | 南京市江宁区 | 2 | 落叶灌木 |
| | | | | 镇江市丹阳市 | 2 | |
| 438 | 单叶蔓荆 | *Vitex rotundifolia* | 1 | 连云港市连云区 | 1 | 落叶灌木 |
| 439 | 白花泡桐 | *Paulownia fortunei* | 9 | 常州市武进区 | 6 | 落叶乔木 |
| | | | | 连云港市连云区 | 1 | |
| | | | | 南京市江宁区 | 1 | |
| | | | | 南京市溧水区 | 17 | |
| | | | | 南京市浦口区 | 1 | |
| | | | | 无锡市宜兴市 | 2 | |
| | | | | 徐州市开发区 | | |
| | | | | 徐州市铜山区 | 3 | |
| | | | | 镇江市句容市 | 6 | |
| 440 | 毛泡桐 | *Paulownia tomentosa* | 11 | 常州市金坛区 | 3 | 落叶乔木 |
| | | | | 常州市武进区 | 2 | |
| | | | | 连云港市连云区 | 1 | |
| | | | | 南京市江宁区 | 4 | |
| | | | | 南京市浦口区 | 1 | |

| 序号 | 种名 | 种学名 | 份数 | 县/市/区 | 登记点数 | 生活型 |
|---|---|---|---|---|---|---|
| | | | | 苏州市常熟市 | 2 | |
| | | | | 苏州市吴中区 | 1 | |
| | | | | 无锡市宜兴市 | 1 | |
| | | | | 镇江市丹徒区 | 1 | |
| | | | | 镇江市京口区 | 2 | |
| | | | | 镇江市句容市 | 1 | |
| 441 | 海金子 | *Pittosporum illicioides* | 2 | 常州市溧阳市 | 1 | 常绿灌木 |
| | | | | 无锡市宜兴市 | 3 | |
| 442 | 海桐 | *Pittosporum tobira* | 3 | 常州市溧阳市 | 1 | 常绿乔木 |
| | | | | 无锡市宜兴市 | 3 | |
| | | | | 镇江市京口区 | 1 | |
| 443 | 棘茎楤木 | *Aralia echinocaulis* | 4 | 常州市金坛区 | 1 | 落叶乔木 |
| | | | | 常州市溧阳市 | 1 | |
| | | | | 南京市江宁区 | 10 | |
| | | | | 镇江市润州区 | 2 | |
| 444 | 楤木 | *Aralia elata* | 5 | 常州市金坛区 | 3 | 落叶乔木 |
| | | | | 常州市溧阳市 | 1 | |
| | | | | 苏州市吴中区 | 1 | |
| | | | | 无锡市宜兴市 | 3 | |
| | | | | 镇江市句容市 | 3 | |
| 445 | 辽东楤木 | *Aralia elata* var. *glabrescens* | 2 | 连云港市连云区 | 12 | 落叶乔木 |
| | | | | 连云港市新浦区 | 2 | |
| 446 | 无刺楤木 | *Aralia elata* var. *inermis* | 2 | 南京市江宁区 | 22 | 落叶灌木 |
| | | | | 南京市浦口区 | 1 | |
| 447 | 糙叶五加 | *Eleutherococcus henryi* | 1 | 无锡市宜兴市 | 1 | 落叶灌木 |
| 448 | 毛梗糙叶五加 | *Eleutherococcus henryi* var. *faberi* | 1 | 南京市栖霞区 | 1 | 落叶灌木 |

| 序号 | 种名 | 种学名 | 份数 | 县/市/区 | 登记点数 | 生活型 |
|---|---|---|---|---|---|---|
| 449 | 细柱五加 | *Eleutherococcus nodiflorus* | 8 | 常州市金坛区 | 4 | 落叶灌木 |
| | | | | 常州市溧阳市 | 1 | |
| | | | | 淮安市盱眙县 | 1 | |
| | | | | 连云港市新浦区 | 1 | |
| | | | | 南京市江宁区 | 1 | |
| | | | | 南京市栖霞区 | 1 | |
| | | | | 无锡市宜兴市 | 2 | |
| | | | | 镇江市句容市 | 1 | |
| 450 | 白簕 | *Eleutherococcus trifoliatus* | 1 | 无锡市宜兴市 | 2 | 落叶灌木 |
| 451 | 常春藤 | *Hedera nepalensis* var. *sinensis* | 6 | 常州市溧阳市 | 1 | 常绿藤本 |
| | | | | 苏州市常熟市 | 2 | |
| | | | | 苏州市虎丘区 | 1 | |
| | | | | 苏州市吴中区 | 1 | |
| | | | | 无锡市宜兴市 | 3 | |
| | | | | 镇江市句容市 | 1 | |
| 452 | 刺楸 | *Kalopanax septemlobus* | 18 | 常州市金坛区 | 6 | 落叶乔木 |
| | | | | 常州市溧阳市 | 1 | |
| | | | | 连云港市海州区 | 1 | |
| | | | | 连云港市连云区 | 11 | |
| | | | | 连云港市新浦区 | 3 | |
| | | | | 南京市高淳区 | 3 | |
| | | | | 南京市江宁区 | 35 | |
| | | | | 南京市溧水区 | 20 | |
| | | | | 南京市栖霞区 | 15 | |
| | | | | 南京市玄武区 | 1 | |
| | | | | 南京市雨花台区 | 5 | |
| | | | | 南京市中山陵园管理局 | 3 | |

| 序号 | 种名 | 种学名 | 份数 | 县/市/区 | 登记点数 | 生活型 |
|---|---|---|---|---|---|---|
| | | | | 苏州市常熟市 | 1 | |
| | | | | 无锡市宜兴市 | 3 | |
| | | | | 镇江市丹徒区 | 6 | |
| | | | | 镇江市丹阳市 | 2 | |
| | | | | 镇江市句容市 | 6 | |
| | | | | 镇江市润州区 | 3 | |
| 453 | 冬青 | *Ilex chinensis* | 15 | 常州市金坛区 | 5 | 常绿乔木 |
| | | | | 常州市溧阳市 | 11 | |
| | | | | 常州市武进区 | 8 | |
| | | | | 南京市高淳区 | 9 | |
| | | | | 南京市江宁区 | 42 | |
| | | | | 南京市溧水区 | 54 | |
| | | | | 南京市雨花台区 | 14 | |
| | | | | 南京市中山陵园管理局 | 7 | |
| | | | | 南通市崇川区 | 1 | |
| | | | | 苏州市常熟市 | 22 | |
| | | | | 苏州市虎丘区 | 2 | |
| | | | | 苏州市吴中区 | 12 | |
| | | | | 无锡市锡山区 | 1 | |
| | | | | 镇江市丹徒区 | 3 | |
| | | | | 镇江市句容市 | 4 | |
| 454 | 枸骨 | *Ilex cornuta* | 19 | 常州市金坛区 | 4 | 常绿灌木 |
| | | | | 常州市溧阳市 | 1 | |
| | | | | 常州市武进区 | 12 | |
| | | | | 南京市高淳区 | 7 | |
| | | | | 南京市江宁区 | 59 | |
| | | | | 南京市溧水区 | 5 | |

| 序号 | 种名 | 种学名 | 份数 | 县/市/区 | 登记点数 | 生活型 |
|---|---|---|---|---|---|---|
| | | | | 南京市浦口区 | 1 | |
| | | | | 南京市栖霞区 | 11 | |
| | | | | 南京市雨花台区 | 8 | |
| | | | | 南京市中山陵园管理局 | 25 | |
| | | | | 苏州市常熟市 | 2 | |
| | | | | 苏州市虎丘区 | 2 | |
| | | | | 苏州市吴中区 | 3 | |
| | | | | 无锡市锡山区 | 2 | |
| | | | | 无锡市宜兴市 | 3 | |
| | | | | 镇江市丹阳市 | 3 | |
| | | | | 镇江市京口区 | 2 | |
| | | | | 镇江市句容市 | 6 | |
| | | | | 镇江市润州区 | 1 | |
| 455 | 大叶冬青 | *Ilex latifolia* | 2 | 常州市溧阳市 | 2 | 常绿乔木 |
| | | | | 无锡市宜兴市 | 3 | |
| 456 | 铁冬青 | *Ilex rotunda* | 1 | 无锡市宜兴市 | 1 | 常绿灌木 |
| 457 | 接骨木 | *Sambucus williamsii* | 5 | 常州市武进区 | 1 | 落叶灌木 |
| | | | | 淮安市盱眙县 | 1 | |
| | | | | 无锡市宜兴市 | 1 | |
| | | | | 镇江市丹阳市 | 1 | |
| | | | | 镇江市句容市 | 1 | |
| 458 | 荚蒾 | *Viburnum dilatatum* | 15 | 常州市金坛区 | 4 | 落叶灌木 |
| | | | | 常州市溧阳市 | 1 | |
| | | | | 连云港市新浦区 | 1 | |
| | | | | 南京市江宁区 | 63 | |
| | | | | 南京市浦口区 | 4 | |
| | | | | 南京市栖霞区 | 6 | |

| 序号 | 种名 | 种学名 | 份数 | 县/市/区 | 登记点数 | 生活型 |
|---|---|---|---|---|---|---|
| | | | | 南京市玄武区 | 4 | |
| | | | | 南京市雨花台区 | 9 | |
| | | | | 南京市中山陵园管理局 | 8 | |
| | | | | 苏州市虎丘区 | 1 | |
| | | | | 苏州市吴中区 | 1 | |
| | | | | 无锡市宜兴市 | 3 | |
| | | | | 镇江市丹徒区 | 5 | |
| | | | | 镇江市丹阳市 | 1 | |
| | | | | 镇江市句容市 | 4 | |
| 459 | 宜昌荚蒾 | *Viburnum erosum* | 8 | 常州市溧阳市 | 1 | 落叶灌木 |
| | | | | 连云港市连云区 | 6 | |
| | | | | 连云港市新浦区 | 1 | |
| | | | | 南京市江宁区 | 1 | |
| | | | | 南京市浦口区 | 1 | |
| | | | | 南京市栖霞区 | 18 | |
| | | | | 无锡市宜兴市 | 2 | |
| | | | | 镇江市句容市 | 1 | |
| 460 | 南方荚蒾 | *Viburnum fordiae* | 1 | 南京市江宁区 | 1 | 落叶灌木 |
| 461 | 黑果荚蒾 | *Viburnum melanocarpum* | 2 | 南京市浦口区 | 1 | 落叶灌木 |
| | | | | 镇江市句容市 | 1 | |
| 462 | 茶荚蒾 | *Viburnum setigerum* | 4 | 常州市溧阳市 | 1 | 落叶灌木 |
| | | | | 南京市中山陵园管理局 | 1 | |
| | | | | 无锡市宜兴市 | 1 | |
| | | | | 镇江市句容市 | 1 | |
| 463 | 郁香忍冬 | *Lonicera fragrantissima* | 6 | 常州市金坛区 | 2 | 落叶灌木 |
| | | | | 常州市溧阳市 | 1 | |
| | | | | 淮安市盱眙县 | 1 | |

| 序号 | 种名 | 种学名 | 份数 | 县/市/区 | 登记点数 | 生活型 |
|---|---|---|---|---|---|---|
| | | | | 连云港市新浦区 | 1 | |
| | | | | 南京市江宁区 | 3 | |
| | | | | 南京市浦口区 | 2 | |
| 464 | 忍冬 | *Lonicera japonica* | 22 | 常州市金坛区 | 2 | 常绿藤本 |
| | | | | 常州市溧阳市 | 1 | |
| | | | | 常州市武进区 | 1 | |
| | | | | 淮安市盱眙县 | 1 | |
| | | | | 连云港市赣榆区 | 1 | |
| | | | | 连云港市灌云县 | 1 | |
| | | | | 连云港市海州区 | 1 | |
| | | | | 南京市高淳区 | 2 | |
| | | | | 南京市江宁区 | 3 | |
| | | | | 南京市六合区 | 7 | |
| | | | | 南京市浦口区 | 7 | |
| | | | | 南京市栖霞区 | 2 | |
| | | | | 南京市玄武区 | 3 | |
| | | | | 南京市中山陵园管理局 | 2 | |
| | | | | 苏州市常熟市 | 1 | |
| | | | | 苏州市虎丘区 | 1 | |
| | | | | 苏州市吴中区 | 1 | |
| | | | | 苏州市张家港市 | 1 | |
| | | | | 无锡市宜兴市 | 1 | |
| | | | | 徐州市开发区 | 1 | |
| | | | | 徐州市新沂市 | 5 | |
| | | | | 镇江市丹阳市 | 3 | |
| 465 | 金银忍冬 | *Lonicera maackii* | 14 | 常州市金坛区 | 1 | 落叶灌木 |
| | | | | 常州市溧阳市 | 1 | |

| 序号 | 种名 | 种学名 | 份数 | 县/市/区 | 登记点数 | 生活型 |
|---|---|---|---|---|---|---|
| | | | | 淮安市盱眙县 | 1 | |
| | | | | 连云港市连云区 | 1 | |
| | | | | 连云港市新浦区 | 1 | |
| | | | | 南京市江宁区 | 7 | |
| | | | | 南京市浦口区 | 3 | |
| | | | | 南京市栖霞区 | 4 | |
| | | | | 南京市玄武区 | 3 | |
| | | | | 南京市中山陵园管理局 | 3 | |
| | | | | 无锡市宜兴市 | 2 | |
| | | | | 徐州市开发区 | 1 | |
| | | | | 镇江市京口区 | 1 | |
| | | | | 镇江市润州区 | 2 | |
| 466 | 锦带花 | *Weigela florida* | 3 | 连云港市连云区 | 1 | 落叶灌木 |
| | | | | 连云港市新浦区 | 1 | |
| | | | | 镇江市丹阳市 | 3 | |

## 二、野生个体

野生树种的不同个体，理论上都可能存在不同程度的性状变异，有些个体表现为植株高大、蓄积量大或生长速度快，有些则呈现为抗逆性强、物候期异常、形态特异等特点，所有这些都有可能代表了独特的林木种质遗传资源，可以直接或间接为林业生产所利用。根据野外调查，共发现 790 份野生个体林木种质资源（表 4-5、表 4-6）。

790 份野生个体林木种质资源共涉及 114 种，隶属于 46 科 84 属。苏中地区野生个体林木种质资源的份数最多，共 424 份（其野生个体林木种质资源份数占比 $r$ 为 53.67%，下同），隶属于 29 科 47 属 57 种；苏南次之，共 209 份（26.46%），隶属于 32 科 45 属 56 种；苏北最少，共 157 份

（19.87%），隶属于 31 科 44 属 49 种。

13 个地级市中，4 个地级市野生个体林木种质资源份数占比 $r \geqslant 10\%$，分别为：扬州市 308 份，隶属于 23 科 35 属 44 种（38.99%）；镇江市 177 份，隶属于 30 科 43 属 54 种（22.41%）；南通市 85 份，隶属于 19 科 24 属 24 种（10.76%）；徐州市 82 份，隶属于 14 科 19 属 19 种（10.38%）。连云港市野生个体林木种质资源份数占比：$5\% \leqslant r < 10\%$；75 份个体隶属于 25 科 31 属 34 种（9.49%）。8 个地级市野生个体林木种质资源份数占比 $r < 5\%$，分别为：常州市 32 份，隶属于 9 科 11 属 12 种（4.05%）；泰州市 31 份，隶属于 9 科 12 属 13 种（3.92%）；6 个市（南京市、无锡市、苏州市、宿迁市、淮安市和盐城市）没有涉及该种质资源类型（表 4-5）。

表 4-5 江苏省野生林木种质资源（个体）统计

| 区域 | 地级市 | 科 | 属 | 种 | 份数 |
|---|---|---|---|---|---|
| 苏南 | 南京市 | 0 | 0 | 0 | 0 |
| | 镇江市 | 30 | 43 | 54 | 177 |
| | 常州市 | 9 | 11 | 12 | 32 |
| | 无锡市 | 0 | 0 | 0 | 0 |
| | 苏州市 | 0 | 0 | 0 | 0 |
| 苏南合计 | | 32 | 45 | 56 | 209 |
| 苏中 | 南通市 | 19 | 24 | 24 | 85 |
| | 泰州市 | 9 | 12 | 13 | 31 |
| | 扬州市 | 23 | 35 | 44 | 308 |
| 苏中合计 | | 29 | 47 | 57 | 424 |
| 苏北 | 徐州市 | 14 | 19 | 19 | 82 |
| | 连云港市 | 25 | 31 | 34 | 75 |
| | 宿迁市 | 0 | 0 | 0 | 0 |
| | 淮安市 | 0 | 0 | 0 | 0 |
| | 盐城市 | 0 | 0 | 0 | 0 |
| 苏北合计 | | 31 | 44 | 49 | 157 |
| 总计（个体） | | 46 | 84 | 114 | 790 |

表 4 - 6 江苏省野生林木种质资源（个体）地理位置

| 序号 | 种名 | 份数 | 经纬度/° | 海拔/m | 地点 | 生活型 |
|---|---|---|---|---|---|---|
| 1 | 金钱松 | 1 | N31.216 39, E119.458 33 | 183 | 常州市溧阳市戴埠南渚惠家村小阳山 | 落叶乔木 |
| 2 | 金钱松 | 1 | N31.216 39, E119.463 89 | 140 | 常州市溧阳市戴埠南渚惠家村小阳山 | 落叶乔木 |
| 3 | 金钱松 | 1 | N31.185 56, E119.501 39 | 260 | 常州市溧阳市龙潭林场深溪芧村上虎塘 | 落叶乔木 |
| 4 | 金钱松 | 1 | N31.185 56, E119.501 39 | 260 | 常州市溧阳市龙潭林场深溪芧村上虎塘 | 落叶乔木 |
| 5 | 狭叶山胡椒 | 1 | N32.265 98, E119.059 86 | 6 | 扬州市仪征市青山镇官山村 | 落叶灌木 |
| 6 | 三桠乌药 | 1 | N34.656 23, E119.312 40 | 229 | 连云港市连云区朝阳林场朝阳桃树林水坝林上方沟涧前段（鸡麻上方） | 落叶灌木 |
| 7 | 红楠 | 1 | N34.674 40, E119.300 38 | 27 | 连云港市连云区朝阳林场场部 | 常绿乔木 |
| 8 | 红楠 | 1 | N34.674 40, E119.300 38 | 27 | 连云港市连云区朝阳林场场部 | 常绿乔木 |
| 9 | 红楠 | 1 | N34.674 40, E119.300 38 | 27 | 连云港市连云区朝阳林场场部 | 常绿乔木 |
| 10 | 红楠 | 1 | N34.706 26, E119.457 96 | 150 | 连云港市连云区高公岛柳河自然保护区人口 | 常绿乔木 |
| 11 | 檫木 | 1 | N32.677 56, E119.303 16 | 93 | 镇江市句容市磨盘林场老人山 | 落叶乔木 |
| 12 | 宝华玉兰 | 1 | N32.133 11, E119.086 97 | 177 | 镇江市句容市宝华山 | 落叶乔木 |
| 13 | 宝华玉兰 | 1 | N32.133 03, E119.087 28 | 169 | 镇江市句容市宝华山 | 落叶乔木 |
| 14 | 宝华玉兰 | 1 | N32.133 15, E119.087 68 | 162 | 镇江市句容市宝华山 | 落叶乔木 |
| 15 | 宝华玉兰 | 1 | N32.133 18, E119.087 59 | 159 | 镇江市句容市宝华山 | 常绿乔木 |
| 16 | 宝华玉兰 | 1 | N32.132 03, E119.087 13 | 213 | 镇江市句容市宝华山 | 落叶乔木 |
| 17 | 宝华玉兰 | 1 | N32.132 41, E119.086 84 | 199 | 镇江市句容市宝华山 | 落叶乔木 |

续　表

| 序号 | 种名 | 份数 | 经纬度/° | 海拔/m | 地点 | 生活型 |
|---|---|---|---|---|---|---|
| 18 | 宝华玉兰 | 1 | N32.132 88, E119.086 83 | 171 | 镇江市句容市宝华山 | 落叶乔木 |
| 19 | 宝华玉兰 | 1 | N32.133 73, E119.085 98 | 143 | 镇江市句容市宝华山 | 落叶乔木 |
| 20 | 宝华玉兰 | 1 | N32.133 15, E119.087 68 | 162 | 镇江市句容市宝华镇宝华山 | 落叶乔木 |
| 21 | 拔葜 | 1 | N32.430 24, E119.591 83 | 0 | 扬州市仪征市青山镇 | 常绿灌木 |
| 22 | 拔葜 | 1 | N32.368 61, E119.041 76 | 6 | 扬州市仪征市铜山办十里长山 | 常绿灌木 |
| 23 | 黄杨 | 1 | N33.230 93, E119.630 38 | 13 | 扬州市宝应县广洋湖三桥村 | 常绿乔木 |
| 24 | 多花泡花树 | 1 | N34.720 09, E119.466 06 | 67 | 连云港市连云区高公岛黄窝景区内 | 落叶乔木 |
| 25 | 红柴枝 | 1 | N32.096 12, E119.244 53 | 137 | 镇江市句容市宝华山 | 落叶乔木 |
| 26 | 木通 | 1 | N32.419 69, E119.158 96 | 8 | 扬州市仪征市月塘乡嶅山地质公园 | 落叶藤本 |
| 27 | 钝药野木瓜 | 1 | N32.152 81, E119.131 35 | 101 | 镇江市句容市宝华山 | 常绿藤本 |
| 28 | 大叶铁线莲 | 1 | N34.667 00, E119.317 11 | 216 | 连云港市连云区朝阳林场朝阳水坝上方胡椒小群体旁 | 落叶灌木 |
| 29 | 大叶铁线莲 | 1 | N34.656 85, E119.312 43 | 212 | 连云港市连云区朝阳林场朝阳桃树水坝上方沟洞前段 | 落叶灌木 |
| 30 | 枫香树 | 1 | N34.706 08, E119.432 56 | 39 | 连云港市连云区宿城枫树湾 | 落叶乔木 |
| 31 | 枫香树 | 1 | N32.124 48, E119.260 65 | 126 | 镇江市句容市宝华山 | 落叶乔木 |
| 32 | 枫香树 | 1 | N32.132 39, E119.087 09 | 200 | 镇江市句容市宝华山 | 落叶乔木 |
| 33 | 枫香树 | 1 | N31.786 48, E119.305 11 | 132 | 镇江市句容市东进林场大茅峰 | 落叶乔木 |

续 表

| 序号 | 种名 | 份数 | 经纬度/° | 海拔/m | 地点 | 生活型 |
|---|---|---|---|---|---|---|
| 34 | 牛鼻栓 | 1 | N31.746 01, E119.368 52 | 113 | 常州市金坛区薛埠镇宝盛园黑龙连山路游客道 | 落叶灌木 |
| 35 | 牛鼻栓 | 1 | N34.645 74, E119.331 18 | 180 | 连云港市新浦区南云台林场渔湾龙井吊桥上方 | 落叶灌木 |
| 36 | 牛鼻栓 | 1 | N32.419 69, E119.158 96 | 6 | 扬州市仪征市月塘乡塔山地质公园 | 落叶灌木 |
| 37 | 牛鼻栓 | 1 | N32.135 58, E119.088 48 | 117 | 镇江市句容市宝华山 | 落叶灌木 |
| 38 | 牛鼻栓 | 1 | N31.720 85, E119.313 83 | 189 | 镇江市句容市磨盘林场磨盘工区 | 落叶灌木 |
| 39 | 蔓荆 | 1 | N32.350 10, E120.897 32 | 8 | 南通市如东县岔河镇兴发村 6 组 | 落叶藤本 |
| 40 | 苦皮藤 | 1 | N34.233 44, E117.173 71 | 80 | 徐州市开发区泉山区泰山北坡 | 落叶灌木 |
| 41 | 苦皮藤 | 1 | N34.233 44, E117.173 71 | 0 | 徐州市开发区泉山区泰山北坡下部 | 落叶藤本 |
| 42 | 扶芳藤 | 1 | N32.343 44, E119.200 84 | 11 | 扬州市仪征市新城镇马坝村 | 常绿灌木 |
| 43 | 白杜 | 1 | N31.746 01, E119.368 52 | 170 | 常州市金坛区薛埠镇石家山林场 | 落叶乔木 |
| 44 | 白杜 | 1 | N31.943 40, E120.898 80 | 46 | 南通市崇川区狼山镇军山 | 落叶乔木 |
| 45 | 白杜 | 1 | N31.941 70, E120.897 40 | 80 | 南通市崇川区狼山镇军山情侣路 | 落叶乔木 |
| 46 | 白杜 | 1 | N31.942 20, E120.896 98 | 108 | 南通市崇川区狼山镇军山山顶气象台门外平台 | 落叶乔木 |
| 47 | 白杜 | 1 | N31.952 00, E120.883 50 | 79 | 南通市崇川区狼山镇狼山 | 落叶乔木 |
| 48 | 白杜 | 1 | N32.030 10, E120.780 00 | 7 | 南通市港闸区永兴街道城市绿谷 | 落叶乔木 |
| 49 | 白杜 | 1 | N32.444 60, E120.412 85 | 6 | 南通市海安县孙庄镇恩源居 | 落叶乔木 |
| 50 | 白杜 | 1 | N32.444 60, E120.412 85 | 6 | 南通市海安县孙庄镇恩源居 | 落叶乔木 |
| 51 | 白杜 | 1 | N32.059 82, E121.414 60 | 9 | 南通市海门市包场镇轴西村 15 组 | 落叶乔木 |

续 表

| 序号 | 种名 | 份数 | 经纬度/° | 海拔/m | 地点 | 生活型 |
|---|---|---|---|---|---|---|
| 52 | 白杜 | 1 | N32.014 40，E121.346 46 | 14 | 南通市海门市余东镇木桩港 22 组顾俩生 | 落叶乔木 |
| 53 | 白杜 | 1 | N31.765 20，E121.737 50 | 16 | 南通市启东市惠萍镇海红村 | 落叶乔木 |
| 54 | 白杜 | 1 | N32.389 20，E121.317 70 | 5 | 南通市如东县长沙镇北圻玖村 | 落叶乔木 |
| 55 | 白杜 | 1 | N32.399 50，E120.716 50 | 9 | 南通市如皋市丁堰镇下圩村 | 落叶乔木 |
| 56 | 白杜 | 1 | N32.743 96，E120.078 60 | 3 | 泰州市兴化市戴南镇刁家村 | 落叶乔木 |
| 57 | 白杜 | 1 | N31.925 44，E119.472 95 | 5 | 镇江市丹阳市延陵镇柳茹村 | 落叶乔木 |
| 58 | 白杜 | 1 | N31.925 75，E119.473 25 | 5 | 镇江市丹阳市延陵镇柳茹村 | 落叶乔木 |
| 59 | 山拐枣 | 1 | N32.430 24，E119.591 83 | 0 | 扬州市江都区仙女镇 | 落叶乔木 |
| 60 | 山拐枣 | 1 | N32.136 15，E119.085 46 | 143 | 镇江市句容市宝华山 | 落叶乔木 |
| 61 | 山拐枣 | 1 | N32.132 10，E119.082 61 | 267 | 镇江市句容市宝华山 | 落叶乔木 |
| 62 | 山拐枣 | 1 | N31.860 79，E119.326 60 | 0 | 镇江市句容市东进林场老虎洞工区 | 落叶乔木 |
| 63 | 响叶杨 | 1 | N32.135 87，E119.086 14 | 159 | 镇江市句容市宝华山 | 落叶乔木 |
| 64 | 响叶杨 | 1 | N32.091 56，E119.251 37 | 84 | 镇江市句容市宝华山 | 落叶乔木 |
| 65 | 腺柳 | 1 | N34.965 68，E119.003 06 | 107 | 连云港市赣榆区厉庄镇水坝半坡上 | 落叶乔木 |
| 66 | 旱柳 | 1 | N32.550 70，E120.464 39 | 6 | 南通市海安县孙庄镇思源居 | 落叶乔木 |
| 67 | 旱柳 | 1 | N32.019 75，E121.252 88 | 8 | 南通市海门市四甲镇合心村 3 组 | 落叶乔木 |
| 68 | 旱柳 | 1 | N31.882 93，E121.656 50 | 15 | 南通市启东市合作镇竖海村十二组 | 落叶乔木 |
| 69 | 旱柳 | 1 | N31.944 20，E121.629 30 | 21 | 南通市启东市合作镇周云村大路边水沟边 | 落叶乔木 |

续 表

| 序号 | 种名 | 份数 | 经纬度/° | 海拔/m | 地点 | 生活型 |
|---|---|---|---|---|---|---|
| 70 | 旱柳 | 1 | N31.752 10，E121.668 90 | 5 | 南通市启东市惠萍镇大兴镇村 | 落叶乔木 |
| 71 | 旱柳 | 1 | N31.752 10，E121.668 90 | 5 | 南通市启东市惠萍镇大兴镇村 | 落叶乔木 |
| 72 | 旱柳 | 1 | N31.752 10，E121.668 90 | 5 | 南通市启东市惠萍镇大兴镇村 | 落叶乔木 |
| 73 | 旱柳 | 1 | N33.126 55，E120.130 52 | −9 | 泰州市兴化市老圩乡肖家村 | 落叶乔木 |
| 74 | 旱柳 | 1 | N33.126 95，E120.010 42 | 12 | 泰州市兴化市下圩镇镇一村 | 落叶乔木 |
| 75 | 旱柳 | 1 | N34.447 81，E116.833 57 | 60 | 徐州市丰县范楼镇黄村集徐庄中间 | 落叶乔木 |
| 76 | 旱柳 | 1 | N34.519 73，E116.699 21 | 45 | 徐州市丰县梁寨镇梁寨后四楼村 | 落叶乔木 |
| 77 | 旱柳 | 1 | N34.499 20，E116.744 82 | 45 | 徐州市丰县梁寨镇梁寨村 | 落叶乔木 |
| 78 | 旱柳 | 1 | N34.811 04，E116.420 53 | 38 | 徐州市丰县首羡镇郭集村 | 落叶乔木 |
| 79 | 旱柳 | 1 | N34.871 21，E116.499 53 | 38 | 徐州市丰县首羡镇田庄村 | 落叶乔木 |
| 80 | 旱柳 | 1 | N34.872 57，E116.528 79 | 40 | 徐州市丰县顺河镇连楼庄 | 落叶乔木 |
| 81 | 旱柳 | 1 | N34.581 40，E116.547 79 | 39 | 徐州市丰县宋楼镇史大楼村 | 落叶乔木 |
| 82 | 旱柳 | 1 | N34.573 56，E116.555 20 | 39 | 徐州市丰县宋楼镇同庄 | 落叶乔木 |
| 83 | 旱柳 | 1 | N34.573 37，E116.555 23 | 39 | 徐州市丰县宋楼镇同庄 | 落叶乔木 |
| 84 | 旱柳 | 1 | N34.573 17，E116.555 34 | 39 | 徐州市丰县宋楼镇同庄 | 落叶乔木 |
| 85 | 旱柳 | 1 | N32.308 76，E119.508 28 | 0 | 扬州市广陵区沙头镇沙头东大坝 | 落叶乔木 |
| 86 | 旱柳 | 1 | N32.420 09，E119.399 98 | 31 | 扬州市邗江区双桥乡蜀岗西峰 | 落叶乔木 |
| 87 | 旱柳 | 1 | N32.574 27，E119.506 00 | 6 | 扬州市江都区邵伯镇下干沟 | 落叶乔木 |

续表

| 序号 | 种名 | 份数 | 经纬度/° | 海拔/m | 地点 | 生活型 |
|---|---|---|---|---|---|---|
| 88 | 旱柳 | 1 | N32.430 24, E119.591 83 | 0 | 扬州市江都区仙女镇 | 落叶乔木 |
| 89 | 旱柳 | 1 | N32.419 69, E119.158 96 | 6 | 扬州市仪征市月塘乡捺山地质公园 | 落叶乔木 |
| 90 | 柞木 | 1 | N31.951 70, E120.885 10 | 65 | 南通市崇川区狼山镇狼山望江亭南坡 | 常绿灌木 |
| 91 | 柞木 | 1 | N32.396 82, E119.822 58 | 4 | 扬州市江都区浦头镇 336 省道金新公路旁 | 常绿灌木 |
| 92 | 乌桕 | 1 | N31.942 20, E120.896 98 | 108 | 南通市崇川区狼山镇军山山顶气象台门外平台 | 落叶乔木 |
| 93 | 乌桕 | 1 | N31.952 10, E120.882 80 | 100 | 南通市崇川区狼山镇狼山山顶店铺旁 | 落叶乔木 |
| 94 | 乌桕 | 1 | N32.059 82, E121.414 60 | 9 | 南通市海门市包场镇轴西村 15 组 | 落叶乔木 |
| 95 | 乌桕 | 1 | N32.358 41, E121.219 10 | 13 | 南通市如东县掘港镇丁扬村 16 组 | 落叶乔木 |
| 96 | 乌桕 | 1 | N32.399 90, E121.235 90 | 14 | 南通市如东县长沙镇四桥村 34 组 | 落叶乔木 |
| 97 | 乌桕 | 1 | N33.097 12, E120.075 08 | -1 | 泰州市兴化市安丰镇 | 落叶乔木 |
| 98 | 乌桕 | 1 | N33.126 55, E120.130 52 | -38 | 泰州市兴化市老圩乡肖家村 | 落叶乔木 |
| 99 | 乌桕 | 1 | N33.290 96, E119.557 14 | 11 | 扬州市宝应县射阳湖平江村 | 落叶乔木 |
| 100 | 乌桕 | 1 | N32.626 04, E119.490 74 | 13 | 扬州市江都区邵伯镇红岭村 | 落叶乔木 |
| 101 | 乌桕 | 1 | N31.792 97, E119.741 58 | 5 | 镇江市丹阳市皇塘镇张念村葛埝村 | 落叶乔木 |
| 102 | 乌桕 | 1 | N32.118 91, E119.235 14 | 146 | 镇江市句容市华山 | 落叶乔木 |
| 103 | 乌桕 | 1 | N32.090 63, E119.248 75 | 98 | 镇江市句容市小槽 | 落叶乔木 |
| 104 | 重阳木 | 1 | N32.236 00, E121.290 40 | 22 | 南通市如东县大豫镇丁家店村 40 组 26 号 | 落叶乔木 |
| 105 | 重阳木 | 1 | N32.158 66, E121.224 35 | 16 | 南通市通州区东社镇中和村 32 组季卫 | 落叶乔木 |

续 表

| 序号 | 种名 | 份数 | 经纬度/° | 海拔/m | 地点 | 生活型 |
|---|---|---|---|---|---|---|
| 106 | 重阳木 | 1 | N32. 037 30，E121. 162 00 | 12 | 南通市通州区二甲镇余西小学后 | 落叶乔木 |
| 107 | 重阳木 | 1 | N32. 783 77，E120. 135 77 | 2 | 泰州市兴化市张郭镇双乐公园 | 落叶乔木 |
| 108 | 山槐 | 1 | N34. 608 70，E119. 336 10 | 34 | 连云港市新浦区南云台林场渔湾九孔桥东上 | 落叶乔木 |
| 109 | 山槐 | 1 | N32. 420 07，E119. 088 98 | 6 | 扬州市仪征市月塘乡揿山地质公园 | 落叶乔木 |
| 110 | 黄檀 | 1 | N34. 656 23，E119. 312 40 | 229 | 连云港市连云区朝阳林场朝阳桃树林水坝上方沟涧前段 | 落叶乔木 |
| 111 | 黄檀 | 1 | N34. 656 23，E119. 312 40 | 229 | 连云港市连云区朝阳林场朝阳桃树林水坝上方沟涧前段 | 落叶乔木 |
| 112 | 黄檀 | 1 | N34. 656 23，E119. 312 40 | 229 | 连云港市连云区朝阳林场朝阳桃树林水坝上方沟涧前段 | 落叶乔木 |
| 113 | 黄檀 | 1 | N34. 672 36，E119. 312 29 | 98 | 连云港市连云区朝阳林场黄崖中岭 | 落叶乔木 |
| 114 | 黄檀 | 1 | N34. 672 36，E119. 312 29 | 98 | 连云港市连云区朝阳林场黄崖中岭 | 落叶乔木 |
| 115 | 黄檀 | 1 | N34. 672 36，E119. 312 29 | 98 | 连云港市连云区朝阳林场黄崖中岭 | 落叶乔木 |
| 116 | 黄檀 | 1 | N34. 643 02，E119. 335 93 | 87 | 连云港市新浦区南云台林场渔湾九孔桥东上 | 落叶乔木 |
| 117 | 黄檀 | 1 | N34. 643 58，E119. 335 29 | 118 | 连云港市新浦区南云台林场渔湾九孔桥东上 | 落叶乔木 |
| 118 | 黄檀 | 1 | N34. 643 02，E119. 335 93 | 87 | 连云港市新浦区南云台林场渔湾九孔桥东上 | 落叶乔木 |
| 119 | 黄檀 | 1 | N32. 550 70，E120. 464 39 | 6 | 南通市海安县孙庄镇思源居 | 落叶乔木 |
| 120 | 黄檀 | 1 | N34. 118 97，E117. 903 50 | 30 | 徐州市睢宁县古邳镇 | 落叶乔木 |
| 121 | 黄檀 | 1 | N31. 673 70，E119. 302 12 | 103 | 镇江市句容市磨盘林场老人山 | 落叶乔木 |

续　表

| 序号 | 种名 | 份数 | 经纬度/° | 海拔/m | 地点 | 生活型 |
|---|---|---|---|---|---|---|
| 122 | 黄檀 | 1 | N31.662 03，E119.282 96 | 130 | 镇江市句容市磨盘林场周家 | 落叶乔木 |
| 123 | 黄檀 | 1 | N31.661 84，E119.283 18 | 128 | 镇江市句容市磨盘林场周家 | 落叶乔木 |
| 124 | 黄檀 | 1 | N32.663 54，E119.281 46 | 178 | 镇江市句容市磨盘林场竹林 | 落叶乔木 |
| 125 | 黄檀 | 1 | N31.927 99，E119.281 71 | 144 | 镇江市句容市磨盘林场竹林 | 落叶乔木 |
| 126 | 黄檀 | 1 | N31.662 22，E119.282 02 | 141 | 镇江市句容市磨盘林场竹林 | 落叶乔木 |
| 127 | 黄檀 | 1 | N31.662 13，E119.282 39 | 135 | 镇江市句容市磨盘林场竹林 | 落叶乔木 |
| 128 | 黄檀 | 1 | N31.662 13，E119.282 77 | 132 | 镇江市句容市磨盘林场竹林 | 落叶乔木 |
| 129 | 皂荚 | 1 | N34.674 26，E116.571 54 | 40 | 徐州市丰县孙楼镇樊楼村 | 落叶乔木 |
| 130 | 皂荚 | 1 | N34.651 51，E116.407 09 | 43 | 徐州市丰县王沟镇三十里庙村 | 落叶乔木 |
| 131 | 皂荚 | 1 | N34.828 09，E116.856 13 | 35 | 徐州市沛县安国青冢 | 落叶乔木 |
| 132 | 皂荚 | 1 | N34.067 62，E117.602 88 | 22 | 徐州市睢宁县双沟镇 | 落叶乔木 |
| 133 | 皂荚 | 1 | N32.041 61，E119.212 93 | 35 | 镇江市丹徒区高资镇寺门口上庄 | 落叶乔木 |
| 134 | 皂荚 | 1 | N32.144 70，E119.085 52 | 233 | 镇江市句容市宝华山 | 落叶乔木 |
| 135 | 皂荚 | 1 | N32.129 31，E119.084 87 | 288 | 镇江市句容市宝华山 | 落叶乔木 |
| 136 | 皂荚 | 1 | N32.133 38，E119.085 26 | 299 | 镇江市句容市宝华山 | 落叶乔木 |
| 137 | 皂荚 | 1 | N32.133 23，E119.079 30 | 304 | 镇江市句容市宝华山 | 落叶乔木 |
| 138 | 皂荚 | 1 | N31.644 36，E119.274 53 | 305 | 镇江市句容市磨盘林场宝藏寺 | 落叶乔木 |
| 139 | 绒毛胡枝子 | 1 | N32.368 61，E119.041 76 | 0 | 扬州市仪征市陈集镇十里长山 | 落叶灌木 |

续 表

| 序号 | 种名 | 份数 | 经纬度/° | 海拔/m | 地点 | 生活型 |
|---|---|---|---|---|---|---|
| 140 | 朝鲜槐 | 1 | N34.707 30, E119.457 08 | 222 | 连云港市连云区高公岛柳 15 | 落叶乔木 |
| 141 | 朝鲜槐 | 1 | N34.707 30, E119.457 08 | 252 | 连云港市连云区高公岛柳 18 | 落叶乔木 |
| 142 | 朝鲜槐 | 1 | N34.707 30, E119.457 08 | 217 | 连云港市连云区高公岛柳 19 | 落叶乔木 |
| 143 | 槐 | 1 | N33.129 58, E119.921 30 | 0 | 泰州市兴化市大邹镇新庄村 | 落叶乔木 |
| 144 | 槐 | 1 | N32.743 96, E120.078 60 | −1 | 泰州市兴化市戴南镇陈祁村 | 落叶乔木 |
| 145 | 槐 | 1 | N32.813 79, E119.995 72 | 2 | 泰州市兴化市沈伦镇柏家村 | 落叶乔木 |
| 146 | 槐 | 1 | N34.743 70, E116.370 75 | 39 | 徐州市丰县赵庄镇刘集 | 落叶乔木 |
| 147 | 槐 | 1 | N34.732 82, E116.436 87 | 39 | 徐州市丰县赵庄镇徐庄村 | 落叶乔木 |
| 148 | 槐 | 1 | N34.768 09, E116.473 20 | 39 | 徐州市丰县赵庄镇朱陈村 | 落叶乔木 |
| 149 | 槐 | 1 | N33.220 48, E119.462 14 | 9 | 扬州市宝应县鲁垛鲁庄村 | 落叶乔木 |
| 150 | 槐 | 1 | N33.156 71, E119.457 95 | 7 | 扬州市宝应县小官庄镇鲁诚忠村 | 落叶乔木 |
| 151 | 槐 | 1 | N32.497 90, E119.465 57 | 19 | 扬州市邗江区槐泗镇肖胡村 | 落叶乔木 |
| 152 | 槐 | 1 | N32.422 97, E119.742 53 | 5 | 扬州市江都区吴桥镇世元村红旗组 | 落叶乔木 |
| 153 | 槐 | 1 | N32.485 84, E119.244 99 | 44 | 扬州市仪征市刘集镇铁牌村 | 落叶乔木 |
| 154 | 槐 | 1 | N32.313 70, E119.114 05 | 15 | 扬州市仪征市铜山办红光村 | 落叶乔木 |
| 155 | 槐 | 1 | N31.927 99, E119.194 24 | 106 | 镇江市句容市宝华山 | 落叶乔木 |
| 156 | 槐 | 1 | N32.135 59, E119.084 80 | 168 | 镇江市句容市宝华山 | 落叶乔木 |
| 157 | 锥栗 | 1 | N32.087 39, E119.246 19 | 94 | 镇江市句容市小槽 | 落叶乔木 |

续　表

| 序号 | 种名 | 份数 | 经纬度/° | 海拔/m | 地点 | 生活型 |
|---|---|---|---|---|---|---|
| 158 | 茅栗 | 1 | N34. 641 25，E119. 245 52 | 400 | 连云港市新浦区花果山乡花果山海浸石东，大圣碑前 | 落叶乔木 |
| 159 | 茅栗 | 1 | N34. 646 16，E119. 291 17 | 400 | 连云港市新浦区花果山乡花果山海浸石东，大圣碑前 | 落叶乔木 |
| 160 | 茅栗 | 1 | N32. 419 69，E119. 158 96 | 6 | 扬州市仪征市月塘乡磻山地质公园 | 落叶乔木 |
| 161 | 茅栗 | 1 | N32. 135 17，E119. 087 50 | 111 | 镇江市句容市宝华山 | 落叶乔木 |
| 162 | 茅栗 | 1 | N32. 135 58，E119. 086 60 | 121 | 镇江市句容市宝华山 | 落叶乔木 |
| 163 | 麻栎 | 1 | N31. 942 50，E120. 897 30 | 70 | 南通市崇川区狼山镇军山 | 落叶乔木 |
| 164 | 麻栎 | 1 | N32. 029 50，E120. 784 10 | 15 | 南通市港闸区永兴街道城市绿谷 | 落叶乔木 |
| 165 | 麻栎 | 1 | N32. 029 50，E120. 784 10 | 15 | 南通市港闸区永兴街道城市绿谷 | 落叶乔木 |
| 166 | 麻栎 | 1 | N32. 416 53，E119. 692 40 | 19 | 扬州市江都区大桥镇忠诚村 | 落叶乔木 |
| 167 | 麻栎 | 1 | N32. 273 96，E119. 037 08 | 21 | 扬州市仪征市青山镇团结村 | 落叶乔木 |
| 168 | 麻栎 | 1 | N32. 421 48，E119. 151 98 | 83 | 扬州市仪征市月塘乡磻山 | 落叶乔木 |
| 169 | 麻栎 | 1 | N32. 419 69，E119. 158 96 | 8 | 扬州市仪征市月塘乡磻山地质公园 | 落叶乔木 |
| 170 | 麻栎 | 1 | N32. 135 74，E119. 086 92 | 146 | 镇江市句容市宝华山 | 落叶乔木 |
| 171 | 麻栎 | 1 | N31. 656 71，E119. 290 71 | 121 | 镇江市句容市宝华山 | 落叶乔木 |
| 172 | 槲树 | 1 | N32. 091 33，E119. 251 61 | 80 | 镇江市句容市宝华山 | 落叶乔木 |
| 173 | 小叶栎 | 1 | N32. 090 01，E119. 250 01 | 78 | 镇江市句容市宝华山 | 落叶乔木 |
| 174 | 小叶栎 | 1 | N32. 090 31，E119. 244 31 | 106 | 镇江市句容市小漕 | 落叶乔木 |
| 175 | 槲树 | 1 | N32. 368 61，E119. 041 76 | 6 | 扬州市仪征市铜山办十里长山 | 落叶乔木 |

续 表

| 序号 | 种名 | 份数 | 经纬度/° | 海拔/m | 地点 | 生活型 |
|---|---|---|---|---|---|---|
| 176 | 白桦 | 1 | N32.269 85, E119.084 52 | 0 | 扬州市仪征市青山镇 | 落叶乔木 |
| 177 | 白桦 | 1 | N32.368 61, E119.041 76 | 6 | 扬州市仪征市铜山办十里长山 | 落叶乔木 |
| 178 | 栓皮栎 | 1 | N32.372 08, E119.240 45 | 8 | 扬州市仪征市青山镇龙山森林公园 | 落叶乔木 |
| 179 | 栓皮栎 | 1 | N31.722 03, E119.307 25 | 356 | 镇江市句容市磨盘林场磨盘工区 | 落叶乔木 |
| 180 | 栓皮栎 | 1 | N31.723 49, E119.308 02 | 99 | 镇江市句容市磨盘林场磨盘工区 | 落叶乔木 |
| 181 | 胡桃楸 | 1 | N32.168 41, E119.532 66 | 135 | 镇江市丹徒区长山林场长山林区 | 落叶乔木 |
| 182 | 胡桃楸 | 1 | N32.133 86, E119.079 31 | 306 | 镇江市句容市宝华山 | 落叶乔木 |
| 183 | 胡桃楸 | 1 | N31.662 16, E119.291 21 | 93 | 镇江市句容市磨盘林场瓦屋呈山西山 | 落叶乔木 |
| 184 | 化香树 | 1 | N32.372 08, E119.240 45 | 6 | 扬州市仪征市青山镇龙山森林公园 | 落叶乔木 |
| 185 | 枫杨 | 1 | N31.943 10, E120.898 20 | 71 | 南通市崇川区狼山镇军山 | 落叶乔木 |
| 186 | 枫杨 | 1 | N32.014 40, E121.346 46 | 12 | 南通市海门市余东镇木樁港3组梁树先 | 落叶乔木 |
| 187 | 枫杨 | 1 | N32.776 26, E119.438 67 | 12 | 扬州市高邮市高邮镇蝶湖广场 | 落叶乔木 |
| 188 | 枫杨 | 1 | N32.819 92, E119.655 11 | 5 | 扬州市高邮市三垛三阳河河东镇区东 | 落叶乔木 |
| 189 | 枫杨 | 1 | N32.389 06, E119.419 38 | 3 | 扬州市广陵区头桥镇迎新村 | 落叶乔木 |
| 190 | 枫杨 | 1 | N32.320 86, E119.337 08 | 14 | 扬州市邗江区汉河街道徐集林庄 | 落叶乔木 |
| 191 | 枫杨 | 1 | N32.514 47, E119.375 34 | 23 | 扬州市邗江区方巷镇正大村 | 落叶乔木 |
| 192 | 枫杨 | 1 | N32.423 60, E119.420 76 | 13 | 扬州市邗江区杨庙镇仓颉村 | 落叶乔木 |
| 193 | 枫杨 | 1 | N32.364 80, E119.726 26 | 22 | 扬州市江都区大桥镇三义村 | 落叶乔木 |

续 表

| 序号 | 种名 | 份数 | 经纬度/° | 海拔/m | 地点 | 生活型 |
|---|---|---|---|---|---|---|
| 194 | 枫杨 | 1 | N32.362 30，E119.672 61 | 13 | 扬州市江都区大桥镇佘坂村 | 落叶乔木 |
| 195 | 枫杨 | 1 | N32.339 95，E119.784 38 | 13 | 扬州市江都区大桥镇太字村 | 落叶乔木 |
| 196 | 枫杨 | 1 | N32.372 96，E119.741 72 | 17 | 扬州市江都区大桥镇杨墅村 | 落叶乔木 |
| 197 | 枫杨 | 1 | N32.483 47，E119.572 87 | 0 | 扬州市江都区丁伙镇启扬高速旁 | 落叶乔木 |
| 198 | 枫杨 | 1 | N32.615 55，E119.639 61 | 5 | 扬州市江都区樊川镇聚永村 | 落叶乔木 |
| 199 | 枫杨 | 1 | N32.419 91，E119.866 87 | 17 | 扬州市江都区浦头镇引江新村 | 落叶乔木 |
| 200 | 枫杨 | 1 | N32.546 37，E119.532 96 | 13 | 扬州市江都区邵伯镇南渡村 | 落叶乔木 |
| 201 | 枫杨 | 1 | N32.461 02，E119.730 35 | 11 | 扬州市江都区吴桥镇季刘村 | 落叶乔木 |
| 202 | 枫杨 | 1 | N32.406 79，E119.725 05 | 7 | 扬州市江都区吴桥镇进化村网桥组 | 落叶乔木 |
| 203 | 枫杨 | 1 | N32.423 52，E119.744 62 | 15 | 扬州市江都区吴桥镇世元村红旗组 | 落叶乔木 |
| 204 | 枫杨 | 1 | N32.466 65，E119.768 98 | 11 | 扬州市江都区吴桥镇万寿村 | 落叶乔木 |
| 205 | 枫杨 | 1 | N32.437 29，E119.708 36 | 11 | 扬州市江都区吴桥镇谢桥村 | 落叶乔木 |
| 206 | 枫杨 | 1 | N32.388 03，E119.641 83 | 13 | 扬州市江都区仙女镇曹王光明组 | 落叶乔木 |
| 207 | 枫杨 | 1 | N32.397 96，E119.661 29 | 11 | 扬州市江都区仙女镇曹王先锋组 | 落叶乔木 |
| 208 | 枫杨 | 1 | N32.433 77，E119.627 03 | 17 | 扬州市江都区仙女镇民和村 | 落叶乔木 |
| 209 | 枫杨 | 1 | N32.407 30，E119.622 97 | 15 | 扬州市江都区仙女镇三星村 | 落叶乔木 |
| 210 | 枫杨 | 1 | N32.408 55，E119.650 42 | 14 | 扬州市江都区仙女镇苏新村 | 落叶乔木 |
| 211 | 枫杨 | 1 | N32.408 82，E119.650 97 | 9 | 扬州市江都区仙女镇苏新村 | 落叶乔木 |

续 表

| 序号 | 种名 | 份数 | 经纬度/° | 海拔/m | 地点 | 生活型 |
|---|---|---|---|---|---|---|
| 212 | 枫杨 | 1 | N32. 409 39, E119. 646 24 | 4 | 扬州市江都区仙女镇苏新村 | 落叶乔木 |
| 213 | 枫杨 | 1 | N32. 409 42, E119. 645 99 | 9 | 扬州市江都区仙女镇苏新村 | 落叶乔木 |
| 214 | 枫杨 | 1 | N32. 406 96, E119. 613 27 | 8 | 扬州市江都区仙女镇正谊村 | 落叶乔木 |
| 215 | 枫杨 | 1 | N32. 467 16, E119. 705 21 | 13 | 扬州市江都区官陵镇白塔村 | 落叶乔木 |
| 216 | 枫杨 | 1 | N32. 463 58, E119. 684 85 | 17 | 扬州市江都区官陵镇大陈村 | 落叶乔木 |
| 217 | 枫杨 | 1 | N32. 456 84, E119. 665 58 | 20 | 扬州市江都区官陵镇大陈村 | 落叶乔木 |
| 218 | 枫杨 | 1 | N32. 502 07, E119. 686 89 | 16 | 扬州市江都区官陵镇七里社区 | 落叶乔木 |
| 219 | 枫杨 | 1 | N32. 449 69, E119. 697 55 | 5 | 扬州市江都区官陵镇五一村 | 落叶乔木 |
| 220 | 枫杨 | 1 | N32. 486 47, E119. 701 09 | 11 | 扬州市江都区官陵镇小湖村 | 落叶乔木 |
| 221 | 枫杨 | 1 | N32. 601 45, E119. 542 19 | 7 | 扬州市江都区真武镇广丰村 | 落叶乔木 |
| 222 | 枫杨 | 1 | N32. 340 00, E119. 262 22 | 5 | 扬州市仪征市新集镇联盟村许巷组 | 落叶乔木 |
| 223 | 枫杨 | 1 | N32. 146 25, E119. 170 29 | 46 | 镇江市丹徒区高资镇铁炉 | 落叶乔木 |
| 224 | 枫杨 | 1 | N32. 051 22, E119. 213 95 | 35 | 镇江市丹徒区上党镇 | 落叶乔木 |
| 225 | 枫杨 | 1 | N32. 051 41, E119. 213 78 | 31 | 镇江市丹徒区上党镇上方头 | 落叶乔木 |
| 226 | 枫杨 | 1 | N31. 521 63, E119. 205 20 | 31 | 镇江市丹徒区长山林场西山 | 落叶乔木 |
| 227 | 枫杨 | 1 | N31. 741 34, E119. 714 07 | 5 | 镇江市丹阳市延陵镇行宫庙 | 落叶乔木 |
| 228 | 枫杨 | 1 | N32. 071 03, E119. 690 61 | 10 | 镇江市丹阳市延陵镇黄连山村 | 落叶乔木 |
| 229 | 枫杨 | 1 | N31. 925 44, E119. 472 95 | 5 | 镇江市丹阳市延陵镇柳茹村 | 落叶乔木 |

续　表

| 序号 | 种名 | 份数 | 经纬度/° | 海拔/m | 地点 | 生活型 |
|---|---|---|---|---|---|---|
| 230 | 枫杨 | 1 | N31.668 15，E119.288 49 | 122 | 镇江市句容市大山口工区 | 落叶乔木 |
| 231 | 枫杨 | 1 | N31.659 01，E119.294 84 | 88 | 镇江市句容市护林站 | 落叶乔木 |
| 232 | 杏 | 1 | N34.244 31，E117.173 20 | 135 | 徐州市开发区泉山区云龙山观景台 | 落叶乔木 |
| 233 | 山樱花 | 1 | N32.135 74，E119.086 92 | 146 | 镇江市句容市宝华山 | 落叶乔木 |
| 234 | 山樱花 | 1 | N32.135 66，E119.084 75 | 169 | 镇江市句容市宝华山 | 落叶乔木 |
| 235 | 山樱花 | 1 | N32.134 47，E119.086 64 | 125 | 镇江市句容市宝华山 | 落叶乔木 |
| 236 | 山樱花 | 1 | N32.134 47，E119.086 64 | 125 | 镇江市句容市宝华镇宝华山 | 落叶乔木 |
| 237 | 野山楂 | 1 | N34.765 26，E119.461 98 | 19 | 连云港市连云区连岛苏马湾生态公园门牌前 | 落叶灌木 |
| 238 | 野山楂 | 1 | N32.583 45，E119.410 37 | 7 | 扬州市邗江区方巷镇兴湾村 | 落叶灌木 |
| 239 | 野山楂 | 1 | N32.372 08，E119.240 45 | 6 | 扬州市仪征市青山镇龙山森林公园 | 落叶灌木 |
| 240 | 稠李 | 1 | N34.666 58，E119.318 43 | 274 | 连云港市连云区朝阳林场朝阳水坝上方沟涧 | 落叶乔木 |
| 241 | 稠李 | 1 | N34.656 31，E119.299 36 | 286 | 连云港市连云区朝阳林场朝阳大白涧 | 落叶乔木 |
| 242 | 稠李 | 1 | N34.655 09，E119.298 75 | 357 | 连云港市连云区朝阳林场朝阳大白涧 | 落叶乔木 |
| 243 | 稠李 | 1 | N34.655 40，E119.298 80 | 325 | 连云港市连云区朝阳林场朝阳大白涧 | 落叶乔木 |
| 244 | 稠李 | 1 | N34.656 78，E119.299 58 | 273 | 连云港市连云区朝阳林场大白涧滴水崖南坡 | 落叶乔木 |
| 245 | 杜梨 | 1 | N34.671 15，E116.403 45 | 43 | 徐州市丰县王沟镇毂楼中队 | 落叶乔木 |
| 246 | 杜梨 | 1 | N34.731 32，E116.493 62 | 39 | 徐州市丰县赵庄镇袁集村 | 落叶乔木 |
| 247 | 杜梨 | 1 | N32.372 08，E119.240 45 | 0 | 扬州市仪征市青山镇龙山森林公园 | 落叶乔木 |

续 表

| 序号 | 种名 | 份数 | 经纬度/° | 海拔/m | 地点 | 生活型 |
|---|---|---|---|---|---|---|
| 248 | 豆梨 | 1 | N31.790 55，E120.108 68 | 10 | 常州市武进区郑陆镇舜山编号 001 的标准地 | 落叶乔木 |
| 249 | 豆梨 | 1 | N32.708 35，E119.226 38 | 33 | 扬州市高邮市菱塘回族乡三里组 | 落叶乔木 |
| 250 | 豆梨 | 1 | N32.276 17，E119.361 39 | 9 | 扬州市邗江区瓜洲镇建华村 | 落叶乔木 |
| 251 | 豆梨 | 1 | N32.133 78，E119.085 85 | 139 | 镇江市句容市宝华山 | 落叶乔木 |
| 252 | 豆梨 | 1 | N31.651 63，E119.263 90 | 82 | 镇江市句容市天王镇 | 落叶乔木 |
| 253 | 褐梨 | 1 | N34.637 48，E119.338 11 | 9 | 连云港市新浦区云台乡渔湾景区大门口 | 常绿灌木 |
| 254 | 硕苞蔷薇 | 1 | N32.265 98，E119.059 86 | 0 | 扬州市仪征市青山镇官山村 | 常绿灌木 |
| 255 | 硕苞蔷薇 | 1 | N32.421 96，E119.153 19 | 68 | 扬州市仪征市月塘乡槎山 | 落叶灌木 |
| 256 | 野蔷薇 | 1 | N32.253 51，E119.386 53 | 5 | 扬州市广陵区泰安镇廖家沟 | 落叶灌木 |
| 257 | 野蔷薇 | 1 | N32.583 45，E119.410 37 | 7 | 扬州市邗江区方巷镇兴湾村 | 落叶灌木 |
| 258 | 野蔷薇 | 1 | N32.363 32，E119.736 34 | 6 | 扬州市江都区大桥镇开元寺 | 落叶灌木 |
| 259 | 野蔷薇 | 1 | N32.358 08，E119.818 90 | 4 | 扬州市江都区浦头镇仪村 | 落叶灌木 |
| 260 | 野蔷薇 | 1 | N32.430 24，E119.591 83 | 0 | 扬州市江都区仙女镇 | 落叶灌木 |
| 261 | 野蔷薇 | 1 | N32.589 34，E119.257 32 | 28 | 扬州市仪征市大仪镇大巷村 | 落叶灌木 |
| 262 | 野蔷薇 | 1 | N32.416 24，E119.018 98 | 68 | 扬州市仪征市月塘乡大营村 | 落叶灌木 |
| 263 | 野蔷薇 | 1 | N32.420 77，E119.148 54 | 84 | 扬州市仪征市月塘乡槎山 | 落叶灌木 |
| 264 | 山莓 | 1 | N32.418 32，E119.244 55 | 6 | 扬州市仪征市刘集镇西郊森林公园 | 落叶灌木 |
| 265 | 水榆花楸 | 1 | N34.656 41，E119.299 43 | 297 | 连云港市连云区朝阳林场朝阳大白涧 | 落叶乔木 |

续 表

| 序号 | 种名 | 份数 | 经纬度/° | 海拔/m | 地点 | 生活型 |
|---|---|---|---|---|---|---|
| 266 | 大叶胡颓子 | 1 | N34. 714 41，E119. 421 05 | 237 | 连云港市连云区宿城连云港云台山自然保护区宿城保护小区木栈道边 | 常绿灌木 |
| 267 | 牛奶子 | 1 | N32. 067 76，E119. 737 37 | 25 | 镇江市丹阳市丹阳经济开发区建山林场 | 落叶灌木 |
| 268 | 枳椇 | 1 | N32. 383 02，E119. 388 73 | 4 | 扬州市邗江区邗上街道扬州职业技术大学附近 | 落叶乔木 |
| 269 | 枳椇 | 1 | N33. 384 90，E119. 610 01 | 5 | 扬州市江都区邵伯镇张家坝纬三路旁 | 落叶乔木 |
| 270 | 猫乳 | 1 | N32. 418 32，E119. 244 55 | 8 | 扬州市仪征市刘集镇西郊森林公园 | 落叶灌木 |
| 271 | 猫乳 | 1 | N31. 720 40，E119. 307 99 | 161 | 镇江市句容市磨盘林场磨盘工区 | 落叶灌木 |
| 272 | 酸枣 | 1 | N31. 942 20，E120. 896 98 | 108 | 南通市崇川区狼山镇军山山顶气象台 | 落叶灌木 |
| 273 | 蒭荑 | 1 | N34. 723 51，E119. 449 11 | 420 | 连云港市连云区宿城飞云石以西路边 | 落叶乔木 |
| 274 | 琅琊榆 | 1 | N32. 133 09，E119. 085 63 | 164 | 镇江市句容市宝华山 | 落叶乔木 |
| 275 | 榔榆 | 1 | N31. 746 01，E119. 368 52 | 203 | 常州市金坛区薛埠镇石家山林场磨盘山 | 落叶乔木 |
| 276 | 榔榆 | 1 | N31. 746 01，E119. 368 52 | 171 | 常州市金坛区薛埠镇石家山林场磨盘山 | 落叶乔木 |
| 277 | 榔榆 | 1 | N31. 940 80，E120. 896 20 | 111 | 南通市崇川区狼山镇军山 | 落叶乔木 |
| 278 | 榔榆 | 1 | N31. 940 80，E120. 896 20 | 111 | 南通市崇川区狼山镇军山 | 落叶乔木 |
| 279 | 榔榆 | 1 | N31. 940 80，E120. 896 20 | 111 | 南通市崇川区狼山镇军山 | 落叶乔木 |
| 280 | 榔榆 | 1 | N32. 059 82，E121. 414 60 | 9 | 南通市海门市包场镇轴西村 15 组 | 落叶乔木 |
| 281 | 榔榆 | 1 | N32. 497 40，E120. 823 30 | 8 | 南通市如东县河口镇花园头居委会 24 组 | 落叶乔木 |
| 282 | 榔榆 | 1 | N33. 097 12，E120. 075 08 | 12 | 泰州市兴化市安丰镇 | 落叶乔木 |

续 表

| 序号 | 种名 | 份数 | 经纬度/° | 海拔/m | 地点 | 生活型 |
|---|---|---|---|---|---|---|
| 283 | 榔榆 | 1 | N33. 129 58, E119. 921 30 | 1 | 泰州市兴化市大邹镇新庄村 | 落叶乔木 |
| 284 | 榔榆 | 1 | N32. 813 79, E119. 995 72 | 4 | 泰州市兴化市沈伦镇柏家村 | 落叶乔木 |
| 285 | 榔榆 | 1 | N33. 207 20, E119. 659 13 | 7 | 扬州市宝应县广洋湖东溪村 | 落叶乔木 |
| 286 | 榔榆 | 1 | N33. 213 61, E119. 636 76 | 12 | 扬州市宝应县广洋湖万新村 | 落叶乔木 |
| 287 | 榔榆 | 1 | N33. 255 28, E119. 534 19 | 1 | 扬州市宝应县射阳湖马墩村 | 落叶乔木 |
| 288 | 榔榆 | 1 | N33. 164 76, E119. 456 24 | 86 | 扬州市宝应县小官庄镇全村 | 落叶乔木 |
| 289 | 榔榆 | 1 | N32. 977 16, E119. 444 07 | 10 | 扬州市高邮市界首应龙村 | 落叶乔木 |
| 290 | 榔榆 | 1 | N32. 828 92, E119. 611 60 | 6 | 扬州市高邮市三垛大卢村 | 落叶乔木 |
| 291 | 榔榆 | 1 | N32. 686 20, E119. 590 42 | 8 | 扬州市高邮市卸甲金港村 | 落叶乔木 |
| 292 | 榔榆 | 1 | N32. 948 09, E119. 489 90 | 4 | 扬州市高邮市周山吴堡村 | 落叶乔木 |
| 293 | 榔榆 | 1 | N32. 308 76, E119. 508 28 | 0 | 扬州市广陵区沙头镇邱卜村九十组 | 落叶乔木 |
| 294 | 榔榆 | 1 | N32. 300 36, E119. 555 15 | 7 | 扬州市广陵区沙头镇育新村通长组 | 落叶乔木 |
| 295 | 榔榆 | 1 | N32. 350 61, E119. 632 96 | 0 | 扬州市广陵区头桥镇安阜村安乐组 | 落叶乔木 |
| 296 | 榔榆 | 1 | N32. 350 61, E119. 632 96 | 7 | 扬州市广陵区头桥镇安阜村小八组 | 落叶乔木 |
| 297 | 榔榆 | 1 | N32. 328 05, E119. 691 37 | 7 | 扬州市广陵区头桥镇西城村七圩组 | 落叶乔木 |
| 298 | 榔榆 | 1 | N32. 350 61, E119. 632 96 | 0 | 扬州市广陵区头桥镇兴华村 2 组 | 落叶乔木 |
| 299 | 榔榆 | 1 | N32. 541 94, E119. 344 81 | 14 | 扬州市邗江区杨寿镇新龙村 | 落叶乔木 |
| 300 | 榔榆 | 1 | N32. 540 15, E119. 342 48 | 12 | 扬州市邗江区杨寿镇新龙村 | 落叶乔木 |

续　表

| 序号 | 种名 | 份数 | 经纬度/° | 海拔/m | 地点 | 生活型 |
|---|---|---|---|---|---|---|
| 301 | 榔榆 | 1 | N32. 382 23，E119. 845 95 | 11 | 扬州市江都区浦头镇浦东村 | 落叶乔木 |
| 302 | 榔榆 | 1 | N32. 626 70，E119. 491 15 | 14 | 扬州市江都区郭伯镇红岭村 | 落叶乔木 |
| 303 | 榔榆 | 1 | N32. 574 27，E119. 506 00 | 0 | 扬州市江都区郭伯镇下千沟 | 落叶乔木 |
| 304 | 榔榆 | 1 | N32. 585 50，E119. 509 29 | 8 | 扬州市江都区郭伯镇新建村 | 落叶乔木 |
| 305 | 榔榆 | 1 | N32. 430 24，E119. 591 83 | 0 | 扬州市江都区仙女镇 | 落叶乔木 |
| 306 | 榔榆 | 1 | N32. 407 36，E119. 612 60 | 11 | 扬州市江都区仙女镇正谊村 | 落叶乔木 |
| 307 | 榔榆 | 1 | N32. 407 14，E119. 612 47 | 11 | 扬州市江都区仙女镇正谊村 | 落叶乔木 |
| 308 | 榔榆 | 1 | N32. 596 14，E119. 542 78 | 15 | 扬州市江都区真武镇广丰村 | 落叶乔木 |
| 309 | 榔榆 | 1 | N32. 072 29，E119. 170 35 | 40 | 镇江市丹徒区高资镇铁炉 | 落叶乔木 |
| 310 | 榔榆 | 1 | N32. 071 97，E119. 374 12 | 64 | 镇江市丹徒区辛丰镇大缺庄 | 落叶乔木 |
| 311 | 榔榆 | 1 | N31. 531 84，E119. 205 58 | 31 | 镇江市丹徒区长山林场西山 | 落叶乔木 |
| 312 | 榔榆 | 1 | N32. 131 60，E119. 078 30 | 319 | 镇江市句容市宝华山 | 落叶乔木 |
| 313 | 榔榆 | 1 | N32. 090 93，E119. 250 90 | 88 | 镇江市句容市宝华山 | 落叶乔木 |
| 314 | 榔榆 | 1 | N32. 119 27，E119. 235 44 | 240 | 镇江市句容市宝华山 | 落叶乔木 |
| 315 | 榔榆 | 1 | N32. 089 01，E119. 249 75 | 79 | 镇江市句容市庐塘工区 | 落叶乔木 |
| 316 | 榔榆 | 1 | N31. 723 05，E119. 306 54 | 132 | 镇江市句容市磨盘林场磨盘工区 | 落叶乔木 |
| 317 | 榔榆 | 1 | N32. 661 13，E119. 297 82 | 159 | 镇江市句容市磨盘林场野鸡山 | 落叶乔木 |
| 318 | 榔榆 | 1 | N31. 663 36，E119. 297 64 | 158 | 镇江市句容市磨盘林场野鸡山 | 落叶乔木 |

| 序号 | 种名 | 份数 | 经纬度/° | 海拔/m | 地点 | 生活型 |
|---|---|---|---|---|---|---|
| 319 | 榔榆 | 1 | N31.662 15，E119.284 40 | 134 | 镇江市句容市磨盘林场周家 | 落叶乔木 |
| 320 | 榆树 | 1 | N31.767 09，E120.098 64 | 7 | 常州市武进区横山桥镇西崦村 | 落叶乔木 |
| 321 | 榆树 | 1 | N31.766 93，E120.100 15 | 4 | 常州市武进区横山桥镇西崦村 | 落叶乔木 |
| 322 | 榆树 | 1 | N31.788 10，E120.142 23 | 2 | 常州市武进区横山桥镇新安村 | 落叶乔木 |
| 323 | 榆树 | 1 | N31.633 13，E120.060 66 | 3 | 常州市武进区洛阳镇周家头 | 落叶乔木 |
| 324 | 榆树 | 1 | N33.097 12，E120.075 08 | −3 | 泰州市兴化市安丰镇三庄村 | 落叶乔木 |
| 325 | 榆树 | 1 | N33.126 95，E120.010 42 | 1 | 泰州市兴化市大邹镇新庄村 | 落叶乔木 |
| 326 | 榆树 | 1 | N32.743 96，E120.078 60 | −5 | 泰州市兴化市戴南镇陈祁村 | 落叶乔木 |
| 327 | 榆树 | 1 | N32.743 96，E120.078 60 | 10 | 泰州市兴化市戴南镇刁家村 | 落叶乔木 |
| 328 | 榆树 | 1 | N33.126 55，E120.130 52 | −1 | 泰州市兴化市老圩乡肖家村 | 落叶乔木 |
| 329 | 榆树 | 1 | N32.813 79，E119.995 72 | −3 | 泰州市兴化市沈伦镇凡荣村 | 落叶乔木 |
| 330 | 榆树 | 1 | N33.126 95，E120.010 42 | −2 | 泰州市兴化市下圩镇一村 | 落叶乔木 |
| 331 | 榆树 | 1 | N33.126 95，E120.010 42 | 3 | 泰州市兴化市下圩镇一村 | 落叶乔木 |
| 332 | 榆树 | 1 | N34.772 12，E116.597 98 | 40 | 徐州市丰县常店镇李楼 | 落叶乔木 |
| 333 | 榆树 | 1 | N34.492 67，E116.573 43 | 44 | 徐州市丰县大沙河镇二坎新地村 | 落叶乔木 |
| 334 | 榆树 | 1 | N34.489 59，E116.826 71 | 60 | 徐州市丰县范楼镇黄村集徐庄中间 | 落叶乔木 |
| 335 | 榆树 | 1 | N34.711 07，E116.657 90 | 38 | 徐州市丰县凤城镇刘洪庄 | 落叶乔木 |
| 336 | 榆树 | 1 | N34.662 68，E116.672 82 | 39 | 徐州市丰县华山镇吴庄 | 落叶乔木 |

续 表

| 序号 | 种名 | 份数 | 经纬度/° | 海拔/m | 地点 | 生活型 |
|---|---|---|---|---|---|---|
| 337 | 榆树 | 1 | N34.845 71，E116.704 57 | 36 | 徐州市丰县欢口镇陈洼村 | 落叶乔木 |
| 338 | 榆树 | 1 | N34.892 04，E116.712 96 | 36 | 徐州市丰县欢口镇邓庄村 | 落叶乔木 |
| 339 | 榆树 | 1 | N34.894 49，E116.627 43 | 36 | 徐州市丰县欢口镇唐庄村 | 落叶乔木 |
| 340 | 榆树 | 1 | N34.894 51，E116.627 37 | 36 | 徐州市丰县欢口镇唐庄村 | 落叶乔木 |
| 341 | 榆树 | 1 | N34.869 71，E116.500 06 | 38 | 徐州市丰县首羡镇任李庄 | 落叶乔木 |
| 342 | 榆树 | 1 | N34.839 01，E116.409 23 | 38 | 徐州市丰县首羡镇任李庄 | 落叶乔木 |
| 343 | 榆树 | 1 | N34.838 73，E116.409 17 | 38 | 徐州市丰县首羡镇任李庄 | 落叶乔木 |
| 344 | 榆树 | 1 | N34.810 43，E116.420 42 | 38 | 徐州市丰县首羡镇郭集村 | 落叶乔木 |
| 345 | 榆树 | 1 | N34.794 87，E116.479 12 | 38 | 徐州市丰县首羡镇渠集村 | 落叶乔木 |
| 346 | 榆树 | 1 | N34.842 98，E116.447 39 | 38 | 徐州市丰县首羡镇王炮楼村 | 落叶乔木 |
| 347 | 榆树 | 1 | N34.883 82，E116.450 39 | 38 | 徐州市丰县首羡镇温庄村 | 落叶乔木 |
| 348 | 榆树 | 1 | N34.894 26，E116.442 89 | 38 | 徐州市丰县首羡镇温庄村 | 落叶乔木 |
| 349 | 榆树 | 1 | N34.832 75，E116.460 29 | 38 | 徐州市丰县首羡镇张老家村 | 落叶乔木 |
| 350 | 榆树 | 1 | N34.879 21，E116.547 98 | 40 | 徐州市丰县顺河镇大圣村 | 落叶乔木 |
| 351 | 榆树 | 1 | N34.842 51，E116.524 45 | 40 | 徐州市丰县顺河镇焦庄 | 落叶乔木 |
| 352 | 榆树 | 1 | N34.842 46，E116.524 59 | 40 | 徐州市丰县顺河镇焦庄 | 落叶乔木 |
| 353 | 榆树 | 1 | N34.849 12，E116.531 56 | 40 | 徐州市丰县顺河镇岳庄村 | 落叶乔木 |
| 354 | 榆树 | 1 | N34.596 15，E116.589 37 | 39 | 徐州市丰县宋楼镇李瓦房村 | 落叶乔木 |

续 表

| 序号 | 种名 | 份数 | 经纬度/° | 海拔/m | 地点 | 生活型 |
|---|---|---|---|---|---|---|
| 355 | 榆树 | 1 | N34. 588 08，E116. 561 28 | 39 | 徐州市丰县宋楼镇许口冯庄 | 落叶乔木 |
| 356 | 榆树 | 1 | N34. 563 70，E116. 543 81 | 39 | 徐州市丰县宋楼镇杨李庄 | 落叶乔木 |
| 357 | 榆树 | 1 | N34. 683 23，E116. 543 56 | 40 | 徐州市丰县孙楼镇仇楼村 | 落叶乔木 |
| 358 | 榆树 | 1 | N34. 740 98，E116. 489 26 | 39 | 徐州市丰县赵庄镇金刘寨 | 落叶乔木 |
| 359 | 榆树 | 1 | N34. 704 43，E116. 392 70 | 39 | 徐州市丰县赵庄镇闫蔺屯 | 落叶乔木 |
| 360 | 榆树 | 1 | N33. 366 39，E119. 428 61 | 7 | 扬州市宝应县曹甸村 | 落叶乔木 |
| 361 | 榆树 | 1 | N33. 236 81，E119. 598 09 | 8 | 扬州市宝应县广洋湖鹤湾村 | 落叶乔木 |
| 362 | 榆树 | 1 | N33. 197 39，E119. 584 17 | 12 | 扬州市宝应县广洋湖桥头村 | 落叶乔木 |
| 363 | 榆树 | 1 | N33. 159 54，E119. 537 35 | −1 | 扬州市宝应县柳堡团庄村 | 落叶乔木 |
| 364 | 榆树 | 1 | N33. 220 73，E119. 462 25 | 6 | 扬州市宝应县鲁垛鲁庄村 | 落叶乔木 |
| 365 | 榆树 | 1 | N33. 404 61，E119. 539 53 | 14 | 扬州市宝应县西安丰崔渡村 | 落叶乔木 |
| 366 | 榆树 | 1 | N32. 727 54，E119. 528 46 | 0 | 扬州市高邮市车逻特平村 | 落叶乔木 |
| 367 | 榆树 | 1 | N32. 778 09，E119. 438 92 | 9 | 扬州市高邮市镇园广场 | 落叶乔木 |
| 368 | 榆树 | 1 | N32. 796 76，E119. 441 86 | 20 | 扬州市高邮市镇文游台 | 落叶乔木 |
| 369 | 榆树 | 1 | N32. 742 40，E119. 654 31 | 9 | 扬州市高邮市汉留富南村 | 落叶乔木 |
| 370 | 榆树 | 1 | N32. 680 57，E119. 218 84 | 5 | 扬州市高邮市菱塘乡龚家村 | 落叶乔木 |
| 371 | 榆树 | 1 | N32. 682 83，E119. 226 80 | 10 | 扬州市高邮市菱塘回族乡龚家村 | 落叶乔木 |
| 372 | 榆树 | 1 | N32. 699 48，E119. 245 68 | 1 | 扬州市高邮市菱塘回族乡骑龙村 | 落叶乔木 |

续 表

| 序号 | 种名 | 份数 | 经纬度/° | 海拔/m | 地点 | 生活型 |
|---|---|---|---|---|---|---|
| 373 | 榆树 | 1 | N32.724 46，E119.229 02 | 18 | 扬州市高邮市菱塘回族乡清真村 | 落叶乔木 |
| 374 | 榆树 | 1 | N32.824 60，E119.495 52 | 8 | 扬州市高邮市龙虬龙前庄村 | 落叶乔木 |
| 375 | 榆树 | 1 | N32.911 21，E119.491 68 | 6 | 扬州市高邮市龙虬兴北村 | 落叶乔木 |
| 376 | 榆树 | 1 | N32.816 06，E119.654 29 | 6 | 扬州市高邮市三埃三阳社区西后街 | 落叶乔木 |
| 377 | 榆树 | 1 | N32.694 22，E119.616 20 | 9 | 扬州市高邮市卸甲金港村 | 落叶乔木 |
| 378 | 榆树 | 1 | N32.968 75，E119.485 80 | 10 | 扬州市高邮市周山狄弈村 | 落叶乔木 |
| 379 | 榆树 | 1 | N32.952 91，E119.520 94 | 5 | 扬州市高邮市周山龙华村 | 落叶乔木 |
| 380 | 榆树 | 1 | N32.935 69，E119.483 50 | 9 | 扬州市高邮市周山吴堡村 | 落叶乔木 |
| 381 | 榆树 | 1 | N32.319 56，E119.530 96 | 7 | 扬州市广陵区沙头镇三星村连二1组 | 落叶乔木 |
| 382 | 榆树 | 1 | N32.324 27，E119.648 53 | 7 | 扬州市广陵区头桥镇南华村蔡家组 | 落叶乔木 |
| 383 | 榆树 | 1 | N32.566 62，E119.343 45 | 8 | 扬州市邗江区公道镇东兴村 | 落叶乔木 |
| 384 | 榆树 | 1 | N32.646 91，E119.372 67 | 5 | 扬州市邗江区瓜洲镇湖滨村 | 落叶乔木 |
| 385 | 榆树 | 1 | N32.276 30，E119.361 73 | 9 | 扬州市邗江区槐泗镇建华村 | 落叶乔木 |
| 386 | 榆树 | 1 | N32.514 17，E119.433 58 | 11 | 扬州市江都区大桥镇林桥村 | 落叶乔木 |
| 387 | 榆树 | 1 | N32.383 03，E119.749 08 | 16 | 扬州市江都区大桥镇松山村 | 落叶乔木 |
| 388 | 榆树 | 1 | N32.338 89，E119.827 73 | 12 | 扬州市江都区大桥镇杨桥村 | 落叶乔木 |
| 389 | 榆树 | 1 | N32.541 04，E119.711 83 | 10 | 扬州市江都区丁沟镇民村 | 落叶乔木 |
| 390 | 榆树 | 1 | N32.538 60，E119.627 48 | 11 | 扬州市江都区丁伙镇双华村 | 落叶乔木 |

续表

| 序号 | 种名 | 份数 | 经纬度/° | 海拔/m | 地点 | 生活型 |
|---|---|---|---|---|---|---|
| 391 | 榆树 | 1 | N32.660 12, E119.708 18 | -19 | 扬州市江都区樊川镇葛家庄 | 落叶乔木 |
| 392 | 榆树 | 1 | N32.419 83, E119.813 77 | 5 | 扬州市江都区浦头镇高汉村 | 落叶乔木 |
| 393 | 榆树 | 1 | N32.585 47, E119.509 37 | 13 | 扬州市江都区邵伯镇新建村 | 落叶乔木 |
| 394 | 榆树 | 1 | N32.408 04, E119.727 51 | 13 | 扬州市江都区吴桥镇进化村联兴组 | 落叶乔木 |
| 395 | 榆树 | 1 | N32.475 79, E119.751 00 | 15 | 扬州市江都区吴桥镇王河村 | 落叶乔木 |
| 396 | 榆树 | 1 | N32.437 30, E119.707 64 | 11 | 扬州市江都区吴桥镇谢桥村 | 落叶乔木 |
| 397 | 榆树 | 1 | N32.765 63, E119.832 99 | 20 | 扬州市江都区武坚镇花庄村 | 落叶乔木 |
| 398 | 榆树 | 1 | N32.687 98, E119.778 60 | 30 | 扬州市江都区武坚镇黄思村 | 落叶乔木 |
| 399 | 榆树 | 1 | N32.448 72, E119.617 42 | 13 | 扬州市江都区仙女镇砖桥社区房地产公司 | 落叶乔木 |
| 400 | 榆树 | 1 | N32.608 24, E119.769 84 | 13 | 扬州市江都区小纪镇东舍村 | 落叶乔木 |
| 401 | 榆树 | 1 | N32.603 16, E119.798 67 | 8 | 扬州市江都区小纪镇兴旺村 | 落叶乔木 |
| 402 | 榆树 | 1 | N32.463 94, E119.705 75 | 13 | 扬州市江都区宜陵镇白塔村 | 落叶乔木 |
| 403 | 榆树 | 1 | N32.473 87, E119.691 23 | 16 | 扬州市江都区宜陵镇南陵社区 | 落叶乔木 |
| 404 | 榆树 | 1 | N32.441 14, E119.695 80 | 16 | 扬州市江都区宜陵镇五一村 | 落叶乔木 |
| 405 | 榆树 | 1 | N32.449 49, E119.698 13 | 14 | 扬州市江都区宜陵镇五一村 | 落叶乔木 |
| 406 | 榆树 | 1 | N32.454 70, E119.657 81 | 17 | 扬州市江都区宜陵镇西湖村 | 落叶乔木 |
| 407 | 榆树 | 1 | N32.455 09, E119.656 76 | 14 | 扬州市江都区宜陵镇西湖村 | 落叶乔木 |
| 408 | 榆树 | 1 | N32.518 45, E119.674 72 | 10 | 扬州市江都区宜陵镇朱套村 | 落叶乔木 |

续 表

| 序号 | 种名 | 份数 | 经纬度/° | 海拔/m | 地点 | 生活型 |
|---|---|---|---|---|---|---|
| 409 | 榆树 | 1 | N32. 485 80, E119. 244 40 | 52 | 扬州市仪征市刘集镇铁牌村 | 落叶乔木 |
| 410 | 榆树 | 1 | N32. 334 13, E119. 277 68 | 8 | 扬州市仪征市新集镇联盟村 | 落叶乔木 |
| 411 | 榆树 | 1 | N32. 419 18, E119. 154 46 | 66 | 扬州市仪征市月塘乡搭山 | 落叶乔木 |
| 412 | 榆树 | 1 | N32. 419 69, E119. 158 96 | 6 | 扬州市仪征市月塘乡搭山地质公园 | 落叶乔木 |
| 413 | 榆树 | 1 | N31. 542 36, E119. 210 52 | 21 | 镇江市丹徒区宝堰镇岗下 | 落叶乔木 |
| 414 | 榆树 | 1 | N32. 065 93, E119. 260 18 | 18 | 镇江市丹徒区谷阳镇杨溪 | 落叶乔木 |
| 415 | 榆树 | 1 | N32. 065 76, E119. 260 18 | 17 | 镇江市丹徒区谷阳镇杨溪 | 落叶乔木 |
| 416 | 榆树 | 1 | N32. 072 05, E119. 375 86 | 58 | 镇江市丹徒区辛丰镇东庄 | 落叶乔木 |
| 417 | 榆树 | 1 | N31. 799 28, E119. 749 03 | 7 | 镇江市丹阳市皇塘镇张埝村葛埝村 | 落叶乔木 |
| 418 | 榆树 | 1 | N31. 800 14, E119. 748 68 | 6 | 镇江市丹阳市皇塘镇张埝村葛埝村 | 落叶乔木 |
| 419 | 榆树 | 1 | N31. 785 37, E119. 309 00 | 326 | 镇江市句容市东进林场大茅峰 | 落叶乔木 |
| 420 | 大叶榉树 | 1 | N31. 746 01, E119. 368 52 | 128 | 常州市金坛区薛埠镇石家山林场 | 落叶乔木 |
| 421 | 大叶榉树 | 1 | N31. 747 21, E120. 094 54 | 5 | 常州市武进区横山桥镇星辰村 | 落叶乔木 |
| 422 | 大叶榉树 | 1 | N31. 632 95, E120. 060 10 | 3 | 常州市武进区洛阳镇周家头村 | 落叶乔木 |
| 423 | 大叶榉树 | 1 | N31. 942 70, E120. 897 70 | 91 | 南通市崇川区狼山镇军山 | 落叶乔木 |
| 424 | 大叶榉树 | 1 | N31. 952 00, E120. 883 50 | 79 | 南通市崇川区狼山镇狼山 | 落叶乔木 |
| 425 | 大叶榉树 | 1 | N31. 951 50, E120. 884 10 | 44 | 南通市崇川区狼山镇狼山法聚庵大门前 | 落叶乔木 |
| 426 | 大叶榉树 | 1 | N31. 951 50, E120. 884 10 | 44 | 南通市崇川区狼山镇狼山法聚庵大门前 | 落叶乔木 |

续 表

| 序号 | 种名 | 份数 | 经纬度/° | 海拔/m | 地点 | 生活型 |
|---|---|---|---|---|---|---|
| 427 | 大叶榉树 | 1 | N31.973 96，E121.100 73 | 15 | 南通市海门市三星镇瑞祥村7组 | 落叶乔木 |
| 428 | 大叶榉树 | 1 | N32.743 96，E120.078 60 | 2 | 泰州市兴化市戴南镇雁伦村 | 落叶乔木 |
| 429 | 大叶榉树 | 1 | N32.043 71，E119.210 64 | 37 | 镇江市丹徒区上党镇桃家湾 | 落叶乔木 |
| 430 | 大叶榉树 | 1 | N32.041 61，E119.213 69 | 54 | 镇江市丹徒区上党镇五塘村 | 落叶乔木 |
| 431 | 大叶榉树 | 1 | N31.792 71，E119.751 32 | 7 | 镇江市丹阳市皇塘镇张埝村葛埝村 | 落叶乔木 |
| 432 | 大叶榉树 | 1 | N31.792 71，E119.742 13 | 5 | 镇江市丹阳市皇塘镇张埝村葛埝村 | 落叶乔木 |
| 433 | 大叶榉树 | 1 | N32.074 23，E119.792 45 | 11 | 镇江市丹阳市延陵镇顾家岸 | 落叶乔木 |
| 434 | 大叶榉树 | 1 | N32.089 88，E119.250 14 | 76 | 镇江市句容市宝华山 | 落叶乔木 |
| 435 | 大叶榉树 | 1 | N32.089 15，E119.250 04 | 77 | 镇江市句容市宝华山 | 落叶乔木 |
| 436 | 大叶榉树 | 1 | N31.721 03，E119.310 59 | 203 | 镇江市句容市磨盘林场磨盘工区 | 落叶乔木 |
| 437 | 大叶榉树 | 1 | N31.720 32，E119.310 90 | 160 | 镇江市句容市磨盘林场磨盘工区 | 落叶乔木 |
| 438 | 大叶榉树 | 1 | N31.723 63，E119.308 59 | 88 | 镇江市句容市磨盘林场磨盘工区 | 落叶乔木 |
| 439 | 大叶榉树 | 1 | N31.661 79，E119.283 30 | 127 | 镇江市句容市磨盘林场周家 | 落叶乔木 |
| 440 | 大叶榉树 | 1 | N31.661 96，E119.283 60 | 127 | 镇江市句容市磨盘林场周家 | 落叶乔木 |
| 441 | 大叶榉树 | 1 | N31.661 33，E119.284 53 | 132 | 镇江市句容市磨盘林场周家 | 落叶乔木 |
| 442 | 大叶榉树 | 1 | N31.662 18，E119.284 18 | 135 | 镇江市句容市磨盘林场周家 | 落叶乔木 |
| 443 | 糙叶树 | 1 | N31.746 01，E119.368 52 | 200 | 常州市金坛区薛埠镇石家山林场 | 落叶乔木 |
| 444 | 糙叶树 | 1 | N31.746 01，E119.368 52 | 126 | 常州市金坛区薛埠镇石家山林场磨盘山 | 落叶乔木 |

续　表

| 序号 | 种名 | 份数 | 经纬度/° | 海拔/m | 地点 | 生活型 |
|---|---|---|---|---|---|---|
| 445 | 糙叶树 | 1 | N32. 091 43，E119. 250 55 | 88 | 镇江市句容市宝华山 | 落叶乔木 |
| 446 | 糙叶树 | 1 | N32. 131 98，E119. 082 63 | 268 | 镇江市句容市宝华山 | 落叶乔木 |
| 447 | 糙叶树 | 1 | N32. 130 78，E119. 078 97 | 315 | 镇江市句容市宝华山 | 落叶乔木 |
| 448 | 朴树 | 1 | N31. 746 01，E119. 368 52 | 141 | 常州市金坛区薛埠镇宝盛园黑洼上山路游客道 | 落叶乔木 |
| 449 | 朴树 | 1 | N31. 746 01，E119. 368 52 | 213 | 常州市金坛区薛埠镇石家山林场磨盘山 | 落叶乔木 |
| 450 | 朴树 | 1 | N31. 746 01，E119. 368 52 | 197 | 常州市金坛区薛埠镇石家山林场磨盘山 | 落叶乔木 |
| 451 | 朴树 | 1 | N31. 754 43，E120. 131 20 | 15 | 常州市武进区横山桥镇朝阳拾房村 | 落叶乔木 |
| 452 | 朴树 | 1 | N31. 747 19，E120. 095 76 | 5 | 常州市武进区横山桥镇星辰村 | 落叶乔木 |
| 453 | 朴树 | 1 | N31. 599 68，E119. 974 55 | 10 | 常州市武进区礼嘉镇姜家塘 | 落叶乔木 |
| 454 | 朴树 | 1 | N31. 943 50，E120. 899 20 | 44 | 南通市崇川区狼山镇军山 | 落叶乔木 |
| 455 | 朴树 | 1 | N31. 941 50，E120. 897 10 | 84 | 南通市崇川区狼山镇军山情侣路 | 落叶乔木 |
| 456 | 朴树 | 1 | N31. 952 10，E120. 875 30 | 28 | 南通市崇川区狼山镇博园马鞍山 | 落叶乔木 |
| 457 | 朴树 | 1 | N31. 951 50，E120. 876 20 | 48 | 南通市崇川区狼山镇博园马鞍山 | 落叶乔木 |
| 458 | 朴树 | 1 | N31. 953 50，E120. 872 70 | 36 | 南通市崇川区狼山镇博园马鞍山 | 落叶乔木 |
| 459 | 朴树 | 1 | N32. 350 10，E120. 897 32 | 8 | 南通市如东县岔河镇兴发村 6 组 | 落叶乔木 |
| 460 | 朴树 | 1 | N32. 203 00，E121. 260 10 | 20 | 南通市如东县大豫镇大同村 7 组 | 落叶乔木 |
| 461 | 朴树 | 1 | N32. 484 10，E120. 944 00 | 14 | 南通市如东县洋口开发区洋六份头村 18 组 | 落叶乔木 |
| 462 | 朴树 | 1 | N32. 109 59，E121. 166 85 | 4 | 南通市通州区东社镇五马路村 12 组周勤宅后 | 落叶乔木 |

续 表

| 序号 | 种名 | 份数 | 经纬度/° | 海拔/m | 地点 | 生活型 |
|---|---|---|---|---|---|---|
| 463 | 朴树 | 1 | N32. 037 30，E121. 162 00 | 12 | 南通市通州区二甲镇余西小学后 | 落叶乔木 |
| 464 | 朴树 | 1 | N32. 037 30，E121. 162 00 | 12 | 南通市通州区二甲镇余西小学后 | 落叶乔木 |
| 465 | 朴树 | 1 | N33. 210 09，E119. 379 12 | 11 | 扬州市宝应县安宜刘庄村 | 落叶乔木 |
| 466 | 朴树 | 1 | N33. 210 15，E119. 379 27 | 12 | 扬州市宝应县安宜刘庄村 | 落叶乔木 |
| 467 | 朴树 | 1 | N33. 236 62，E119. 301 94 | 21 | 扬州市宝应县安宜县委党校 | 落叶乔木 |
| 468 | 朴树 | 1 | N33. 236 63，E119. 310 53 | -2 | 扬州市宝应县安宜纵棹园 | 落叶乔木 |
| 469 | 朴树 | 1 | N33. 120 46，E119. 523 58 | 7 | 扬州市宝应县柳堡廷柏村 | 落叶乔木 |
| 470 | 朴树 | 1 | N32. 669 20，E119. 604 55 | 10 | 扬州市高邮市八桥金沟村 | 落叶乔木 |
| 471 | 朴树 | 1 | N32. 727 92，E119. 527 97 | 19 | 扬州市高邮市车逻特平村 | 落叶乔木 |
| 472 | 朴树 | 1 | N32. 673 97，E119. 245 24 | 17 | 扬州市高邮市菱塘回族乡高庙村 | 落叶乔木 |
| 473 | 朴树 | 1 | N32. 674 32，E119. 231 60 | 12 | 扬州市高邮市菱塘回族乡龚家村 | 落叶乔木 |
| 474 | 朴树 | 1 | N32. 692 77，E119. 263 51 | 6 | 扬州市高邮市菱塘回族乡骑龙村 | 落叶乔木 |
| 475 | 朴树 | 1 | N32. 613 92，E119. 230 29 | 12 | 扬州市高邮市天山肖南村 | 落叶乔木 |
| 476 | 朴树 | 1 | N32. 978 22，E119. 484 80 | 13 | 扬州市高邮市周山双河村 | 落叶乔木 |
| 477 | 朴树 | 1 | N32. 294 66，E119. 589 15 | 6 | 扬州市广陵区李典镇伏固村桥口组 | 落叶乔木 |
| 478 | 朴树 | 1 | N32. 308 76，E119. 508 28 | 0 | 扬州市广陵区沙头镇中兴村胜利组 | 落叶乔木 |
| 479 | 朴树 | 1 | N32. 350 61，E119. 632 96 | 8 | 扬州市广陵区头桥镇安阜村东小组 | 落叶乔木 |
| 480 | 朴树 | 1 | N32. 309 61，E119. 652 31 | 7 | 扬州市广陵区头桥镇兴达度假村 | 落叶乔木 |

续表

| 序号 | 种名 | 份数 | 经纬度/° | 海拔/m | 地点 | 生活型 |
|---|---|---|---|---|---|---|
| 481 | 朴树 | 1 | N32.311 04，E119.652 02 | 0 | 扬州市广陵区头桥镇兴华村 2 组 | 落叶乔木 |
| 482 | 朴树 | 1 | N32.547 23，E119.390 01 | 12 | 扬州市邗江区方巷镇联合村 | 落叶乔木 |
| 483 | 朴树 | 1 | N32.514 45，E119.375 33 | 21 | 扬州市邗江区方巷镇正大村 | 落叶乔木 |
| 484 | 朴树 | 1 | N32.496 81，E119.413 15 | 20 | 扬州市邗江区槐泗镇杭庄村 | 落叶乔木 |
| 485 | 朴树 | 1 | N32.503 28，E119.420 86 | 15 | 扬州市邗江区槐泗镇林桥村 | 落叶乔木 |
| 486 | 朴树 | 1 | N32.419 23，E119.401 52 | 31 | 扬州市邗江区双桥乡蜀岗西峰 | 落叶乔木 |
| 487 | 朴树 | 1 | N32.560 01，E119.303 54 | 21 | 扬州市邗江区杨寿镇永和村 | 落叶乔木 |
| 488 | 朴树 | 1 | N32.384 12，E119.674 42 | 8 | 扬州市江都区大桥镇光明村 | 落叶乔木 |
| 489 | 朴树 | 1 | N32.334 69，E119.808 65 | 12 | 扬州市江都区大桥镇前进村 | 落叶乔木 |
| 490 | 朴树 | 1 | N32.382 96，E119.749 13 | 11 | 扬州市江都区大桥镇松山村 | 落叶乔木 |
| 491 | 朴树 | 1 | N32.373 44，E119.742 02 | 21 | 扬州市江都区大桥镇杨墅村 | 落叶乔木 |
| 492 | 朴树 | 1 | N32.585 06，E119.647 17 | 4 | 扬州市江都区丁沟镇黄花村 | 落叶乔木 |
| 493 | 朴树 | 1 | N32.540 53，E119.711 09 | −20 | 扬州市江都区丁沟镇联民村 | 落叶乔木 |
| 494 | 朴树 | 1 | N32.559 84，E119.703 94 | 16 | 扬州市江都区丁沟镇朱桥村 | 落叶乔木 |
| 495 | 朴树 | 1 | N32.560 55，E119.702 58 | 9 | 扬州市江都区丁沟镇朱桥村 | 落叶乔木 |
| 496 | 朴树 | 1 | N32.535 22，E119.633 97 | 10 | 扬州市江都区丁伙镇双华村 | 落叶乔木 |
| 497 | 朴树 | 1 | N32.615 29，E119.639 18 | −10 | 扬州市江都区樊川镇聚永村 | 落叶乔木 |
| 498 | 朴树 | 1 | N32.358 05，E119.818 88 | 13 | 扬州市江都区浦头镇承仪村 | 落叶乔木 |

续 表

| 序号 | 种名 | 份数 | 经纬度/° | 海拔/m | 地点 | 生活型 |
|---|---|---|---|---|---|---|
| 499 | 朴树 | 1 | N32. 376 26，E119. 808 69 | 13 | 扬州市江都区浦头镇王庄村 | 落叶乔木 |
| 500 | 朴树 | 1 | N32. 409 34，E119. 797 86 | 11 | 扬州市江都区浦头镇西元村 | 落叶乔木 |
| 501 | 朴树 | 1 | N32. 420 09，E119. 866 67 | 13 | 扬州市江都区浦头镇引江新村 | 落叶乔木 |
| 502 | 朴树 | 1 | N32. 529 21，E119. 500 80 | 22 | 扬州市江都区邵伯镇公路村 | 落叶乔木 |
| 503 | 朴树 | 1 | N32. 546 54，E119. 533 06 | 11 | 扬州市江都区邵伯镇南渡村 | 落叶乔木 |
| 504 | 朴树 | 1 | N32. 582 94，E119. 488 01 | 10 | 扬州市江都区邵伯镇昭关坝村 | 落叶乔木 |
| 505 | 朴树 | 1 | N32. 582 93，E119. 487 55 | 10 | 扬州市江都区邵伯镇昭关坝村 | 落叶乔木 |
| 506 | 朴树 | 1 | N32. 423 60，E119. 743 91 | 6 | 扬州市江都区吴桥镇世元村红旗组 | 落叶乔木 |
| 507 | 朴树 | 1 | N32. 423 68，E119. 744 27 | 8 | 扬州市江都区吴桥镇世元村红旗组 | 落叶乔木 |
| 508 | 朴树 | 1 | N32. 418 13，E119. 622 74 | 13 | 扬州市江都区仙女镇三友村 | 落叶乔木 |
| 509 | 朴树 | 1 | N32. 439 96，E119. 642 99 | 14 | 扬州市江都区仙女镇同桥村 | 落叶乔木 |
| 510 | 朴树 | 1 | N32. 407 42，E119. 613 91 | 11 | 扬州市江都区仙女镇正谊村 | 落叶乔木 |
| 511 | 朴树 | 1 | N32. 407 39，E119. 612 70 | 13 | 扬州市江都区仙女镇正谊村 | 落叶乔木 |
| 512 | 朴树 | 1 | N32. 407 35，E119. 612 60 | 12 | 扬州市江都区仙女镇正谊村 | 落叶乔木 |
| 513 | 朴树 | 1 | N32. 407 12，E119. 612 43 | 15 | 扬州市江都区仙女镇正谊村 | 落叶乔木 |
| 514 | 朴树 | 1 | N32. 448 78，E119. 617 51 | 12 | 扬州市江都区仙女镇砖桥社区房地产公司 | 落叶乔木 |
| 515 | 朴树 | 1 | N32. 600 99，E119. 781 38 | 13 | 扬州市江都区小纪镇东舍村 | 落叶乔木 |
| 516 | 朴树 | 1 | N32. 463 18，E119. 684 46 | 7 | 扬州市江都区宜陵镇大陈村 | 落叶乔木 |

续　表

| 序号 | 种名 | 份数 | 经纬度/° | 海拔/m | 地点 | 生活型 |
|---|---|---|---|---|---|---|
| 517 | 朴树 | 1 | N32. 473 82，E119. 691 45 | 15 | 扬州市江都区宜陵镇南陵社区 | 落叶乔木 |
| 518 | 朴树 | 1 | N32. 501 92，E119. 686 70 | 13 | 扬州市江都区宜陵镇七里社区 | 落叶乔木 |
| 519 | 朴树 | 1 | N32. 424 25，E119. 673 27 | 10 | 扬州市江都区宜陵镇双桥村 | 落叶乔木 |
| 520 | 朴树 | 1 | N32. 529 15，E119. 686 97 | 16 | 扬州市江都区宜陵镇团结村 | 落叶乔木 |
| 521 | 朴树 | 1 | N32. 449 69，E119. 697 47 | 9 | 扬州市江都区宜陵镇五一村 | 落叶乔木 |
| 522 | 朴树 | 1 | N32. 455 05，E119. 656 57 | 12 | 扬州市江都区宜陵镇西湖村 | 落叶乔木 |
| 523 | 朴树 | 1 | N32. 485 09，E119. 700 76 | 27 | 扬州市江都区宜陵镇小湖村 | 落叶乔木 |
| 524 | 朴树 | 1 | N32. 584 28，E119. 550 42 | 11 | 扬州市江都区真武镇滨西村 | 落叶乔木 |
| 525 | 朴树 | 1 | N32. 581 92，E119. 584 84 | 8 | 扬州市江都区真武镇杨庄村 | 落叶乔木 |
| 526 | 朴树 | 1 | N32. 585 44，E119. 582 73 | 8 | 扬州市江都区真武镇杨庄村 | 落叶乔木 |
| 527 | 朴树 | 1 | N32. 632 15，E119. 576 89 | 18 | 扬州市江都区真武镇真北村 | 落叶乔木 |
| 528 | 朴树 | 1 | N32. 426 21，E119. 242 86 | 42 | 扬州市仪征市刘集镇夏营村 | 落叶乔木 |
| 529 | 朴树 | 1 | N32. 427 34，E119. 242 70 | 51 | 扬州市仪征市刘集镇夏营村 | 落叶乔木 |
| 530 | 朴树 | 1 | N32. 370 80，E119. 258 18 | 26 | 扬州市仪征市新集镇官胜村 | 落叶乔木 |
| 531 | 朴树 | 1 | N32. 334 59，E119. 277 52 | 17 | 扬州市仪征市新集镇联盟村 | 落叶乔木 |
| 532 | 朴树 | 1 | N32. 420 82，E119. 148 70 | 86 | 镇江市丹徒区上党镇乡棽山 | 落叶乔木 |
| 533 | 朴树 | 1 | N32. 051 34，E119. 403 49 | 32 | 镇江市丹徒区上党镇上方头 | 落叶乔木 |
| 534 | 朴树 | 1 | N31. 792 78，E119. 741 90 | 5 | 镇江市丹阳市皇塘镇张埝村葛埝村 | 落叶乔木 |

续　表

| 序号 | 种名 | 份数 | 经纬度/° | 海拔/m | 地点 | 生活型 |
|---|---|---|---|---|---|---|
| 535 | 朴树 | 1 | N31.793 06，E119.741 71 | 5 | 镇江市丹阳市皇塘镇张埝村葛埝村 | 落叶乔木 |
| 536 | 朴树 | 1 | N31.924 57，E119.475 64 | 22 | 镇江市丹阳市延陵镇九灵山村 | 落叶乔木 |
| 537 | 朴树 | 1 | N32.118 91，E119.235 14 | 146 | 镇江市句容市宝华山 | 落叶乔木 |
| 538 | 朴树 | 1 | N32.097 31，E119.241 31 | 172 | 镇江市句容市宝华山 | 落叶乔木 |
| 539 | 朴树 | 1 | N31.789 38，E119.306 86 | 153 | 镇江市句容市东进林场大茅峰 | 落叶乔木 |
| 540 | 朴树 | 1 | N31.788 63，E119.307 20 | 169 | 镇江市句容市东进林场大茅峰 | 落叶乔木 |
| 541 | 朴树 | 1 | N31.788 39，E119.307 30 | 170 | 镇江市句容市东进林场大茅峰 | 落叶乔木 |
| 542 | 朴树 | 1 | N31.720 31，E119.308 10 | 161 | 镇江市句容市磨盘林场磨盘工区 | 落叶乔木 |
| 543 | 朴树 | 1 | N31.723 05，E119.306 54 | 132 | 镇江市句容市磨盘林场磨盘工区 | 落叶乔木 |
| 544 | 朴树 | 1 | N31.663 71，E119.280 88 | 178 | 镇江市句容市磨盘林场竹林 | 落叶乔木 |
| 545 | 构树 | 1 | N31.882 93，E121.656 50 | 15 | 南通市启东市合作镇竖海村十二组 | 落叶乔木 |
| 546 | 构树 | 1 | N33.126 95，E120.010 42 | −3 | 泰州市兴化市下圩镇海子涯 | 落叶乔木 |
| 547 | 构树 | 1 | N34.745 70，E116.690 98 | 38 | 徐州市丰县凤城镇安辛庄 | 落叶乔木 |
| 548 | 构树 | 1 | N34.479 56，E116.926 04 | 36 | 徐州市沛县敬安辛庄 | 落叶乔木 |
| 549 | 构树 | 1 | N34.481 12，E116.924 41 | 36 | 徐州市沛县敬安许庄 | 落叶乔木 |
| 550 | 构树 | 1 | N34.483 12，E116.919 68 | 36 | 徐州市沛县敬安许庄 | 落叶乔木 |
| 551 | 构树 | 1 | N34.901 15，E116.766 40 | 36 | 徐州市沛县龙固三河头 | 落叶乔木 |
| 552 | 构树 | 1 | N34.666 15，E116.770 57 | 36 | 徐州市沛县栖山李集 | 落叶乔木 |

续 表

| 序号 | 种名 | 份数 | 经纬度/° | 海拔/m | 地点 | 生活型 |
|---|---|---|---|---|---|---|
| 553 | 构树 | 1 | N34. 608 92，E116. 846 96 | 36 | 徐州市沛县栖山席楼 | 落叶乔木 |
| 554 | 构树 | 1 | N34. 608 65，E116. 846 96 | 36 | 徐州市沛县栖山席楼 | 落叶乔木 |
| 555 | 构树 | 1 | N32. 658 27，E119. 225 63 | 19 | 扬州市高邮市送桥神居山 | 落叶乔木 |
| 556 | 构树 | 1 | N32. 482 40，E119. 598 11 | 3 | 扬州市江都区丁伏镇红宜路旁 | 落叶乔木 |
| 557 | 构树 | 1 | N32. 420 27，E119. 813 34 | 14 | 扬州市江都区浦头镇高汉村 | 落叶乔木 |
| 558 | 构树 | 1 | N32. 406 63，E119. 724 89 | 11 | 扬州市江都区吴桥镇进化村网桥组 | 落叶乔木 |
| 559 | 构树 | 1 | N32. 430 19，E119. 769 98 | 13 | 扬州市江都区吴桥镇小汤村 | 落叶乔木 |
| 560 | 构树 | 1 | N32. 439 64，E119. 720 06 | 10 | 扬州市江都区吴桥镇长江村 | 落叶乔木 |
| 561 | 构树 | 1 | N32. 433 80，E119. 626 99 | 14 | 扬州市江都区仙女镇民和村 | 落叶乔木 |
| 562 | 构树 | 1 | N32. 444 69，E119. 654 70 | 14 | 扬州市江都区仙女镇同桥村 | 落叶乔木 |
| 563 | 构树 | 1 | N32. 469 40，E119. 667 06 | 12 | 扬州市江都区宜陵镇焦庄社区 | 落叶乔木 |
| 564 | 薜荔 | 1 | N32. 548 39，E120. 432 27 | 7 | 南通市海安县海安镇江淮文化园（海安镇凤山北路 33 号） | 常绿灌木 |
| 565 | 柘 | 1 | N34. 652 66，E119. 290 48 | 582 | 连云港市新浦区花果山乡花果山玉女峰下 | 落叶灌木 |
| 566 | 柘 | 1 | N31. 952 20，E120. 885 00 | 72 | 南通市崇川区狼山镇狼山望江亭坡下 | 落叶灌木 |
| 567 | 柘 | 1 | N31. 952 20，E120. 885 00 | 72 | 南通市崇川区狼山镇狼山望江亭坡下 | 落叶灌木 |
| 568 | 柘 | 1 | N32. 066 50，E120. 808 60 | 16 | 南通市港闸区唐闸街道南通市第二中学 | 落叶灌木 |
| 569 | 柘 | 1 | N32. 444 60，E120. 412 85 | 6 | 南通市海安县孙庄思源居 | 落叶灌木 |

续 表

| 序号 | 种名 | 份数 | 经纬度/° | 海拔/m | 地点 | 生活型 |
|---|---|---|---|---|---|---|
| 570 | 柘 | 1 | N32.497 40, E120.823 30 | 8 | 南通市如东县河口镇花园头居委会24组 | 落叶灌木 |
| 571 | 柘 | 1 | N32.484 10, E120.944 00 | 14 | 南通市如东县洋口开发区洋口镇六份头村18组 | 落叶灌木 |
| 572 | 柘 | 1 | N32.484 10, E120.944 00 | 14 | 南通市如东县洋口开发区洋口镇六份头村18组 | 落叶灌木 |
| 573 | 柘 | 1 | N32.389 20, E121.317 70 | 5 | 南通市如东县长沙镇北坎村 | 落叶灌木 |
| 574 | 柘 | 1 | N32.399 50, E120.716 50 | 9 | 南通市如皋市丁堰镇下圩村 | 落叶灌木 |
| 575 | 柘 | 1 | N32.237 30, E120.396 00 | 13 | 南通市如皋市江安镇章庄村 | 落叶灌木 |
| 576 | 柘 | 1 | N32.743 96, E120.078 60 | -1 | 泰州市兴化市戴南镇陈祁村 | 落叶灌木 |
| 577 | 柘 | 1 | N34.166 79, E117.877 70 | 58 | 徐州市睢宁县古邳镇 | 落叶灌木 |
| 578 | 柘 | 1 | N32.081 55, E119.223 81 | 271 | 镇江市丹徒区长山林场狮子山 | 落叶灌木 |
| 579 | 桑 | 1 | N32.314 50, E121.187 90 | 16 | 南通市如东县掘港镇郡庙巷 | 落叶乔木 |
| 580 | 桑 | 1 | N32.389 80, E121.322 50 | 14 | 南通市如东县长沙镇北坎村7组现城中通道 | 落叶乔木 |
| 581 | 桑 | 1 | N32.226 30, E120.588 70 | 16 | 南通市如皋市吴窑镇立新村23组 | 落叶乔木 |
| 582 | 桑 | 1 | N32.218 20, E120.916 49 | 14 | 南通市通州区石港镇金庄村2组郑达明屋后 | 落叶乔木 |
| 583 | 桑 | 1 | N32.743 96, E120.078 60 | 1 | 泰州市兴化市戴南镇刁家村 | 落叶乔木 |
| 584 | 桑 | 1 | N32.743 96, E120.078 60 | 7 | 泰州市兴化市戴南镇徐唐村 | 落叶乔木 |
| 585 | 桑 | 1 | N32.743 96, E120.078 60 | 20 | 泰州市兴化市戴南镇徐唐村 | 落叶乔木 |
| 586 | 桑 | 1 | N32.743 96, E120.078 60 | 0 | 泰州市兴化市戴南镇雁伦村 | 落叶乔木 |
| 587 | 桑 | 1 | N32.813 79, E119.995 72 | 0 | 泰州市兴化市沈伦镇柏家村 | 落叶乔木 |

续　表

| 序号 | 种名 | 份数 | 经纬度/° | 海拔/m | 地点 | 生活型 |
|---|---|---|---|---|---|---|
| 588 | 桑 | 1 | N34.806 65，E116.409 06 | 38 | 徐州市丰县首羡镇黄楼村 | 落叶乔木 |
| 589 | 桑 | 1 | N34.871 15，E116.499 42 | 38 | 徐州市丰县首羡镇田庄村 | 落叶乔木 |
| 590 | 桑 | 1 | N34.901 90，E116.518 09 | 40 | 徐州市丰县顺河镇杨楼村 | 落叶乔木 |
| 591 | 桑 | 1 | N34.595 98，E116.638 26 | 39 | 徐州市丰县宋楼镇毕楼 | 落叶乔木 |
| 592 | 桑 | 1 | N34.667 40，E116.518 09 | 43 | 徐州市丰县王沟镇赵集东组六队 | 落叶乔木 |
| 593 | 桑 | 1 | N34.727 15，E116.464 56 | 39 | 徐州市丰县赵庄镇赵庄村 | 落叶乔木 |
| 594 | 桑 | 1 | N33.276 43，E119.577 73 | 9 | 扬州市宝应县射阳湖镇柳树村 | 落叶乔木 |
| 595 | 桑 | 1 | N33.202 52，E119.318 82 | 5 | 扬州市宝应县小官庄王大庄 | 落叶乔木 |
| 596 | 桑 | 1 | N32.742 33，E119.654 29 | 9 | 扬州市高邮市汉富南村 | 落叶乔木 |
| 597 | 桑 | 1 | N32.673 72，E119.245 48 | 20 | 扬州市高邮市菱塘回族乡高庙村 | 落叶乔木 |
| 598 | 桑 | 1 | N32.699 35，E119.243 65 | 17 | 扬州市高邮市菱塘回族乡骑龙村 | 落叶乔木 |
| 599 | 桑 | 1 | N32.311 04，E119.652 02 | 9 | 扬州市广陵区头桥镇迎新村 | 落叶乔木 |
| 600 | 桑 | 1 | N32.634 88，E119.374 67 | 10 | 扬州市邗江区公道镇湖滨村 | 落叶乔木 |
| 601 | 桑 | 1 | N32.457 82，E119.388 52 | 10 | 扬州市邗江区汇汇街道 | 落叶乔木 |
| 602 | 桑 | 1 | N32.566 41，E119.343 35 | 10 | 扬州市邗江区杨寿镇东兴村 | 落叶乔木 |
| 603 | 桑 | 1 | N32.399 57，E119.786 89 | 11 | 扬州市江都区大桥镇波斯村 | 落叶乔木 |
| 604 | 桑 | 1 | N32.402 77，E119.827 80 | 12 | 扬州市江都区浦头镇吉孔村 | 落叶乔木 |
| 605 | 桑 | 1 | N32.574 27，E119.506 00 | 7 | 扬州市江都区郐伯镇下干沟 | 落叶乔木 |

续 表

| 序号 | 种名 | 份数 | 经纬度/° | 海拔/m | 地点 | 生活型 |
|---|---|---|---|---|---|---|
| 606 | 桑 | 1 | N32.420 65，E119.784 50 | 15 | 扬州市江都区吴桥镇红河村 | 落叶乔木 |
| 607 | 桑 | 1 | N32.423 61，E119.744 09 | 7 | 扬州市江都区吴桥镇世元村红旗组 | 落叶乔木 |
| 608 | 桑 | 1 | N32.430 41，E119.771 22 | 11 | 扬州市江都区吴桥镇小荡村 | 落叶乔木 |
| 609 | 桑 | 1 | N32.765 65，E119.833 05 | −1 | 扬州市江都区武坚镇花庄村 | 落叶乔木 |
| 610 | 桑 | 1 | N32.699 15，E119.778 66 | 24 | 扬州市江都区武坚镇黄思村 | 落叶乔木 |
| 611 | 桑 | 1 | N32.430 24，E119.591 83 | 0 | 扬州市江都区仙女镇 | 落叶乔木 |
| 612 | 桑 | 1 | N32.407 39，E119.612 62 | 13 | 扬州市江都区仙女镇正谊村 | 落叶乔木 |
| 613 | 桑 | 1 | N32.634 44，E119.890 30 | −1 | 扬州市江都区小纪镇花彭村 | 落叶乔木 |
| 614 | 桑 | 1 | N32.463 94，E119.705 75 | 15 | 扬州市江都区宜陵镇白塔村 | 落叶乔木 |
| 615 | 桑 | 1 | N32.463 21，E119.684 54 | 4 | 扬州市江都区宜陵镇大陈村 | 落叶乔木 |
| 616 | 桑 | 1 | N32.470 03，E119.669 19 | 9 | 扬州市江都区宜陵镇焦庄社区 | 落叶乔木 |
| 617 | 桑 | 1 | N32.501 93，E119.686 61 | 14 | 扬州市江都区宜陵镇七里社区 | 落叶乔木 |
| 618 | 桑 | 1 | N32.485 77，E119.244 51 | 39 | 扬州市仪征市刘集镇铁牌村 | 落叶乔木 |
| 619 | 桑 | 1 | N32.300 16，E119.039 04 | 62 | 扬州市仪征市青山镇官山村 | 落叶乔木 |
| 620 | 桑 | 1 | N32.372 08，E119.240 45 | 6 | 扬州市仪征市青山镇龙山森林公园 | 落叶乔木 |
| 621 | 桑 | 1 | N32.065 76，E119.260 33 | 17 | 镇江市丹徒区谷阳镇杨溪 | 落叶乔木 |
| 622 | 桑 | 1 | N32.072 01，E119.374 12 | 62 | 镇江市丹徒区辛丰镇大缺庄 | 落叶乔木 |
| 623 | 桑 | 1 | N32.081 48，E119.223 72 | 268 | 镇江市丹徒区长山林场狮子山 | 落叶乔木 |

续 表

| 序号 | 种名 | 份数 | 经纬度/° | 海拔/m | 地点 | 生活型 |
|---|---|---|---|---|---|---|
| 624 | 桑 | 1 | N31.792 86，E119.741 83 | 5 | 镇江市丹阳市皇塘镇张埝村葛埝村 | 落叶乔木 |
| 625 | 桑 | 1 | N32.129 87，E119.088 28 | 295 | 镇江市句容市宝华山 | 落叶乔木 |
| 626 | 桑 | 1 | N32.129 57，E119.087 04 | 299 | 镇江市句容市宝华山 | 落叶乔木 |
| 627 | 鸡桑 | 1 | N33.221 50，E119.441 59 | 3 | 扬州市宝应县曹甸镇甸甸公园周边 | 落叶乔木 |
| 628 | 鸡桑 | 1 | N32.491 80，E119.494 47 | 15 | 扬州市广陵区湾头镇新联村北大坪 | 落叶乔木 |
| 629 | 鸡桑 | 1 | N32.549 51，E119.408 94 | 8 | 扬州市邗江区方巷镇兴湾村 | 落叶乔木 |
| 630 | 鸡桑 | 1 | N32.419 69，E119.158 96 | 0 | 扬州市仪征市月塘乡磻山地质公园 | 落叶乔木 |
| 631 | 华桑 | 1 | N31.723 52，E119.308 42 | 92 | 镇江市句容市塔盘林场磨盘工区 | 落叶乔木 |
| 632 | 野鸦椿 | 1 | N34.713 86，E119.396 57 | 360 | 连云港市连云区宿城大桅尖大南沟恋爱桥边 | 落叶乔木 |
| 633 | 梧桐 | 1 | N31.953 70，E120.872 40 | 15 | 南通市崇川区狼山镇博园马鞍山 | 落叶乔木 |
| 634 | 梧桐 | 1 | N34.565 20，E116.536 31 | 39 | 徐州市丰县宋楼镇杨李庄 | 落叶乔木 |
| 635 | 梧桐 | 1 | N32.074 34，E119.792 36 | 11 | 镇江市丹阳市延陵镇顾家村 | 落叶乔木 |
| 636 | 扁担杆 | 1 | N32.269 85，E119.084 52 | 0 | 扬州市仪征市青山镇 | 落叶灌木 |
| 637 | 扁担杆 | 1 | N32.344 43，E119.114 99 | 8 | 扬州市铜山办铜山森林公园 | 落叶灌木 |
| 638 | 糯米椴 | 1 | N32.132 62，E119.084 22 | 241 | 镇江市句容市宝华山 | 落叶乔木 |
| 639 | 辽椴 | 1 | N34.762 19，E119.470 44 | 33 | 连云港市连云区苏马湾生态公园雀园前 | 落叶乔木 |
| 640 | 南京椴 | 1 | N34.705 93，E119.452 86 | 268 | 连云港市连云区高公岛红榈自然保护区上方山顶 | 落叶乔木 |
| 641 | 南京椴 | 1 | N34.705 93，E119.452 86 | 150 | 连云港市连云区高公岛柳河大涧中段 | 落叶乔木 |

续 表

| 序号 | 种名 | 份数 | 经纬度/° | 海拔/m | 地点 | 生活型 |
|---|---|---|---|---|---|---|
| 642 | 南京椴 | 1 | N34. 714 00, E119. 420 25 | 303 | 连云港市连云区宿城悟真庵东侧小石桥边 | 落叶乔木 |
| 643 | 南京椴 | 1 | N32. 132 39, E119. 084 11 | 249 | 镇江市句容市宝华山 | 落叶乔木 |
| 644 | 南京椴 | 1 | N32. 131 46, E119. 078 16 | 316 | 镇江市句容市宝华山 | 落叶乔木 |
| 645 | 南京椴 | 1 | N32. 131 13, E119. 087 39 | 253 | 镇江市句容市宝华山 | 落叶乔木 |
| 646 | 南京椴 | 1 | N31. 662 52, E119. 291 58 | 106 | 镇江市句容市磨盘林场大山口防护林站 | 落叶乔木 |
| 647 | 南京椴 | 1 | N31. 717 96, E119. 308 95 | 226 | 镇江市句容市磨盘林场磨盘工区 | 落叶乔木 |
| 648 | 南京椴 | 1 | N31. 654 57, E119. 282 80 | 258 | 镇江市句容市磨盘林场瓦屋山东山头 | 落叶乔木 |
| 649 | 南酸枣 | 1 | N32. 124 03, E119. 212 75 | 96 | 镇江市句容市宝华山 | 落叶乔木 |
| 650 | 黄连木 | 1 | N31. 746 01, E119. 368 52 | 227 | 常州市金坛区薛埠镇石家山林场磨盘山 | 落叶乔木 |
| 651 | 黄连木 | 1 | N31. 746 01, E119. 368 52 | 207 | 常州市金坛区薛埠镇石家山林场磨盘山 | 落叶乔木 |
| 652 | 黄连木 | 1 | N31. 746 01, E119. 368 52 | 173 | 常州市金坛区薛埠镇石家山林场磨盘山 | 落叶乔木 |
| 653 | 黄连木 | 1 | N31. 746 01, E119. 368 52 | 170 | 常州市金坛区薛埠镇石家山林场磨盘山马津汉山脊两侧次生林 | 落叶乔木 |
| 654 | 黄连木 | 1 | N31. 746 01, E119. 368 52 | 170 | 常州市金坛区薛埠镇石家山林场磨盘山马津汉山脊两侧次生林 | 落叶乔木 |
| 655 | 黄连木 | 1 | N34. 707 30, E119. 457 08 | 190 | 连云港市连云区高公岛柳河自然保护区红楠上方 | 落叶乔木 |
| 656 | 黄连木 | 1 | N34. 709 12, E119. 434 39 | 167 | 连云港市连云区宿城大竹园镇知青前 | 落叶乔木 |
| 657 | 黄连木 | 1 | N34. 642 79, E119. 287 28 | 232 | 连云港市新浦区花果山乡花果山山腰楼梯民房西 | 落叶乔木 |

续　表

| 序号 | 种名 | 份数 | 经纬度/° | 海拔/m | 地点 | 生活型 |
|---|---|---|---|---|---|---|
| 658 | 黄连木 | 1 | N34.642 79，E119.287 28 | 232 | 连云港市新浦区花果山乡花果山山腰梯楼民房西 | 落叶乔木 |
| 659 | 黄连木 | 1 | N34.644 55，E119.333 69 | 138 | 连云港市新浦区南云台林场渔湾小安部下方 | 落叶乔木 |
| 660 | 黄连木 | 1 | N31.943 30，E120.900 30 | 69 | 南通市崇川区狼山镇军山 | 落叶乔木 |
| 661 | 黄连木 | 1 | N31.952 00，E120.885 10 | 63 | 南通市崇川区狼山镇狼山望江亭 | 落叶乔木 |
| 662 | 黄连木 | 1 | N31.954 90，E120.868 60 | 34 | 南通市崇川区狼山镇园博园黄泥山靠近山顶雷达站附近 | 落叶乔木 |
| 663 | 黄连木 | 1 | N34.095 07，E117.708 10 | 32 | 徐州市睢宁县姚集镇 | 落叶乔木 |
| 664 | 黄连木 | 1 | N32.093 47，E119.314 32 | 74 | 镇江市丹徒区长山林场小长山林场 | 落叶乔木 |
| 665 | 黄连木 | 1 | N32.241 84，E119.479 05 | 20 | 镇江市京口区象山镇焦山公园 | 落叶乔木 |
| 666 | 黄连木 | 1 | N32.088 78，E119.250 02 | 79 | 镇江市句容市宝华山 | 落叶乔木 |
| 667 | 黄连木 | 1 | N32.118 91，E119.235 14 | 146 | 镇江市句容市宝华山 | 落叶乔木 |
| 668 | 黄连木 | 1 | N32.124 07，E119.070 46 | 82 | 镇江市句容市宝华山 | 落叶乔木 |
| 669 | 三角槭 | 1 | N31.722 37，E119.309 26 | 283 | 镇江市句容市磨盘林场磨盘工区 | 落叶乔木 |
| 670 | 三角槭 | 1 | N31.951 40，E120.876 40 | 31 | 南通市崇川区狼山镇园博园马鞍山 | 落叶乔木 |
| 671 | 三角槭 | 1 | N31.953 20，E120.872 90 | 42 | 南通市崇川区狼山镇园博园马鞍山 | 落叶乔木 |
| 672 | 三角槭 | 1 | N31.953 60，E120.872 30 | 24 | 南通市崇川区狼山镇园博园马鞍山 | 落叶乔木 |
| 673 | 三角槭 | 1 | N32.074 45，E119.792 29 | 11 | 镇江市丹阳市延陵镇顾家岸 | 落叶乔木 |
| 674 | 三角槭 | 1 | N32.241 84，E119.479 05 | 20 | 镇江市京口区象山镇焦山公园 | 落叶乔木 |

续 表

| 序号 | 种名 | 份数 | 经纬度/ | 海拔/<br>m | 地点 | 生活型 |
|------|------|------|---------|-----------|------|--------|
| 675 | 三角椒 | 1 | N32.131 20，E119.082 77 | 261 | 镇江市句容市宝华山 | 落叶乔木 |
| 676 | 三角椒 | 1 | N32.089 98，E119.251 41 | 75 | 镇江市句容市宝华山 | 落叶乔木 |
| 677 | 三角椒 | 1 | N32.132 46，E119.084 30 | 241 | 镇江市句容市宝华山 | 落叶乔木 |
| 678 | 三角椒 | 1 | N32.134 06，E119.086 32 | 124 | 镇江市句容市宝华山 | 落叶乔木 |
| 679 | 紫条枫 | 1 | N32.081 47，E119.223 80 | 275 | 镇江市丹徒区长山林场狮子山 | 落叶乔木 |
| 680 | 无患子 | 1 | N34.638 49，E119.465 77 | 94 | 连云港市连云区高公岛黄窝景区石海西侧步游道 | 落叶乔木 |
| 681 | 无患子 | 1 | N34.638 49，E119.465 77 | 94 | 连云港市连云区高公岛黄窝景区石海西侧步游道 | 落叶乔木 |
| 682 | 无患子 | 1 | N34.635 90，E119.292 05 | 180 | 连云港市新浦区南云台林场孔雀沟点将台旁 | 落叶乔木 |
| 683 | 臭檀吴茱萸 | 1 | N34.722 31，E119.464 82 | 320 | 连云港市连云区南云台公岛采石场塘口附近 | 落叶乔木 |
| 684 | 臭檀吴茱萸 | 1 | N34.647 74，E119.290 07 | 415 | 连云港市新浦区花果山乡花果山大圣庙西侧 | 落叶乔木 |
| 685 | 臭檀吴茱萸 | 1 | N34.647 74，E119.290 07 | 415 | 连云港市新浦区花果山乡花果山大圣庙西侧 | 落叶乔木 |
| 686 | 竹叶花椒 | 1 | N32.344 43，E119.114 99 | 0 | 扬州市仪征市铜山办铜山森林公园 | 常绿灌木 |
| 687 | 野花椒 | 1 | N32.357 99，E119.818 79 | 8 | 扬州市江都区浦头镇承仪村 | 落叶灌木 |
| 688 | 野花椒 | 1 | N32.344 43，E119.114 99 | 6 | 扬州市仪征市铜山办铜山森林公园 | 落叶灌木 |
| 689 | 臭椿 | 1 | N31.942 30，E120.898 20 | 63 | 南通市崇川区狼山镇牟山 | 落叶乔木 |
| 690 | 臭椿 | 1 | N34.837 79，E116.479 31 | 38 | 徐州市丰县首羡镇三官庙村 | 落叶乔木 |
| 691 | 臭椿 | 1 | N32.379 66，E119.820 91 | 11 | 扬州市江都区浦头镇兴浦社区 | 落叶乔木 |
| 692 | 臭椿 | 1 | N32.070 06，E119.260 10 | 21 | 镇江市丹徒区谷阳镇杨溪 | 落叶乔木 |

续　表

| 序号 | 种名 | 份数 | 经纬度/° | 海拔/m | 地点 | 生活型 |
|---|---|---|---|---|---|---|
| 693 | 臭椿 | 1 | N32.072 05，E119.375 52 | 58 | 镇江市丹徒区辛丰镇东庄 | 落叶乔木 |
| 694 | 楝 | 1 | N31.511 02，E120.064 95 | 5 | 常州市武进区郑陆镇 | 落叶乔木 |
| 695 | 楝 | 1 | N32.062 81，E121.362 38 | 15 | 南通市海门市正余镇河岸村20组俞于涵宅后 | 落叶乔木 |
| 696 | 楝 | 1 | N32.743 96，E120.078 60 | 4 | 泰州市兴化市戴南镇弓家村 | 落叶乔木 |
| 697 | 楝 | 1 | N33.126 55，E120.130 52 | -6 | 泰州市兴化市下圩镇一村 | 落叶乔木 |
| 698 | 楝 | 1 | N33.344 57，E119.268 38 | 6 | 扬州市宝应县泾河泾农村 | 落叶乔木 |
| 699 | 楝 | 1 | N33.224 67，E119.458 76 | 6 | 扬州市宝应县鲁垛镇庄村 | 落叶乔木 |
| 700 | 楝 | 1 | N33.156 71，E119.457 95 | 8 | 扬州市宝应县小官庄镇诚忠村 | 落叶乔木 |
| 701 | 楝 | 1 | N32.787 81，E119.787 62 | 4 | 扬州市高邮市汤庄村 | 落叶乔木 |
| 702 | 楝 | 1 | N32.362 61，E119.762 36 | 12 | 扬州市江都区大桥镇三义村 | 落叶乔木 |
| 703 | 楝 | 1 | N32.533 95，E119.634 85 | 11 | 扬州市江都区丁伙镇双华村 | 落叶乔木 |
| 704 | 楝 | 1 | N32.408 35，E119.796 75 | 2 | 扬州市江都区浦头镇西元村 | 落叶乔木 |
| 705 | 楝 | 1 | N32.365 83，E119.835 89 | 8 | 扬州市江都区浦头镇袁难村 | 落叶乔木 |
| 706 | 楝 | 1 | N32.429 31，E119.711 34 | 10 | 扬州市江都区吴桥镇陆袁村 | 落叶乔木 |
| 707 | 楝 | 1 | N32.439 57，E119.717 66 | 2 | 扬州市江都区吴桥镇长庄村 | 落叶乔木 |
| 708 | 楝 | 1 | N32.442 30，E119.651 70 | -4 | 扬州市江都区仙女镇同桥村 | 落叶乔木 |
| 709 | 楝 | 1 | N32.638 86，E119.863 36 | 0 | 扬州市江都区小纪镇吉汉村 | 落叶乔木 |
| 710 | 楝 | 1 | N32.531 12，E119.676 80 | 13 | 扬州市江都区宜陵镇同兴村 | 落叶乔木 |

续　表

| 序号 | 种名 | 份数 | 经纬度/° | 海拔/m | 地点 | 生活型 |
|---|---|---|---|---|---|---|
| 711 | 楝 | 1 | N32.331 97, E119.275 06 | 8 | 扬州市仪征市新集镇先进村 | 落叶乔木 |
| 712 | 楝 | 1 | N32.050 73, E119.213 35 | 38 | 镇江市丹徒区上党镇里墅 | 落叶乔木 |
| 713 | 楝 | 1 | N31.793 55, E119.741 92 | 5 | 镇江市丹阳市皇塘镇张埝村葛埝村 | 落叶乔木 |
| 714 | 香椿 | 1 | N33.878 48, E117.937 40 | 0 | 徐州市睢宁县睢城镇 | 落叶乔木 |
| 715 | 香椿 | 1 | N31.662 50, E119.284 41 | 133 | 镇江市句容市磨盘林场周家 | 落叶乔木 |
| 716 | 大花溲疏 | 1 | N34.666 06, E119.345 61 | 109 | 连云港市连云区开发区山脚下龙头喷雾大乌龟石雕处 | 落叶灌木 |
| 717 | 八角枫 | 1 | N32.135 58, E119.088 07 | 133 | 镇江市句容市宝华山 | 落叶灌木 |
| 718 | 三裂瓜木 | 1 | N32.393 95, E119.439 52 | 0 | 扬州市广陵区泰安镇凤凰岛湿地公园周边 | 落叶灌木 |
| 719 | 三裂瓜木 | 1 | N32.376 28, E119.808 74 | 12 | 扬州市江都区浦头镇王庄村 | 落叶灌木 |
| 720 | 三裂瓜木 | 1 | N33.384 90, E119.610 01 | 0 | 扬州市江都区邵伯镇张家坝家坝纬三路旁 | 落叶灌木 |
| 721 | 三裂瓜木 | 1 | N32.738 71, E119.471 46 | 0 | 扬州市江都区仙女镇 | 落叶灌木 |
| 722 | 三裂瓜木 | 1 | N32.407 32, E119.622 92 | 17 | 扬州市江都区仙女镇三星村 | 落叶灌木 |
| 723 | 三裂瓜木 | 1 | N32.340 00, E119.262 22 | 8 | 扬州市仪征市新集镇联盟村许巷组 | 落叶灌木 |
| 724 | 四照花 | 1 | N34.708 12, E119.464 19 | 188 | 连云港市连云区高公岛柳河（柳1） | 落叶乔木 |
| 725 | 四照花 | 1 | N34.708 12, E119.464 19 | 129 | 连云港市连云区高公岛柳河（柳2） | 落叶乔木 |
| 726 | 四照花 | 1 | N34.708 12, E119.464 19 | 143 | 连云港市连云区高公岛柳河（柳3） | 落叶乔木 |
| 727 | 毛梾 | 1 | N31.723 06, E119.306 20 | 126 | 镇江市句容市磨盘林场盘工区 | 落叶乔木 |
| 728 | 君迁子 | 1 | N34.650 51, E116.810 01 | 36 | 徐州市沛县栖山君迁子 | 落叶乔木 |

续 表

| 序号 | 种名 | 份数 | 经纬度/° | 海拔/m | 地点 | 生活型 |
|---|---|---|---|---|---|---|
| 729 | 君迁子 | 1 | N34. 608 92, E116. 846 13 | 36 | 徐州市沛县栖山席楼 | 落叶乔木 |
| 730 | 君迁子 | 1 | N34. 608 92, E116. 845 85 | 36 | 徐州市沛县栖山席楼 | 落叶乔木 |
| 731 | 君迁子 | 1 | N34. 540 56, E117. 066 75 | 34 | 徐州市沛县五段于楼 | 落叶乔木 |
| 732 | 白檀 | 1 | N34. 715 56, E119. 422 82 | 285 | 连云港市连云区宿城悟真庵东入口步游道中段小石桥东侧 | 落叶灌木 |
| 733 | 白檀 | 1 | N32. 418 32, E119. 244 55 | 8 | 扬州市仪征市刘集镇西郊森林公园 | 落叶灌木 |
| 734 | 白檀 | 1 | N32. 269 85, E119. 084 52 | 0 | 扬州市仪征市青山镇 | 落叶灌木 |
| 735 | 白檀 | 1 | N32. 101 01, E119. 100 39 | 84 | 镇江市句容市宝华山 | 落叶灌木 |
| 736 | 赛山梅 | 1 | N34. 715 60, E119. 423 60 | 286 | 连云港市连云区宿城悟真庵入口东侧步游道 | 落叶乔木 |
| 737 | 野茉莉 | 1 | N34. 657 33, E119. 296 57 | 320 | 连云港市连云区朝阳林场茶园上山路边 | 落叶乔木 |
| 738 | 野茉莉 | 1 | N34. 726 84, E119. 468 93 | 110 | 连云港市连云区墟沟朝阳林场连云港小磨刀塘 | 落叶乔木 |
| 739 | 玉铃花 | 1 | N34. 707 30, E119. 457 08 | 138 | 连云港市连云区高公岛柳 13 | 落叶乔木 |
| 740 | 玉铃花 | 1 | N34. 707 30, E119. 457 08 | 188 | 连云港市连云区高公岛柳 14 | 落叶乔木 |
| 741 | 芬芳安息香 | 1 | N32. 159 66, E119. 363 08 | 20 | 镇江市润州区蒋乔镇五洲山 | 落叶灌木 |
| 742 | 芬芳安息香 | 1 | N32. 174 92, E119. 366 76 | 20 | 镇江市润州区城区 | 落叶灌木 |
| 743 | 软枣猕猴桃 | 1 | N34. 677 22, E119. 306 52 | 335 | 连云港市连云区朝阳林场沟涧（朝 3） | 落叶藤本 |
| 744 | 软枣猕猴桃 | 1 | N34. 677 22, E119. 306 52 | 354 | 连云港市连云区朝阳林场沟涧河谷 | 落叶藤本 |
| 745 | 软枣猕猴桃 | 1 | N34. 677 22, E119. 306 52 | 335 | 连云港市连云区朝阳林场沟涧河谷（朝 4） | 落叶藤本 |

续 表

| 序号 | 种名 | 份数 | 经纬度/° | 海拔/m | 地点 | 生活型 |
|---|---|---|---|---|---|---|
| 746 | 软枣猕猴桃 | 1 | N34. 677 22，E119. 306 52 | 203 | 连云港市连云区朝阳林场山涧中（朝11） | 落叶藤本 |
| 747 | 软枣猕猴桃 | 1 | N34. 677 22，E119. 306 52 | 269 | 连云港市连云区朝阳林场山涧中（朝13） | 落叶藤本 |
| 748 | 软枣猕猴桃 | 1 | N34. 719 79，E119. 466 57 | 19 | 连云港市连云区高公岛黄8 | 落叶藤本 |
| 749 | 羊踯躅 | 1 | N34. 707 30，E119. 457 08 | 217 | 连云港市连云区高公岛柳10 | 落叶灌木 |
| 750 | 香果树 | 1 | N31. 173 61，E119. 515 56 | 446 | 常州市溧阳市戴埠南山竹海深溪芥 | 落叶乔木 |
| 751 | 香果树 | 1 | N31. 257 22，E119. 485 00 | 195 | 常州市溧阳市龙潭林场西阴窠 | 落叶乔木 |
| 752 | 厚壳树 | 1 | N31. 952 00，E120. 885 10 | 63 | 南通市崇川区狼山望江亭 | 落叶乔木 |
| 753 | 厚壳树 | 1 | N32. 444 60，E120. 412 85 | 6 | 南通市海安县孙庄镇思源居 | 落叶乔木 |
| 754 | 厚壳树 | 1 | N33. 878 48，E117. 937 40 | 0 | 徐州市睢宁县睢城镇 | 落叶乔木 |
| 755 | 厚壳树 | 1 | N34. 455 56，E117. 282 23 | 30 | 徐州市铜山区柳泉镇八丁村 | 落叶乔木 |
| 756 | 雪柳 | 1 | N32. 305 70，E121. 065 00 | 13 | 南通市如东县马塘镇马塘长路村18组 | 落叶乔木 |
| 757 | 雪柳 | 1 | N33. 097 12，E120. 075 08 | −11 | 泰州市兴化市安丰镇 | 落叶乔木 |
| 758 | 楸 | 1 | N34. 720 05，E119. 467 45 | 46 | 连云港市连云区高公岛黄窝溪上古树群 | 落叶乔木 |
| 759 | 楸 | 1 | N34. 248 97，E117. 176 67 | 73 | 徐州市开发区泉山区云泰林班（云龙山大士岩西门） | 落叶乔木 |
| 760 | 楸 | 1 | N34. 248 62，E117. 176 50 | 73 | 徐州市开发区云龙区大士岩西南下坡 | 落叶乔木 |
| 761 | 楸 | 1 | N32. 122 78，E119. 212 73 | 85 | 镇江市句容市宝华山 | 落叶乔木 |
| 762 | 梓 | 1 | N32. 089 03，E119. 249 98 | 79 | 镇江市句容市宝华山 | 落叶乔木 |
| 763 | 海州常山 | 1 | N32. 308 76，E119. 508 28 | 12 | 扬州市广陵区沙头镇五星村 | 落叶灌木 |

续 表

| 序号 | 种名 | 份数 | 经纬度/° | 海拔/m | 地点 | 生活型 |
|---|---|---|---|---|---|---|
| 764 | 海州常山 | 1 | N32.280 57，E119.371 96 | 0 | 扬州市邗江区瓜洲镇古渡公园周边 | 落叶灌木 |
| 765 | 海州常山 | 1 | N32.419 69，E119.158 96 | 6 | 扬州市仪征市月塘乡碌山地质公园 | 落叶灌木 |
| 766 | 黄荆 | 1 | N32.368 61，E119.041 76 | 9 | 扬州市仪征市铜山办十里长山 | 落叶灌木 |
| 767 | 牡荆 | 1 | N32.713 96，E119.545 41 | 6 | 扬州市高邮市卸甲金家村 01 | 落叶灌木 |
| 768 | 牡荆 | 1 | N32.368 61，E119.041 76 | 6 | 扬州市仪征市铜山办十里长山 | 落叶灌木 |
| 769 | 白花泡桐 | 1 | N34.470 14，E116.778 15 | 60 | 徐州市丰县范楼镇鲁套村瞿庄中间 | 落叶乔木 |
| 770 | 白花泡桐 | 1 | N34.762 23，E116.673 96 | 38 | 徐州市丰县凤城镇大提口 | 落叶乔木 |
| 771 | 白花泡桐 | 1 | N34.863 85，E116.634 98 | 36 | 徐州市丰县欢口镇刘大营村 | 落叶乔木 |
| 772 | 白花泡桐 | 1 | N34.894 51，E116.626 95 | 36 | 徐州市丰县欢口镇唐庄村 | 落叶乔木 |
| 773 | 白花泡桐 | 1 | N32.041 58，E119.213 39 | 55 | 镇江市丹徒区上党镇五塘村 | 落叶乔木 |
| 774 | 毛泡桐 | 1 | N32.064 85，E119.839 78 | 5 | 镇江市丹阳市界牌镇陈家埭村 | 落叶乔木 |
| 775 | 刺楸 | 1 | N34.666 37，E119.346 39 | 102 | 连云港市连云区开发区云龙洞佛手石刻处 | 落叶乔木 |
| 776 | 刺楸 | 1 | N34.664 84，E119.344 97 | 165 | 连云港市连云区开发区云龙洞下山路石壁一侧 | 落叶乔木 |
| 777 | 刺楸 | 1 | N34.666 37，E119.346 39 | 102 | 连云港市连云区开发区云龙洞雍翠石刻处 | 落叶乔木 |
| 778 | 刺楸 | 1 | N34.636 52，E119.294 12 | 212 | 连云港市新浦区南云台林场孔雀沟一线天 | 落叶乔木 |
| 779 | 刺楸 | 1 | N32.091 47，E119.250 95 | 91 | 镇江市句容市宝华山 | 落叶乔木 |
| 780 | 刺楸 | 1 | N32.720 30，E119.307 74 | 163 | 镇江市句容市磨盘林场磨盘工区 | 落叶乔木 |
| 781 | 刺楸 | 1 | N31.648 82，E119.272 40 | 100 | 镇江市句容市磨盘林场瓦屋山 | 落叶乔木 |

| 序号 | 种名 | 份数 | 经纬度/° | 海拔/m | 地点 | 生活型 |
|---|---|---|---|---|---|---|
| 782 | 刺楸 | 1 | N32.663 93，E119.271 09 | 156 | 镇江市句容市磨盘林场瓦屋山西山 | 落叶乔木 |
| 783 | 冬青 | 1 | N32.132 87，E119.084 59 | 221 | 镇江市句容市宝华山 | 常绿乔木 |
| 784 | 冬青 | 1 | N31.817 57，E119.310 93 | 143 | 镇江市句容市东进林场三茅峰 | 常绿乔木 |
| 785 | 冬青 | 1 | N32.860 79，E119.326 60 | 85 | 镇江市句容市东进林场三洼工区 | 常绿乔木 |
| 786 | 冬青 | 1 | N32.721 05，E119.314 41 | 183 | 镇江市句容市磨盘林场磨盘工区 | 常绿乔木 |
| 787 | 冬青 | 1 | N32.720 55，E119.311 15 | 207 | 镇江市句容市磨盘林场磨盘工区 | 常绿乔木 |
| 788 | 冬青 | 1 | N31.719 39，E119.311 17 | 192 | 镇江市句容市磨盘林场磨盘工区 | 常绿乔木 |
| 789 | 冬青 | 1 | N31.652 25，E119.282 15 | 304 | 镇江市句容市磨盘林场瓦屋山东山头 | 常绿乔木 |
| 790 | 冬青 | 1 | N32.105 73，E119.228 32 | 156 | 镇江市句容市磨仓工区 | 常绿乔木 |

对 114 种野生个体的数量 $n$（单位：份）进行统计，$n \geqslant 50$ 的有 2 种，分别为榆树（*Ulmus pumila*）（图 4 - 11）、朴树；$40 \leqslant n < 50$ 的有 3 种，分别为桑（*Morus alba*）（图 4 - 12）、枫杨（*Pterocarya stenoptera*）和榔榆（*Ulmus parvifolia*）（图 4 - 13）；$20 \leqslant n < 30$ 的有 4 种，分别为旱柳（*Salix matsudana*）、大叶榉树（*Zelkova schneideriana*）（图 4 - 14）、黄连木（*Pistacia chinensis*）（图 4 - 15）、楝（*Melia azedarach*）　（图 4 - 16）；$10 \leqslant n < 20$ 的有 7 种，如白杜（*Euonymus maackii*）、槐（*Styphnolobium japonicum*）（图 4 - 17）等；$n < 10$ 的有 98 种，如金钱松（*Pseudolarix amabilis*）（图 4 - 18）、南京椴（*Tilia miqueliana*）（图 4 - 19）等，其中只有 1 份的有 41 种，如水榆花楸（*Sorbus alnifolia*）（图 4 - 20）等。

图 4 - 11　榆树（野生个体　扬州市邗江区）

图 4 - 12　桑（野生个体　徐州市丰县）

图 4 - 13　榔榆（野生个体　南通市海门市）

图 4 - 14　大叶榉树（野生个体　常州市金坛区）

图 4-15 黄连木（野生个体 连云港市连云区）

图 4-16 楝（野生个体 扬州市江都区）

图4-17　槐（野生个体　扬州市宝应县）

图4-18　金钱松（野生个体　常州市溧阳市）

图 4-19　南京椴（野生个体　连云港市连云区）　　　　图 4-20　水榆花楸（野生个体　连云港市连云区）

　　就生活型而言，114 种野生个体林木种质资源中，乔木有 80 种，包括常绿乔木 3 种，落叶乔木 77 种；灌木有 30 种，包括常绿灌木 7 种，落叶灌木 23 种；藤本有 4 种，包括常绿藤本 1 种，落叶藤本 3 种。不论是乔木、灌木，还是藤本，该区均以落叶植物居多（103 种），常绿木本植物合计仅 11 种（表 4-6）。

　　野生个体林木种质资源的性状变异代表着种质的重要潜在利用价值。例如，苏州市发现的特殊性状的 2 株个体：1 株长叶型木樨（*Osmanthus fragrans*），1 株窄叶型青冈（*Cyclobalanopsis glauca*）。木樨位于吴江区圆通寺，叶片非常长，最小叶片长 20 cm；青冈位于吴中区花山，叶片非常狭窄。两份种质资源均生长旺盛，可能为日后野生林木种质资源的利用提供重要参考。

### 三、野生优树

优树是指在同一树种中，某些性状或单一性状（如生长量、形质、抗性、适应性等）明显超出相同立地条件下周围同龄植株的树木。优树为优良的林木育种材料，可以为造林提供优质的繁殖材料，在一定程度上获得较高的遗传增益。

《江苏省林木种质资源清查技术标准》提供了3种优树的选择方法：优势木对比法、小样地法和丰产树比较法。丰产树比较法主要适用于经济林树种选择优良单株，小样地法要求事先设定优树标准，本次调查的优良单株属于潜在的优良遗传资源，因此这两种方法均不合适。

采用优势木对比法选择野生优树，具体做法如下：首先在野外观察确定候选优树，再以候选优树为中心，在立地条件相对一致的10～15 m半径的范围内，选出仅次于候选优树的3～5株优势木，实测两者的树高、胸径、冠幅等指标，若前者各指标大于后者，则候选优树可以入选。

共调查到1 606份野生优树林木种质资源，隶属于30科49属68种。其中，苏南地区野生优树林木种质资源的份数最多，共1 132份（其野生优树林木种质资源份数占比$r$为70.49%，下同），隶属于26科39属49种；苏北次之，共250份（15.57%），隶属于21科33属44种；苏中最少，共224份（13.95%），隶属于15科17属19种。13个地级市中，南京市的野生优树林木种质资源份数最多，共1 128份（70.24%）；其次是徐州市250份（15.57%）和扬州市221份（13.76%）；常州市和南通市的份数较少，分别为4份（0.25%）、3份（0.19%）；镇江市、无锡市、苏州市、泰州市、连云港市、宿迁市、淮安市和盐城市这8个市没有登记该种质资源类型（表4-7）。

表4-7 江苏省野生林木种质资源（优树）统计

| 区域 | 地级市 | 科 | 属 | 种 | 份数 |
|------|--------|-----|-----|-----|------|
| 苏南 | 南京市 | 25 | 38 | 48 | 1 128 |
|  | 镇江市 | — | — | — | — |
|  | 常州市 | 1 | 1 | 1 | 4 |
|  | 无锡市 | — | — | — | — |
|  | 苏州市 | — | — | — | — |

| 区域 | 地级市 | 科 | 属 | 种 | 份数 |
|---|---|---|---|---|---|
| 苏南总计 | | 26 | 39 | 49 | 1 132 |
| 苏中 | 南通市 | 2 | 2 | 2 | 3 |
| | 泰州市 | 0 | 0 | 0 | 0 |
| | 扬州市 | 14 | 16 | 18 | 221 |
| 苏中总计 | | 15 | 17 | 19 | 224 |
| 苏北 | 徐州市 | 21 | 33 | 44 | 250 |
| | 连云港市 | — | — | — | — |
| | 宿迁市 | — | — | — | — |
| | 淮安市 | — | — | — | — |
| | 盐城市 | — | — | — | — |
| 苏北总计 | | 21 | 33 | 44 | 250 |
| 总计（优树） | | 30 | 49 | 68 | 1 606 |

对 68 种野生优树的数量 $n$（单位：份）进行统计，$n \geqslant 100$ 的有 6 种，分别为朴树、榆树、榔榆、乌桕、大叶榉树、枫杨（图 4-21）；$50 \leqslant n < 100$ 的有 2 种，分别为麻栎（*Quercus acutissima*）（图 4-22）、黄连木；$30 \leqslant n < 50$ 的有 6 种，分别为桑、臭椿（*Ailanthus altissima*）（图 4-23）、白杜（图 4-24）、槐、楝、小叶栎（*Quercus chenii*）；$20 \leqslant n < 30$ 的有 4 种，分别为构树（图 4-25）、杜梨（*Pyrus betulifolia*）（图 4-26）、黄檀、豆梨（*Pyrus calleryana*）（图 4-27）；$10 \leqslant n < 20$ 的有 8 种，如旱柳（图 4-28）等；$n < 10$ 的有 42 种，如银缕梅（图 4-29）、枳椇（*Hovenia acerba*）（图 4-30）、黑弹树（*Celtis bungeana*）（图 4-31）等，其中只有 1 份的有 14 种，如黄杨（*Buxus sinica*）（图 4-32）、杉木（*Cunninghamia lanceolata*）（图 4-33）等。

图 4-21　枫杨（野生优树　扬州市仪征市）

图 4-22　麻栎（野生优树　扬州市仪征市）

图 4-23　臭椿（野生优树　扬州市宝应县）

图 4 - 24　白杜（野生优树　南京市高淳区）

图 4 - 25　构树（野生优树　扬州市仪征市）

图4-26　杜梨（野生优树　扬州市高邮市）

图4-27　豆梨（野生优树　扬州市宝应县）

图4-28　旱柳（野生优树　扬州市高邮市）

图 4-29　银缕梅（野生优树　常州市溧阳市）

图 4-30　枳椇（野生优树　扬州市江都区）

图4-31　黑弹树（野生优树　徐州市云龙区）

图4-32　黄杨（野生优树　扬州市宝应县）

图4-33　杉木（野生优树　扬州市江都区）

就生活型而言，68 种野生优树林木种质资源中，乔木有 56 种，包括常绿乔木 4 种，落叶乔木 52 种；灌木有 10 种，包括常绿灌木 2 种，落叶灌木 8 种；藤本有 2 种，都为落叶藤本。可见野生优树乔木最多，灌木其次，藤本最少；而且不论是乔木、灌木还是藤本，以落叶植物居多，具体种质资源情况如附录Ⅰ所示（附录Ⅰ～Ⅷ相关内容，请扫描书后二维码；下同）。

## 第三节　收集保存林木种质资源

收集保存林木种质资源指在种子园、采穗圃、母树林、采种林、遗传试验林、植物园、树木园、种质资源保存林（圃）、种子库等专门场所保存的林木种质资源。江苏省境内共调查到收集保存林木种质资源 2 688 份，涉及 163 个种，隶属于 99 属 52 科，包括选育品种 2 372 份、栽培其他 253 份、种源 59 份以及母树林 4 份（图 4 - 34）。

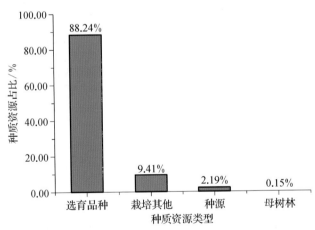

图 4 - 34　江苏省收集保存林木种质资源类型统计

13 个地级市中，除南通以外，其余 12 个地级市均有收集保存林木种质资源分布。其中，苏南地区（苏州、无锡、常州、镇江和南京）收集保存林木种质资源 2 693 份，占总份数的 75.54%；苏中地区（扬州、泰州）463 份，占比为 12.99%；苏北地区（连云港、淮安、宿迁、盐城和徐州）409 份，占比为 11.47%。苏州收集保存林木种质资源的份数最多，为 1 317 份，占比超过

30%；其次，南京也有较多收集保存林木种质资源分布，占比超过 20%。具体分布情况如表 4-8 所示。

表 4-8　江苏省收集保存林木种质资源分布情况

| 地级市 | 南京 | 无锡 | 徐州 | 常州 | 苏州 | 连云港 | 淮安 | 盐城 | 扬州 | 镇江 | 泰州 | 宿迁 |
|---|---|---|---|---|---|---|---|---|---|---|---|---|
| 种质份数/份 | 794 | 21 | 19 | 277 | 1 317 | 74 | 215 | 64 | 343 | 284 | 120 | 37 |
| 种质占比/% | 22.27 | 0.59 | 0.53 | 7.77 | 36.94 | 2.08 | 6.03 | 1.8 | 9.62 | 7.97 | 3.37 | 1.04 |

注：表中各市收集保存的林木种质资源存在交叉重复，这里各市种质占比是指每个市的收集保存林木种质资源份数占江苏省该类型总数的百分比。

## 一、选育品种

江苏省境内共有收集保存选育品种 2 372 份，涉及 2 372 个品种，隶属于 69 属 42 科。具体种质资源情况见附录Ⅱ。

超过 50%的品种隶属于蔷薇科，达到 1 230 份，大部分品种由桃（*Amygdalus persica*）、梅（*Armeniaca mume*）（图 4-35～图 4-37）、樱属（*Cerasus*）（图 4-38）、苹果属（*Malus*）（图 4-39）以及蔷薇属（*Rosa*）（图 4-40）的植物选育而来。这些种质资源大多收集保存于南京中山陵园梅花山、镇江句容市茅山镇黄金树公司、扬州市海棠国家林木种质资源库、苏州太仓市虹越园艺家以及太仓月季园、淮安清江浦区清安月季园、连云港海州区新坝镇海州苗木园等地。

-35　"宫粉"梅
保存　选育品种　南京市玄武区）

图 4-36　早玉蝶梅
（收集保存　选育品种　南京市玄武区）

图4-37 变绿萼梅
（收集保存 选育品种 南京市玄武区）

图4-38 "松月"日本晚樱
（收集保存 选育品种 盐城市射阳县）

图4-39 "亚当斯"苹果
（收集保存 选育品种 宿迁市沭阳县）

图4-40 "艾弗的玫瑰"月季
（收集保存 选育品种 淮安市清江浦区）

南京梅花山有"天下第一梅山"之誉，自明孝陵景区实施资源整合以来，梅花山赏梅面积扩大了两倍，达到1 500多亩。世界上现已发现和培育的300多种梅花中，这里拥有200多种共30 000余株，大量栽植了骨里红、照水、宫粉（图4-35）、跳枝、送春等珍贵品种，其中"别角晚水"全国独此一株，尤为珍贵。"别角晚水"是真梅系直枝梅类宫粉型的优良品种，花期一般在2月下旬至3月上旬，花淡玫瑰红色，浅碗状，花瓣层层叠叠，多达45瓣，内有碎瓣婆娑飞舞。本品种是"梅花院士"陈俊愉先生于20世纪90年代在梅花山调查时发现并命名。

扬州市海棠国家林木种质资源库位于扬州市江都区，现保存海棠选育品种163种，是全国海棠种质资源保存和创新的中心。基地有海棠良种23个，如日本海棠（*Malus* 'Floribunda'）、魔术（*Malus* 'Indian Magic'）、钻石（*Malus* 'Sparkler'）（图4-41）等；获得国家林业和草原局授权海棠新品种39个，如红色经典（*Malus* 'Hong se jing dian'）、紫蝶儿（*Malus* 'Zi die er'）、橙之梦（*Malus* 'Chengzhimeng'）（图4-42）、忆红莲（*Malus* 'Yihonglian'）等。

图4-41 "钻石"海棠
（收集保存 选育品种 扬州市江都区）

图4-42 "橙之梦"海棠
（收集保存 选育品种 扬州市江都区）

淮安市月季园收集保存了192份月季资源，均为从国外引进的选育品种，保存方式全部为植株。通过科普活动统计，评价最高的品种有11种："艾弗的玫瑰"（*Malus* 'Indian Magic'）、"奥秘"（*Rosa* 'Mysterieuse'）、"蓝色梦想"（*Rosa* 'Blue For You'）、"美妙绝伦"（*Rosa* 'Absolutely Fabulous'）、"达梅思"（*Rosa* 'Dames De Chenonceau'）、"莫利纳尔玫瑰"（*Rosa* 'La Rose De Molinard'）、"庞巴度玫瑰"（*Rosa* 'Pompadour'）、"诗人的妻子"（*Rosa* 'The Poet's Wife'）、"邓纳姆梅西"（*Rosa* 'Dunham Massey'）、"玛丽安"（*Rosa* 'Mary Ann'）、"马克夏加尔"（*Rosa* 'Marc Chagall'）。（图 4 - 43～图 4 - 50）

图 4 - 43　"奥秘"月季
（收集保存　选育品种　淮安市清江浦区）

图 4 - 44　"蓝色梦想"月季
（收集保存　选育品种　淮安市清江浦区）

图 4 - 45　"美妙绝伦"月季
（收集保存　选育品种　淮安市清江浦区）

图 4 - 46　"达梅思"月季
（收集保存　选育品种　淮安市清江浦区）

图 4 - 47　"莫利纳尔玫瑰"月季
（收集保存　选育品种　淮安市清江浦区）

图 4 - 48　"庞巴度玫瑰"月季
（收集保存　选育品种　淮安市清江浦区）

图 4 - 49　"诗人的妻子"月季
（收集保存　选育品种　淮安市清江浦区）

图 4 - 50　"邓纳姆梅西"月季
（收集保存　选育品种　淮安市清江浦区）

　　237 份收集保存选育品种隶属于壳斗科，这些品种全部由栗（*Castanea mollissima*）选育而来，主要用途为食用。这些种质资源主要收集保存于常州溧阳市龙潭林场国家板栗良种基地（图 4 - 51）和江苏省中国科学院植物研究所。溧阳市龙潭林场国家板栗良种基地收集保存 199 个栗品种，其中，"溧阳处暑红"（图 4 - 52）和"溧阳重阳蒲"（图 4 - 53）是省级林木良种，前者具有早熟、稳产、耐旱、耐瘠薄等优良性状，后者则具有晚熟、丰产、稳产、耐旱、耐瘠薄等优良特征。

图 4 - 51 溧阳市龙潭林场国家板栗良种基地

图 4 - 52 "溧阳处暑红"板栗（收集保存 选育品种 常州市溧阳市）

图 4 - 53　"溧阳重阳蒲"板栗（收集保存　选育品种　常州市溧阳市）

　　137 份收集保存选育品种隶属于胡桃科，这些品种全部由美国山核桃选育而来，主要用于食用。这些种质资源主要收集保存于南京六合区竹镇江苏省农业科学院六合基地、南京林业大学美国山核桃试验基地和盐城东台市梁垛镇通源种苗场。其中，南京林业大学美国山核桃试验基地采用种质资源收集、良种繁育、富根容器苗培育、示范果园建设四位一体的模式进行美国山核桃产业化开发的试验研究与示范推广。该基地主要推广的品种包括"马罕"（Mahan）、"波尼"（Pawnee）（图 4 - 54）、"斯图尔特"（Stuart）、"威奇塔"（Wichita）、"莫汉克"（Mohawk）、"艾略特"（Elliott）等国外引进的优良品种以及"金华"（图 4 - 54）、"绍兴"、"钟山 25"、"亚林 23"、"亚林 42"等国内选育的优良品种。近年来，共有 14 个薄壳山核桃品种通过江苏省审（认）定，如"波尼"和"莫克"等。

图 4-54　美国山核桃"波尼"（左图）和"金华"（右图）（收集保存　选育品种）

194 份收集保存选育品种隶属于无患子科，这些品种主要由富宁槭（*Acer amoenum*）和鸡爪槭（*Acer palmatum*）选育而来。这些种质资源主要收集保存于泰州靖江生祠镇利珠村、南京玄武区江苏省农业科学院、镇江句容市华阳镇江苏农博园和苏州吴江区盛泽镇吴江中林苗圃。槭树新品种"金陵黄枫"（图 4-55）、"金陵红"（图 4-56）、"金陵丹枫"、"钟山红"和"宁绿"（图 4-57）获得了国家林业和草原局植物新品种权，其中"金陵黄枫"和"金陵红"获得江苏省林木良种审定，"金陵丹枫"获得江苏省林木良种认定。

114 份收集保存选育品种林木种质资源隶属于毛茛科，这些品种全部由铁线莲属（*Clematis*）（图 4-58）选育而来，并收集保存于苏州虎丘区通安镇虹越园艺家。

-55　槭树新品种"金陵黄枫"
保存　选育品种　南京市玄武区)

图 4-56　槭树新品种"金陵红"
(收集保存　选育品种　南京市玄武区)

57　槭树新品种"宁绿"
保存　选育品种　南京市玄武区)

图 4-58　"波兰精神"铁线莲
(收集保存　选育品种　苏州市虎丘区)

　　此外，90 份收集保存选育品种隶属于杜鹃花科，这些品种全部由杜鹃花属（*Rhododendron*）（图 4－59 和图 4－60）和越橘属（*Vaccinium*）选育而来。这些种质资源主要收集保存于南京市玄武区江苏省农业科学院和苏州相城区社区。其中，江苏省农业科学院杜鹃花研究室主要从事杜鹃等观赏植物种质资源的收集、保存、鉴定评价与利用，以及新品种选育和产品培育与工程技术研究，育成杜鹃花新品种 20 余个，林木良种 5 个。

图 4－59　杜鹃花属品种"紫金玫鹃"
（收集保存　选育品种　南京市玄武区）

图 4－60　杜鹃花属品种"凤冠"
（收集保存　选育品种　南京市玄武区）

图 4－61　"洛阳红"牡丹
（收集保存　选育品种　苏州市常熟市）

　　77 份收集保存选育品种隶属于芍药科，这些品种全部由芍药属（*Paeonia*）选育而来。这些种质资源收集保存于常州市油用牡丹国家林木种质资源库和苏州常熟市尚湖镇常熟尚湖公园。其中，尚湖公园内牡丹园的面积达 7 000 m²，为江南地区最大的牡丹园。园内育有八大色系 3 000 余株牡丹，包括"洛阳红"（图 4－61）、"曹州红"、"姚黄"、"魏紫"、"赵粉"、"赛雪塔"、"昆山夜光"、"豆绿"等多个品种，并设有中华牡丹园、常熟牡丹园、德国牡丹园、法国牡丹园、美国牡丹园、英国牡丹园、日本牡丹园以及荷兰牡丹园等 8 个牡丹精品观赏区。

30 份收集保存选育品种隶属于禾本科，这些品种全部属于竹类（图4-62）。这些种质资源主要收集保存于常州市国家观赏竹林木良种基地、扬州江都区观赏竹林木良种基地、镇江句容市南京林业大学下蜀林场和南京溧水区白马镇南京林业大学白马基地。其中，南京林业大学竹类研究所是我国成立最早、研究领域最为齐全、专门从事竹类研究的科研机构。

图 4-62　龟甲竹（左图）和紫蒲头灰竹（右图）（收集保存　选育品种）

　　其余收集保存选育品种隶属于杨柳科（39 份）、银杏科（28 份）、锦葵科（28 份）、木樨科（26 份）、柏科（24 份）、杨梅科（15 份）、绣球花科（13

份）、红豆杉科（11 份）、葡萄科（11 份）、猕猴桃科（8 份）以及大戟科（7
份）等。

## 二、种源

江苏省境内共有收集保存种源 59 份，涉及 52 个种，隶属于 27 属 22 科。
具体种质资源情况见表 4 - 9。

表 4 - 9　江苏省收集保存林木种质资源（种源）详细信息

| 地级市 | 县/市/区 | 位置 | 科 | 属 | 种名 | 种源 |
|---|---|---|---|---|---|---|
| 镇江市 | 句容市 | 东进林场 | 松科 | 松属 | 马尾松 | 永顺 |
| 镇江市 | 句容市 | 句容市三个国有林场和重点林业镇 | 柏科 | 杉木属 | 杉木 | 融水 |
| 苏州市 | 吴江区 | 吴江苗圃 | 柏科 | 水松属 | 水松 | 江西 |
| 无锡市 | 锡山区 | 红豆杉基地 | 红豆杉科 | 红豆杉属 | 欧洲红豆杉 | 比利时 |
| 无锡市 | 锡山区 | 红豆杉基地 | 红豆杉科 | 红豆杉属 | 欧洲红豆杉 | 比利时 |
| 无锡市 | 锡山区 | 红豆杉基地 | 红豆杉科 | 红豆杉属 | 欧洲红豆杉 | 比利时 |
| 无锡市 | 锡山区 | 红豆杉基地 | 红豆杉科 | 红豆杉属 | 东北红豆杉 | 通化 |
| 无锡市 | 锡山区 | 红豆杉基地 | 红豆杉科 | 红豆杉属 | 东北红豆杉 | 黑龙江苇河林业局 |
| 无锡市 | 锡山区 | 红豆杉基地 | 红豆杉科 | 红豆杉属 | 南方红豆杉 | 长阳 |
| 无锡市 | 锡山区 | 红豆杉基地 | 红豆杉科 | 红豆杉属 | 南方红豆杉 | 恩施 |
| 无锡市 | 锡山区 | 红豆杉基地 | 红豆杉科 | 红豆杉属 | 南方红豆杉 | 泰宁 |
| 无锡市 | 锡山区 | 红豆杉基地 | 红豆杉科 | 红豆杉属 | 云南红豆杉 | 腾冲 |
| 苏州市 | 吴江区 | 吴江苗圃 | 樟科 | 樟属 | 银木 | 江西 |
| 镇江市 | 句容市 | 南京林业大学下蜀林场 | 木兰科 | 鹅掌楸属 | 鹅掌楸 | 浙江 |
| 苏州市 | 吴江区 | 吴江苗圃 | 木兰科 | 含笑属 | 乐昌含笑 | 江西 |
| 苏州市 | 吴江区 | 吴江苗圃 | 木兰科 | 含笑属 | 醉香含笑 | 浙江 |
| 苏州市 | 吴江区 | 吴江苗圃 | 木兰科 | 含笑属 | 深山含笑 | 浙江 |
| 苏州市 | 吴中区 | 中山植物园光福苗圃 | 木兰科 | 玉兰属 | 天目玉兰 | 浙江 |

续 表

| 地级市 | 县/市/区 | 位置 | 科 | 属 | 种名 | 种源 |
|---|---|---|---|---|---|---|
| 苏州市 | 常熟市 | 虞山林场 | 金缕梅科 | 波斯铁木属 | 银缕梅 | 宜兴 |
| 苏州市 | 吴江区 | 吴江苗圃 | 卫矛科 | 卫矛属 | 白杜 | 江西 |
| 苏州市 | 吴江区 | 吴江苗圃 | 杨柳科 | 山桐子属 | 山桐子 | 河南新乡 |
| 苏州市 | 昆山市 | 华龙景观绿化工程有限公司 | 杨柳科 | 柞木属 | 柞木 | 安徽 |
| 苏州市 | 昆山市 | 华龙景观绿化工程有限公司 | 大戟科 | 乌桕属 | 乌桕 | 江西 |
| 连云港市 | 东海县 | 国营东海县安峰山林场 | 大戟科 | 乌桕属 | 乌桕 | 徐州新沂市踢球山林场 |
| 苏州市 | 吴江区 | 吴江苗圃 | 杜英科 | 杜英属 | 杜英 | 浙江 |
| 苏州市 | 吴江区 | 吴江苗圃 | 杜英科 | 杜英属 | 秃瓣杜英 | 江西 |
| 苏州市 | 常熟市 | 红豆树园 | 豆科 | 红豆属 | 红豆树 | 福建 |
| 苏州市 | 吴江区 | 吴江苗圃 | 蔷薇科 | 樱属 | 钟花樱桃 | 福建 |
| 苏州市 | 吴江区 | 吴江苗圃 | 大麻科 | 朴属 | 珊瑚朴 | 浙江 |
| 苏州市 | 吴江区 | 吴江苗圃 | 叠珠树科 | 伯乐树属 | 伯乐树 | 河南新乡 |
| 苏州市 | 吴中区 | 光福花木公司 | 漆树科 | 黄连木属 | 黄连木 | 安徽六安 |
| 泰州市 | 海陵区 | 泰州市苏中园艺有限公司 | 无患子科 | 槭属 | 三角槭 | 九江 |
| 泰州市 | 海陵区 | 泰州苏中园艺有限公司 | 无患子科 | 槭属 | 革叶槭 | 九江 |
| 苏州市 | 吴江区 | 吴江苗圃 | 无患子科 | 槭属 | 青榨槭 | 河南新乡 |
| 泰州市 | 海陵区 | 泰州市苏中园艺有限公司 | 无患子科 | 槭属 | 青榨槭 | 九江 |
| 泰州市 | 海陵区 | 泰州市苏中园艺有限公司 | 无患子科 | 槭属 | 秀丽槭 | 九江 |
| 泰州市 | 海陵区 | 泰州市苏中园艺有限公司 | 无患子科 | 槭属 | 罗浮槭 | 九江 |
| 泰州市 | 海陵区 | 泰州市苏中园艺有限公司 | 无患子科 | 槭属 | 扇叶槭 | 九江 |
| 泰州市 | 海陵区 | 泰州市苏中园艺有限公司 | 无患子科 | 槭属 | 血皮槭 | 九江 |

| 地级市 | 县/市/区 | 位置 | 科 | 属 | 种名 | 种源 |
|---|---|---|---|---|---|---|
| 泰州市 | 海陵区 | 泰州苏中园艺有限公司 | 无患子科 | 槭属 | 建始槭 | 九江 |
| 泰州市 | 海陵区 | 泰州苏中园艺有限公司 | 无患子科 | 槭属 | 庙台槭 | 九江 |
| 泰州市 | 海陵区 | 泰州苏中园艺有限公司 | 无患子科 | 槭属 | 梣叶槭 | 九江 |
| 泰州市 | 海陵区 | 泰州市苏中园艺有限公司 | 无患子科 | 槭属 | 毛果槭 | 九江 |
| 泰州市 | 海陵区 | 泰州市苏中园艺有限公司 | 无患子科 | 槭属 | 五裂槭 | 九江 |
| 泰州市 | 海陵区 | 泰州苏中园艺有限公司 | 无患子科 | 槭属 | 鸡爪槭 | 九江 |
| 泰州市 | 海陵区 | 泰州市苏中园艺有限公司 | 无患子科 | 槭属 | 五角枫 | 九江 |
| 泰州市 | 海陵区 | 泰州市苏中园艺有限公司 | 无患子科 | 槭属 | 毛脉槭 | 九江 |
| 泰州市 | 海陵区 | 泰州苏中园艺有限公司 | 无患子科 | 槭属 | 红花槭 | 九江 |
| 泰州市 | 海陵区 | 泰州苏中园艺有限公司 | 无患子科 | 槭属 | 糖槭 | 九江 |
| 泰州市 | 海陵区 | 泰州苏中园艺有限公司 | 无患子科 | 槭属 | 茶条枫 | 九江 |
| 泰州市 | 海陵区 | 泰州苏中园艺有限公司 | 无患子科 | 槭属 | 元宝槭 | 九江 |
| 苏州市 | 吴江区 | 吴江苗圃 | 珙桐科 | 蓝果树属 | 蓝果树 | 江西 |
| 苏州市 | 吴江区 | 吴江苗圃 | 山茱萸科 | 山茱萸属 | 灯台树 | 江西 |
| 苏州市 | 吴江区 | 吴江苗圃 | 山茱萸科 | 山茱萸属 | 灯台树 | 河南新乡 |
| 连云港市 | 海州区 | 连云港市乡土树种繁育中心 | 山茶科 | 山茶属 | 山茶 | 山东青岛 |
| 苏州市 | 常熟市 | 虞山林场 | 山茶科 | 木荷属 | 木荷 | 宜兴 |
| 镇江市 | 句容市 | 南京林业大学下蜀林场 | 紫葳科 | 梓属 | 楸 | 栾川 |
| 苏州市 | 吴江区 | 吴江苗圃 | 五加科 | 常春藤属 | 常春藤 | 河南新乡 |
| 苏州市 | 吴江区 | 吴江苗圃 | 冬青科 | 冬青属 | 大叶冬青 | 浙江 |

　　在这59份收集保存种质资源中，20份隶属于无患子科槭属（*Acer*），例如三角槭（*Acer buergerianum*）、元宝槭（*Acer truncatum*）、五角枫（*Acer pictum* subsp. *mono*）等（图4－63～图4－68）。这些种质资源大多收集保存于泰州海陵区槭树省级林木良种基地，来源于江西省九江市庐山地区。

图4－63　三角槭
（收集保存　种源　泰州市海陵区）

图4－64　五角枫
（收集保存　种源　泰州市海陵区）

图4－65　元宝槭
（收集保存　种源　泰州市海陵区）

图4－66　青榨槭
（收集保存　种源　泰州市海陵区）

图4-67　建始械
（收集保存　种源　泰州市海陵区）

图4-68　糖械
（收集保存　种源　泰州市海陵区）

　　9份收集保存种源隶属于红豆杉科，全部来自红豆杉属（*Taxus*），包括南方红豆杉（*Taxus wallichiana* var. *mairei*）、欧洲红豆杉（*Taxus baccata*）、东北红豆杉（*Taxus cuspidata*）和云南红豆杉（*Taxus yunnanensis*）。这些种质资源均收集保存于无锡市锡山区红豆杉国家林木种质资源库。

　　5份收集保存种源隶属于木兰科鹅掌楸属（*Liriodendron*）、含笑属（*Michelia*）和玉兰属（*Yulania*），例如鹅掌楸（*Liriodendron chinense*）、醉香含笑（*Michelia macclurei*）、天目玉兰（*Yulania amoena*）等。

　　其余收集保存种源隶属于柏科（2份）、杨柳科（2份）、大戟科（2份）、杜英科（2份）、山茱萸科（2份）以及山茶科（2份）等（图4-69～图4-72）。

69 银缕梅
保存 种源 苏州市常熟市)

图 4-70 蓝果树
(收集保存 种源 苏州市吴江区)

灯台树
存 种源 苏州市吴江区)

图 4-72 伯乐树
(收集保存 种源 苏州市吴江区)

### 三、母树林

江苏省境内共有收集保存母树林林木种质资源 4 份，涉及 4 个种，隶属于 3 属 3 科。

新沂乌桕母树林种子和句容磨盘山林场冬青母树林种子为江苏省审（认）定的林木良种。新沂乌桕母树林（图 4-76）收集保存于徐州新沂市踢球山林场。句容磨盘山林场冬青（*Ilex chinensis*）（图 4-73）母树林收集保存于镇江句容市磨盘山林场。落羽杉（*Taxodium distichum*）（图 4-74）和池杉（*Taxodium distichum* var. *imbricatum*）（图 4-75）母树林收集保存于镇江丹阳市经济开发区的胡桥林场。落羽杉母树林面积达 20 亩，林分平均胸径 40.2 cm，平均树高 28 m；池杉母树林面积达 25 亩，林分平均胸径 35.2 cm，平均树高 25 m。

图 4-73　冬青
（收集保存　母树林　镇江市句容市）

图 4-74　落羽杉
（收集保存　母树林　镇江市丹阳市）

-75 池杉
保存 母树林 镇江市丹阳市）

图4-76 乌桕
（收集保存 母树林 徐州市新沂市）

## 四、栽培其他

江苏省境内共有收集保存的栽培其他林木种质资源 253 份，涉及 110 个种，隶属于 15 属 1 科。

上述 253 份种质资源全部属于禾本科的竹类植物，主要收集保存于淮安清江浦区清江林业指导站、扬州江都区观赏竹林木良种基地、常州市国家观赏竹林木良种基地和南京玄武区的南京林业大学以及溧水区白马镇的南京林业大学白马基地竹类植物种质资源保存圃。其中，常州市国家观赏竹林木良种基地是国内规模较大的专业化生产经营观赏竹、笋用竹、竹盆景的基地。

约 40% 的收集保存栽培其他林木种质资源属于刚竹属（*Phyllostachys*），有 101 份，例如黄槽斑竹（*Phyllostachys bambusoides* f. *mixta*）（图 4-77）、绿竿黄槽百夹竹（*Phyllostachys nidularia* f. *mirabilis*）（图 4-77）、安吉金竹（*Phyllostachys parvifolia*）（图 4-78）等。另外，38 份收集保存栽培其他林木种质资源属于苦竹属（*Pleioblatus*），例如菲白竹（*Pleioblastus fortunei*）（图 4-79）、螺节竹（*Pleioblastus gramineus* f. *monstrospiralis*）、宜兴苦竹（*Pleioblastus yixingensis*）（图 4-80）等。其余收集保存栽培其他林木种质资源属于箬竹属（18 份）、篌竹属（16 份）、矢竹属（16 份）、寒竹属（13 份）、鹅毛竹属（12 份）、大节竹属（10 份）、少穗竹属（8 份）以及业平竹属（6 份）等。

图 4-77　黄槽斑竹（左图）和绿竿黄槽筱竹（右图）（收集保存　其他）

图 4-78　安吉金竹（收集保存　其他）

图4-79　菲白竹（收集保存　其他）

图4-80　宜兴苦竹（左图为宜兴苦竹林，右图为局部放大）（收集保存　其他）

# 第四节　栽培利用林木种质资源

栽培利用林木种质资源指调查范围内造林工程、城乡绿化、庭院绿化、四旁绿化、经济林果园等人工种植的林木种质资源。通过野外调查和统计分析，江苏省栽培利用的林木种质资源共有 5 253 份，包括个体 1 465 份、优树 1 143 份、群体 331 份、种源 11 份、无性系 92 份、选育品种 2 154 份、农家品种 2 份和栽培其他 55 份。这些林木种质资源共涉及 365 种，隶属于 177 属 71 科。

## 一、栽培个体

根据调查和统计，江苏省共有栽培利用个体林木种质资源 1 465 份。这些栽培个体涉及 146 种，隶属于 106 属 51 科。其中，裸子植物 6 科 15 属 17 种，包括苏铁（*Cycas revoluta*）、银杏、金钱松等；被子植物 45 科 91 属 129 种，包括木半夏（*Elaeagnus multiflora*）（图 4-81）、二球悬铃木（*Platanus acerifolia*）（图 4-82）、银缕梅（图 4-83）等。就生活型而言，这些栽培个体中，共有 38 种常绿植物，如柏木（*Cupressus funebris*）、荷花玉兰（*Magnolia grandiflora*）（图 4-84）、柳杉（*Cryptomeria japonica* var. *sinensis*）等，其余 108 种均为落叶植物，如白杜、旱柳、厚壳树（*Ehretia acuminata*）（图 4-85）等。具体种质资源情况如附录Ⅲ所示。

这些栽培个体林木种质资源中，樟（*Cinnamomum camphora*）（图 4-86）、银杏和枫杨所占数量最多，分别有 127 份、103 份和 70 份，三者累计占总份数的 20.48%。

图 4-81　木半夏（栽培个体　常州市金坛区）

　　苏铁、银杏、南方红豆杉和银缕梅的野生植株为国家一级重点保护野生植物；金钱松、大叶榉树、榧（*Torreya grandis*）和天竺桂（*Cinnamomum japonicum*）的野生植株为国家二级重点保护野生植物。

图 4-82　二球悬铃木（栽培个体　淮安市盱眙县）

图 4 - 83　银缕梅（栽培个体　常州市溧阳市）

图 4 - 84　荷花玉兰（栽培个体　泰州市海陵区）

图 4 - 85　厚壳树（栽培个体　淮安市金湖县）

图 4 - 86　樟（栽培个体　淮安市盱眙县）

　　13 个地级市中，除南京市和苏州市以外，其余 11 个地级市均有栽培个体林木种质资源分布，其中无锡市的栽培个体份数最多，达 357 份，占总份数的 24.37%；其次为淮安市，共有栽培个体 305 份，占总份数的 20.82%；再次为南通市，有栽培个体 257 份，占总份数的 17.54%，具体分布情况如图 4 - 87 所示。

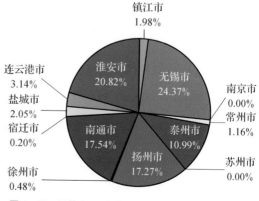

图 4 - 87　江苏省 13 市栽培个体林木种质资源占比

## 二、栽培优树

根据调查，江苏省栽培利用的优树林木种质资源共有 1 143 份。它们涉及 115 种，隶属于 83 属 43 科。其中，裸子植物共有 5 科 12 属 19 种，如白皮松（*Pinus bungeana*）、圆柏（*Juniperus chinensis*）（图 4 – 88）、落羽杉等；被子植物共有 38 科 71 属 96 种，如榆树（图 4 – 89）、木樨、黄金树（*Catalpa speciosa*）（图 4 – 90）等。就生活型而言，这些栽培优树中共有 32 种为常绿植物，如扶芳藤（*Euonymus fortunei*）、贵州石楠（*Photinia bodinieri*）、日本珊瑚树（*Viburnum odoratissimum* var. *awabuki*）等；其余 83 种均为落叶植物，如德州栎（*Quercus texana*）、东京樱花（*Cerasus yedoensis*）、珙桐（*Davidia involucrata*）等。就数量而言，银杏在栽培优树中的份数最多，共有 140 份，占总份数的 12.25%。具体种质资源情况如附录Ⅳ所示。

图 4 – 88　圆柏（栽培优树　南通市崇川区）

89 榆树（栽培优树 南通市启东市）

图 4 - 90 黄金树（栽培优树 南通市崇川区）

图 4-91　马尾松（栽培优树　常州市金坛区）

以上 1 143 份栽培利用优树种质资源在胸径、树高等方面均明显高于周围其他同类的性状，且大多生长状况良好，但也有少数优树生长欠佳。其中，位于常州金坛区的栽培优树马尾松（*Pinus massoniana*）（图 4-91），其胸径达 41 cm，树高达 16 m，平均冠幅 7 m 左右，该优树长势一般，并且周围其他马尾松出现枯死现象；位于南京栖霞区的栽培优树垂柳，其胸径达 40 cm，树高达 5 m，该株优树有 3 分枝，2 枝已中空，生长势衰弱；扬州高邮市的栽培优树接骨木（*Sambucus williamsii*），树干倾斜，枝叶较少，生长势较差。建议相关部门加强管护。

13 个地级市中，共有 6 个地级市存在栽培优树林木种质资源。扬州市的栽培优树份数最多，达 419 份，占总份数的 36.66%；其次为南京市，共有栽培优树 358 份，占总份数的 31.32%；再次为盐城市，共有栽培优树 332 份，占总份数的 29.05%；南通市和徐州市各有栽培优树 15 份，分别占总份数的 1.31%；常州市仅有栽培优树 4 份，占总份数的 0.35%。

### 三、栽培群体

根据调查，江苏省栽培利用林木种质资源中的栽培群体共有 331 份。它们涉及 180 种，隶属于 114 属 59 科。其中，裸子植物有 5 科 14 属 21 种，如马尾松、黑松（*Pinus thunbergiana*）、金钱松（图 4-92）、杉木和竹柏（*Nageia nagi*）；被子植物有 54 科 100 属 159 种，包括月桂（*Laurus nobilis*）、二球悬铃木、阔叶十大功劳（*Mahonia bealei*）、珊瑚朴（*Celtis julianae*）(图 4 - 93)、秤锤树（*Sinojackia xylocarpa*）、东京樱花、欧洲白榆（*Ulmus laevis*）、绣球荚蒾（*Viburnum macrocephalum*）等。

图 4 - 92　金钱松（栽培群体　常州市溧阳市）

图 4-93 珊瑚朴（栽培群体 南通市崇川区）

就生活型而言，这 180 种植物中有 67 种为常绿树种，包括马尾松、黑松、大叶冬青（*Ilex latifolia*）等；105 种为落叶树种，如金钱松、板栗（*Castanea mollissima*）、枣树（*Ziziphus jujuba*）等；另外，还有散生竹类 7 种以及丛生竹类 1 种。具体种质资源情况如附录Ⅴ所示。

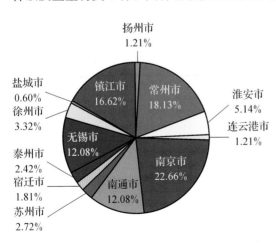

图 4-94 江苏省 13 市栽培群体的林木种质资源占比

江苏省 13 个地级市均有栽培群体林木种质资源。具体来说，南京市的栽培群体最多，达 75 份，占总份数的 22.66%；其次为常州市，共有栽培群体 60 份，占总份数的 18.13%；再次为镇江市，共有栽培群体 55 份，占总份数的 16.62%；南通市和无锡市各有栽培群体 40 份，分别占总份数的 12.08%；淮安市有 17 份栽培群体，占总份数的

5.14%；徐州市有11份栽培群体，占总份数的3.32%；其余6个地级市的栽培群体种质资源均不足10份。（图4-94）

四、种源

根据调查和统计分析，江苏省栽培利用林木种质资源中的种源共有11份。它们涉及11种，隶属于11科11属。其中，裸子植物共有2科2属2种，包括雪松（*Cedrus deodara*）（图4-95）和落羽杉；被子植物共有9科9属9种，分别为樟、冬青卫矛（*Euonymus japonicus*）、乌桕、南京椴、枳（*Citrus trifoliata*）、龙游梅（*Armeniaca mume* var. *tortuosa*）、楝（图4-96）、山茶（*Camellia japonica*）和杜仲（*Eucommia ulmoides*）。就生活型而言，这11份种源中，有4份为常绿树种，其余7份均为落叶树种。这11种植物基本上均为江苏地区的常见栽培树种，具有一定的实用价值，如具有绿化和观赏价值。

图4-95 雪松（栽培种源 泰州市兴化市）

图4-96 楝（栽培种源 泰州市兴化市）

13 个地级市中，仅有 3 个地级市存在种源林木种质资源。具体来说，泰州市有 7 份种源，连云港市有 3 份，淮安市有 1 份。具体的种质资源情况如表 4-10 和表 4-11 所示。

表 4-10 江苏省栽培利用林木种质资源（种源）统计

| 类型 | 序号 | 种中文名 | 种学名 | 属名 | 科名 | 生活型 |
|---|---|---|---|---|---|---|
| 种源 | 1 | 雪松 | *Cedrus deodara* | 雪松属 | 松科 | 常绿乔木 |
| 种源 | 2 | 落羽杉 | *Taxodium distichum* | 落羽杉属 | 柏科 | 落叶乔木 |
| 种源 | 3 | 樟 | *Cinnamomum camphora* | 樟属 | 樟科 | 常绿乔木 |
| 种源 | 4 | 冬青卫矛 | *Euonymus japonicus* | 卫矛属 | 卫矛科 | 常绿灌木 |
| 种源 | 5 | 乌桕 | *Triadica sebifera* | 乌桕属 | 大戟科 | 落叶乔木 |
| 种源 | 6 | 南京椴 | *Tilia miqueliana* | 椴属 | 锦葵科 | 落叶乔木 |
| 种源 | 7 | 龙游梅 | *Armeniaca mume* var. *tortuosa* | 杏属 | 蔷薇科 | 落叶乔木 |
| 种源 | 8 | 枳 | *Citrus trifoliata* | 柑橘属 | 芸香科 | 落叶灌木 |
| 种源 | 9 | 楝 | *Melia azedarach* | 楝属 | 楝科 | 落叶乔木 |
| 种源 | 10 | 山茶 | *Camellia japonica* | 山茶属 | 山茶科 | 常绿灌木 |
| 种源 | 11 | 杜仲 | *Eucommia ulmoides* | 杜仲属 | 杜仲科 | 落叶乔木 |

表 4-11 江苏省栽培利用林木种质资源（种源）地理位置

| 序号 | 种中文名 | 市 | 县区 | 乡镇 | 小地名 | 经纬度/° | 海拔/m |
|---|---|---|---|---|---|---|---|
| 1 | 雪松 | 泰州市 | 兴化市 | 张郭镇 | 镇政府 | E120.135 7，N32.783 7 | -8.2 |
| 2 | 落羽杉 | 连云港市 | 东海县 | 石榴镇 | 东海县林业种苗繁育场 | E118.736 9，N34.582 8 | 50.0 |
| 3 | 樟 | 泰州市 | 兴化市 | 张郭镇 | 镇政府 | E120.135 7，N32.783 7 | -8.2 |
| 4 | 冬青卫矛 | 泰州市 | 兴化市 | 海南镇 | 佳兴园林 | E119.989 7，N33.047 3 | 5.6 |
| 5 | 乌桕 | 连云港市 | 东海县 | 安峰镇 | 安峰山林场 | E118.735 3，N34.372 1 | 45.0 |
| 6 | 南京椴 | 淮安市 | 洪泽区 | 朱坝 | 大魏村 | E118.920 6，N33.307 2 | -0.5 |

| 序号 | 种中文名 | 市 | 县区 | 乡镇 | 小地名 | 经纬度/° | 海拔/m |
|---|---|---|---|---|---|---|---|
| 7 | 龙游梅 | 泰州市 | 兴化市 | 海南镇 | 佳兴园林 | E119.989 7, N33.047 3 | 5.1 |
| 8 | 枳 | 泰州市 | 兴化市 | 海南镇 | 佳兴园林 | E119.989 7, N33.047 3 | 5.6 |
| 9 | 楝 | 泰州市 | 兴化市 | 海南镇 | 佳兴园林 | E119.989 7, N33.047 3 | 2.0 |
| 10 | 山茶 | 连云港市 | 海州区 | 锦屏镇 | 连云港市乡土树种繁育中心 | E119.538 6, N34.539 2 | 4.0 |
| 11 | 杜仲 | 泰州市 | 兴化市 | 海南镇 | 佳兴园林 | E119.989 7, N33.047 3 | 5.6 |

## 五、无性系

根据野外调查和统计分析，江苏省栽培利用林木种质资源中的无性系共有92份，它们隶属于44种34属21科。其中，裸子植物3科6属6种；被子植物18科28属38种。具体种质资源如表4-12所示。

表4-12　江苏省栽培利用林木种质资源（无性系）统计

| 序号 | 种 | 品种中文名 | 品种拉丁名 | 属名 | 科名 | 主要用途 |
|---|---|---|---|---|---|---|
| 1 | 银杏 | 东北大孤山下（南林大） | *Ginkgo biloba* cv. | 银杏属 | 银杏科 | 绿化 |
| 2 | | 佛指 | *Ginkgo biloba* 'Fozhi' | 银杏属 | 银杏科 | 观赏 |
| 3 | 柏木 | 蓝冰柏 | *Cupressus arizonica* var. *glabra* 'Blue Ice' | 柏木属 | 柏科 | 观赏 |
| 4 | 圆柏 | 龙柏 | *Juniperus chinensis* 'Kaizuca' | 刺柏属 | 柏科 | 绿化 |
| 5 | 侧柏 | 洒金 | *Platycladus orientalis* 'Aurea' | 侧柏属 | 柏科 | 观赏 |
| 6 | 落羽杉 | 中山杉 | *Taxodium* 'Zhongshanshan' | 落羽杉属 | 柏科 | 观赏 |

| 序号 | 种 | 品种中文名 | 品种拉丁名 | 属名 | 科名 | 主要用途 |
|---|---|---|---|---|---|---|
| 7 | 榧 | 香榧 | *Torreya grandis* 'Merrillii' | 榧属 | 红豆杉科 | 绿化 |
| 8 | 玉兰 | 飞黄玉兰 | *Yulania denudata* 'Fei Huang' | 玉兰属 | 木兰科 | 观赏 |
| 9 | 二乔玉兰 | 红运玉兰 | *Yulania* × *soulangeana* 'Hongyun' | 玉兰属 | 木兰科 | 观赏 |
| 10 | | 长春二乔木兰 | *Yulania* × *soulangeana* 'Spemperiflora' | 玉兰属 | 木兰科 | 观赏 |
| 11 | | 银边冬青卫矛 | *Euonymus japonicus* 'Albo-marginatus' | 卫矛属 | 卫矛科 | 绿化 |
| 12 | 冬青卫矛 | 金边冬青卫矛 | *Euonymus japonicus* 'Aureo-marginatus' | 卫矛属 | 卫矛科 | 绿化 |
| 13 | | 花叶冬青卫矛 | *Euonymus japonicus* 'Variegatum' | 卫矛属 | 卫矛科 | 绿化 |
| 14 | 旱柳 | 龙爪柳 | *Salix matsudana* 'Tortusoa' | 柳属 | 杨柳科 | 观赏 |
| 15 | 槐 | 金枝国槐 | *Sophora japonica* 'Golden Stem' | 槐属 | 豆科 | 观赏 |
| 16 | | 龙爪槐 | *Sophora japonica* 'Pendula' | 槐属 | 豆科 | 绿化 |
| 17 | | 多米诺 | *Wisteria* cv. | 紫藤属 | 豆科 | 观赏 |
| 18 | | 黑龙 | *Wisteria* cv. | 紫藤属 | 豆科 | 观赏 |
| 19 | 紫藤 | 九尺 | *Wisteria* cv. | 紫藤属 | 豆科 | 观赏 |
| 20 | | 罗萨 | *Wisteria* cv. | 紫藤属 | 豆科 | 观赏 |
| 21 | | 一才藤 | *Wisteria* cv. | 紫藤属 | 豆科 | 观赏 |

| 序号 | 种 | 品种中文名 | 品种拉丁名 | 属名 | 科名 | 主要用途 |
|---|---|---|---|---|---|---|
| 22 | 桃 | 紫叶桃 | *Amygdalus persica* 'Atropurpurea' | 桃属 | 蔷薇科 | 绿化 |
| 23 | | 碧桃 | *Amygdalus persica* 'Duplex' | 桃属 | 蔷薇科 | 观赏 |
| 24 | | 一重野 | *Amygdalus persica* cv. | 桃属 | 蔷薇科 | 观赏 |
| 25 | 钟花樱桃 | "椿寒樱"钟花樱 | *Cerasus campanulata* 'Introrsa' | 樱属 | 蔷薇科 | 观赏 |
| 26 | 山樱花 | 郁金樱 | *Cerasus serrulata* 'Grandiflora' | 樱属 | 蔷薇科 | 观赏 |
| 27 | | "关山"日本晚樱 | *Cerasus serrulata* 'Sekiyama' | 樱属 | 蔷薇科 | 观赏 |
| 28 | | "大岛樱"日本晚樱 | *Cerasus serrulata* 'Speciosa' | 樱属 | 蔷薇科 | 观赏 |
| 29 | | "松月"日本晚樱 | *Cerasus serrulata* 'Superba' | 樱属 | 蔷薇科 | 观赏 |
| 30 | 东京樱花 | 染井吉野樱 | *Cerasus × yedoensis* 'Somei-yoshino' | 樱属 | 蔷薇科 | 观赏 |
| 31 | 樱 | 布鲁克斯樱 | *Cerasus* cv. | 樱属 | 蔷薇科 | 食用 |
| 32 | | 岱红樱 | *Cerasus* cv. | 樱属 | 蔷薇科 | 食用 |
| 33 | | 俄罗斯8号樱 | *Cerasus* cv. | 樱属 | 蔷薇科 | 食用 |
| 34 | | 福晨樱 | *Cerasus* cv. | 樱属 | 蔷薇科 | 食用 |
| 35 | | 福星樱 | *Cerasus* cv. | 樱属 | 蔷薇科 | 食用 |
| 36 | | 八重枝垂 | *Cerasus* cv. | 樱属 | 蔷薇科 | 观赏 |
| 37 | | 高岭樱 | *Cerasus* cv. | 樱属 | 蔷薇科 | 观赏 |
| 38 | | 吉野枝垂 | *Cerasus* cv. | 樱属 | 蔷薇科 | 观赏 |
| 39 | | 菊樱 | *Cerasus* cv. | 樱属 | 蔷薇科 | 观赏 |
| 40 | | 市原虎尾 | *Cerasus* cv. | 樱属 | 蔷薇科 | 观赏 |
| 41 | | 松月 | *Cerasus* cv. | 樱属 | 蔷薇科 | 观赏 |

| 序号 | 种 | 品种中文名 | 品种拉丁名 | 属名 | 科名 | 主要用途 |
|---|---|---|---|---|---|---|
| 42 | | 仙台枝垂 | *Cerasus* cv. | 樱属 | 蔷薇科 | 观赏 |
| 43 | | 御衣黄 | *Cerasus* cv. | 樱属 | 蔷薇科 | 观赏 |
| 44 | | 红灯樱 | *Cerasus* cv. | 樱属 | 蔷薇科 | 食用 |
| 45 | | 美早樱 | *Cerasus* cv. | 樱属 | 蔷薇科 | 食用 |
| 46 | | 先锋樱 | *Cerasus* cv. | 樱属 | 蔷薇科 | 食用 |
| 47 | 垂丝海棠 | 北美海棠 | *Malus* 'American' | 苹果属 | 蔷薇科 | 观赏 |
| 48 | 红叶石楠 | "红罗宾"红叶石楠 | *Photinia × fraseri* 'Red Robin' | 石楠属 | 蔷薇科 | 观赏 |
| 49 | | "红唇"红叶石楠 | *Photinia × fraseri* 'Red Tip' | 石楠属 | 蔷薇科 | 观赏 |
| 50 | 胡颓子 | 花叶胡颓子 | *Elaeagnus pungens* 'Variegata' | 胡颓子属 | 胡颓子科 | 观赏 |
| 51 | 枣 | 龙爪枣 | *Ziziphus jujuba* 'Tortuosa' | 枣属 | 鼠李科 | 绿化 |
| 52 | 榆 | 金叶榆 | *Ulmus pumila* 'Jinye' | 榆属 | 榆科 | 观赏 |
| 53 | 木槿 | 红心木槿 | *Hibiscus syriacus* 'Red Heart' | 木槿属 | 锦葵科 | 观赏 |
| 54 | 紫薇 | "银薇"紫薇 | *Lagerstroemia indica* 'Alba' | 紫薇属 | 千屈菜科 | 观赏 |
| 55 | | "翠薇"紫薇 | *Lagerstroemia indica* 'Amabilis' | 紫薇属 | 千屈菜科 | 观赏 |
| 56 | | "赤薇"紫薇 | *Lagerstroemia indica* 'Rubra' | 紫薇属 | 千屈菜科 | 观赏 |
| 57 | 鸡爪槭 | 红枫 | *Acer palmatum* 'Atropurpureum' | 槭属 | 无患子科 | 绿化 |
| 58 | | 羽毛槭 | *Acer palmatum* 'Dissectum Ornatum' | 槭属 | 无患子科 | 绿化 |

| 序号 | 种 | 品种中文名 | 品种拉丁名 | 属名 | 科名 | 主要用途 |
|---|---|---|---|---|---|---|
| 59 | 绣球 | 金边绣球 | *Hydrangea macrophylla* 'Aureo-marginatus' | 光绣球属 | 绣球科 | 观赏 |
| 60 | 杜鹃 | 喜鹊登梅 | *Rhododendron* cv. | 杜鹃花属 | 杜鹃花科 | 观赏 |
| 61 | | 奥尼尔 | *Vaccinium* cv. | 越橘属 | 杜鹃花科 | 观赏 |
| 62 | | 百露 | *Vaccinium* cv. | 越橘属 | 杜鹃花科 | 食用 |
| 63 | | 都克 | *Vaccinium* cv. | 越橘属 | 杜鹃花科 | 食用 |
| 64 | | 公爵 | *Vaccinium* cv. | 越橘属 | 杜鹃花科 | 食用 |
| 65 | | 莱克西 | *Vaccinium* cv. | 越橘属 | 杜鹃花科 | 食用 |
| 66 | 越橘 | 蓝丰 | *Vaccinium* cv. | 越橘属 | 杜鹃花科 | 食用 |
| 67 | | 绿宝石 | *Vaccinium* cv. | 越橘属 | 杜鹃花科 | 观赏 |
| 68 | | 密斯提 | *Vaccinium* cv. | 越橘属 | 杜鹃花科 | 食用 |
| 69 | | 普鲁 | *Vaccinium* cv. | 越橘属 | 杜鹃花科 | 食用 |
| 70 | | 双丰 | *Vaccinium* cv. | 越橘属 | 杜鹃花科 | 食用 |
| 71 | | 甜心 | *Vaccinium* cv. | 越橘属 | 杜鹃花科 | 食用 |
| 72 | | 珠宝 | *Vaccinium* cv. | 越橘属 | 杜鹃花科 | 食用 |
| 73 | 栀子 | 雀舌栀子 | *Gardenia jasminoides* 'Radicans' | 栀子属 | 茜草科 | 观赏 |
| 74 | 夹竹桃 | "白花"夹竹桃 | *Nerium oleander* 'Paihua' | 夹竹桃属 | 夹竹桃科 | 观赏 |
| 75 | | "重瓣"夹竹桃 | *Nerium oleander* 'Plenum' | 夹竹桃属 | 夹竹桃科 | 观赏 |
| 76 | 络石 | 花叶络石 | *Trachelospermum jasminoides* 'Flame' | 络石属 | 夹竹桃科 | 观赏 |
| 77 | 蔓长春花 | "金边"蔓长春花 | *Vinca major* 'Aureomarginata' | 蔓长春花属 | 夹竹桃科 | 观赏 |
| 78 | | "花叶"蔓长春花 | *Vinca major* 'Variegata' | 蔓长春花属 | 夹竹桃科 | 观赏 |

续　表

| 序号 | 种 | 品种中文名 | 品种拉丁名 | 属名 | 科名 | 主要用途 |
|---|---|---|---|---|---|---|
| 79 | 女贞 | 金森女贞 | *Ligustrum japonicum* 'Howardii' | 女贞属 | 木樨科 | 绿化 |
| 80 | 卵叶女贞 | 金边卵叶女贞 | *Ligustrum ovalifolium* 'Aureum' | 女贞属 | 木樨科 | 绿化 |
| 81 | 小叶女贞 | 花叶小叶女贞 | *Ligustrum quihoui* 'Variegatum' | 女贞属 | 木樨科 | 绿化 |
| 82 | 小蜡 | 银边小蜡 | *Ligustrum sinense* 'Variegatum' | 女贞属 | 木樨科 | 绿化 |
| 83 | 木樨 | 丹桂* | *Osmanthus fragrans* (Aurantiacus Group) | 木樨属 | 木樨科 | 观赏 |
| 84 | | 银桂* | *Osmanthus fragrans* (Latifolias Group) | 木樨属 | 木樨科 | 观赏 |
| 85 | | 金桂* | *Osmanthus fragrans* (Thunbergii Group) | 木樨属 | 木樨科 | 观赏 |
| 86 | | 状元红 | *Osmanthus fragrans* 'Zhuangyuanhong' | 木樨属 | 木樨科 | 观赏 |
| 87 | 冬青 | "金边"圣诞冬青 | *Ilex aquifolium* 'Aureomarginata' | 冬青属 | 冬青科 | 绿化 |
| 88 | 枸骨 | 无刺枸骨 | *Ilex cornuta* 'National' | 冬青属 | 冬青科 | 绿化 |
| 89 | | 花叶枸骨 | *Ilex cornuta* 'Variegatus' | 冬青属 | 冬青科 | 绿化 |
| 90 | 大花六道木 | 金叶大花六道木 | *Abelia* × *grandiflora* 'Francis Mason' | 糯米条属 | 忍冬科 | 绿化 |
| 91 | 亮叶忍冬 | 匍枝亮叶忍冬 | *Lonicera ligustrina* var. *yunnanensis* 'Maigrun' | 忍冬属 | 忍冬科 | 观赏 |
| 92 | 锦带花 | 红王子锦带花 | *Weigela florida* 'Red Prince' | 锦带花属 | 忍冬科 | 观赏 |

注：* 表示品种群作为品种进行统计。

　　从所涉及的这 44 种植物的类群看，樱属（*Cerasus*）最多，共有 16 个无性系；越橘属（*Vaccinium*）有 12 个无性系；紫藤属（*Wisteria*）有 5 个无性系；山樱花（*Cerasus serrulata*）和木槿各有 4 个无性系；桃和紫薇各有 3 个无性系；银杏、二乔木兰（*Yulania × soulangeana*）、槐、红叶石楠（*Photinia × fraseri*）、鸡爪槭、夹竹桃（*Nerium oleander*）、蔓长春花（*Vinca major*）和枸骨（*Ilex cornuta*）各有 2 个无性系，其余植物均只有 1 个（图 4 - 97～图 4 - 100）。

图 4 - 97 中山杉（栽培无性系）

图 4 - 98 红枫（栽培无性系）

图4-99　飞黄玉兰（栽培无性系）

图4-100　碧桃（栽培无性系）

## 六、选育品种

根据野外调查和统计分析，江苏省栽培利用林木种质资源中的选育品种共有 2 154 份。这些品种涉及的树种共有 66 种，隶属于 23 科 47 属。具体的种质资源情况如附录Ⅵ所示。

在这 2 154 份选育品种中，超过 50% 的品种隶属于蔷薇科，达到 1 618份。其中，大部分品种由蔷薇属（*Rosa*）（1 229 份）、梅（209 份）、苹果属（*Malus*）（62 份）以及桃属（*Amygdalus*）（52 份）选育而来。这些种质资源有主要用于园林绿化观赏的品种，如云片柏（*Chamaecyparis obtusa* 'Gracilis'）（图 4 - 101）、塔柏（*Juniperus chinensis* 'Pyramidalis'）、金叶水杉（*Metasequoia glyptostroboides* 'Gold Rush'）、金镶玉竹（*Phyllostachys aureosulcata* 'Spectabilis'）（图 4 - 102）、湘妃竹（*Phyllostachys reticulata* 'Lacrima-deae'）、彩叶杞柳（*Salix integra* 'Hakuro Nishiki'）等；也包括一些用于食用的品种，如美国山核桃的品种 "Pawnee 波尼"（*Carya illinoinensis* cv.）（图 4 - 103）、"美人指"葡萄（*Vitis vinifera* 'Manicure Finger'）、"处暑红"板栗（*Castanea mollissima* cv.）、白玉枇杷（*Eriobotrya japonica* 'Baiyu'）（图 4 - 104）、大红袍枇杷（*Eriobotrya japonica* 'Dahongpao'）（图 4 - 105）、爱甘梨（*Pyrus* × *michauxii* 'Ai Gan'）（图 4 - 106）、丰水梨（*Pyrus* × *michauxii* 'Feng Shui'）（图 4 - 107）、"徐香"猕猴桃（*Actinidia* cv.）等。

图 4 - 101　云片柏（选育品种）

图 4 - 102　金镶玉竹（选育品种）

图 4 – 103 "Pawnee 波尼"美国山核桃（选育品种）

图4-104 白玉枇杷（选育品种）

图4-105 大红袍枇杷（选育品种）

图4-106 爱甘梨（选育品种）

图4-107 丰水梨（选育品种）

## 七、农家品种

根据野外调查和统计分析，江苏栽培利用林木种质资源中的农家品种仅在南通市有分布，共有 2 份。它们隶属于 2 种 2 属 2 科，分别为雀舌罗汉松（*Podocarpus macrophyllus* 'Queshe'）（图 4 - 108）和南通小方柿（*Diospyros kaki* 'Nantongxiaofangshi'）（图 4 - 109）。具体的种质资源情况如表 4 - 13 和表 4 - 14 所示。

图 4 - 108　雀舌罗汉松（农家品种　南通市如东县）

图 4 - 109　南通小方柿（农家品种　南通市海安县）

表 4‐13　江苏省栽培利用林木种质资源（农家品种）统计

| 序号 | 种 | 种中文名 | 种学名 | 属名 | 科名 |
|---|---|---|---|---|---|
| 1 | 罗汉松 | 雀舌罗汉松 | *Podocarpus macrophyllus* 'Queshe' | 罗汉松属 | 罗汉松科 |
| 2 | 柿 | 南通小方柿 | *Diospyros kaki* 'Nantongxiaofangshi' | 柿属 | 柿树科 |

表 4‐14　江苏省栽培利用林木种质资源（农家品种）地理位置

| 序号 | 种中文名 | 市 | 县区 | 乡镇 | 经纬度/° | 海拔/m | 主要用途 |
|---|---|---|---|---|---|---|---|
| 1 | 雀舌罗汉松 | 南通市 | 崇川区 | 狼山镇 | E120.8843，N31.9627 | 12.0 | 观赏 |
| 1 | 雀舌罗汉松 | 南通市 | 如东县 | 丰利镇 | E121.0661，N32.4519 | 7.0 | 观赏 |
| 2 | 南通小方柿 | 南通市 | 海安县 | 大公镇 | E120.4128，N32.4445 | 12.0 | 食用 |
| 2 | 南通小方柿 | 南通市 | 如东县 | 大豫镇 | E121.3615，N32.3118 | 12.0 | 食用 |

## 八、栽培其他

江苏省境内共有栽培利用林木种质资源的栽培其他类型 55 份。它们涉及 55 个种（包括变种、变型以及品种等，下同），隶属于 10 属 1 科。具体种质资源情况见表 4‐15。

上述 55 份种质资源全部属于禾本科的竹类植物，其中，60.78%的栽培利用其他林木种质资源属于刚竹属（*Phyllostachys*），有 32 份，例如篌竹（*Phyllostachys nidularia*）、紫竹（*Phyllostachys nigra*）、桂竹（*Phyllostachys reticulata*）（图 4‐110）、灰竹（*Phyllostachys nuda*）、刚竹（*Phyllostachys sulphurea* var. *viridis*）（图 4‐111）、绿槽毛竹（*Phyllostachys edulis* f. *viridisulcata*）（图 4‐112）等。其次，8 份栽培利用其他林木种质资源属于苦竹属，例如苦竹（*Pleioblastus amarus*）、铺地竹（*Pleioblastus argenteastriatus*）、大明竹（*Pleioblastus gramineus*）等。其余栽培利用其他林木种质资源属于箬竹属（4 份）、寒竹属（3 份）、矢竹属（2 份）、箭竹属（2 份）、酸竹属（1 份）、少穗竹属（1 份）、唐竹属（1 份）以及业平竹属（1 份）。此外，在这 55 种竹类资源中，部分种类的应用频度较低，例如无毛翠竹（*Pleioblastus distichus*）、福建茶竿竹（*Pseudosasa amabilis* var. *convexa*）、曙筋矢竹（*Pseudosasa japonica* f. *akebonosuji*）等。

－110　桂竹（栽培其他）

－111　刚竹（栽培其他）

图4－112　绿槽毛竹（栽培其他）

表4－15　江苏省栽培利用林木种质资源（栽培其他）统计

| 序号 | 种中文名 | 种学名 | 属名 | 科名 | 生活型 | 主要用途 |
|------|----------|--------|------|------|--------|----------|
| 1 | 酸竹 | *Acidosasa chinensis* | 酸竹属 | 禾本科 | 丛生竹类 | 观赏 |
| 2 | 孝顺竹 | *Bambusa multiplex* | 簕竹属 | 禾本科 | 丛生竹类 | 观赏 |
| 3 | 观音竹 | *Bambusa multiplex* var. *riviereorum* | 簕竹属 | 禾本科 | 丛生竹类 | 观赏 |
| 4 | 寒竹 | *Chimonobambusa marmorea* | 寒竹属 | 禾本科 | 丛生竹类 | 观赏 |

| 序号 | 种中文名 | 种学名 | 属名 | 科名 | 生活型 | 主要用途 |
|---|---|---|---|---|---|---|
| 5 | 刺黑竹 | *Chimonobambusa purpurea* | 寒竹属 | 禾本科 | 丛生竹类 | 观赏 |
| 6 | 方竹 | *Chimonobambusa quadrangularis* | 寒竹属 | 禾本科 | 丛生竹类 | 观赏 |
| 7 | 多毛箬竹 | *Indocalamus hirsutissimus* | 箬竹属 | 禾本科 | 丛生竹类 | 观赏 |
| 8 | 湖南箬竹 | *Indocalamus hunanensis* | 箬竹属 | 禾本科 | 丛生竹类 | 观赏 |
| 9 | 阔叶箬竹 | *Indocalamus latifolius* | 箬竹属 | 禾本科 | 丛生竹类 | 观赏 |
| 10 | 箬竹 | *Indocalamus tessellatus* | 箬竹属 | 禾本科 | 丛生竹类 | 观赏 |
| 11 | 四季竹 | *Oligostachyum lubricum* | 少穗竹属 | 禾本科 | 丛生竹类 | 观赏 |
| 12 | 黄古竹 | *Phyllostachys angusta* | 刚竹属 | 禾本科 | 散生竹类 | 用材 |
| 13 | 乌芽竹 | *Phyllostachys atrovaginata* | 刚竹属 | 禾本科 | 散生竹类 | 观赏 |
| 14 | 人面竹 | *Phyllostachys aurea* | 刚竹属 | 禾本科 | 散生竹类 | 观赏 |
| 15 | 黄槽竹 | *Phyllostachys aureosulcata* | 刚竹属 | 禾本科 | 散生竹类 | 观赏 |
| 16 | 黄槽斑竹 | *Phyllostachys bambusoides* f. *mixta* | 刚竹属 | 禾本科 | 散生竹类 | 绿化 |
| 17 | 蓉城竹 | *Phyllostachys bissetii* | 刚竹属 | 禾本科 | 散生竹类 | 观赏 |
| 18 | 白哺鸡竹 | *Phyllostachys dulcis* | 刚竹属 | 禾本科 | 散生竹类 | 食用 |
| 19 | 毛竹 | *Phyllostachys edulis* | 刚竹属 | 禾本科 | 散生竹类 | 观赏 |
| 20 | 金丝毛竹 | *Phyllostachys edulis* f. *gracilis* | 刚竹属 | 禾本科 | 散生竹类 | 绿化 |
| 21 | 绿槽毛竹 | *Phyllostachys edulis* f. *viridisulcata* | 刚竹属 | 禾本科 | 散生竹类 | 绿化 |
| 22 | 花哺鸡竹 | *Phyllostachys glabrata* | 刚竹属 | 禾本科 | 散生竹类 | 观赏 |
| 23 | 淡竹 | *Phyllostachys glauca* | 刚竹属 | 禾本科 | 散生竹类 | 观赏 |
| 24 | 筠竹 | *Phyllostachys glauca* f. *yunzhu* | 刚竹属 | 禾本科 | 散生竹类 | 绿化 |
| 25 | 实心竹 | *Phyllostachys heteroclada* f. *solida* | 刚竹属 | 禾本科 | 散生竹类 | 绿化 |
| 26 | 美竹 | *Phyllostachys mannii* | 刚竹属 | 禾本科 | 散生竹类 | 食用 |
| 27 | 毛环竹 | *Phyllostachys meyeri* | 刚竹属 | 禾本科 | 散生竹类 | 食用 |
| 28 | 篌竹 | *Phyllostachys nidularia* | 刚竹属 | 禾本科 | 散生竹类 | 观赏 |
| 29 | 紫竹 | *Phyllostachys nigra* | 刚竹属 | 禾本科 | 散生竹类 | 观赏 |
| 30 | 毛金竹 | *Phyllostachys nigra* var. *henonis* | 刚竹属 | 禾本科 | 散生竹类 | 观赏 |

| 序号 | 种中文名 | 种学名 | 属名 | 科名 | 生活型 | 主要用途 |
|---|---|---|---|---|---|---|
| 31 | 灰竹 | *Phyllostachys nuda* | 刚竹属 | 禾本科 | 散生竹类 | 用材 |
| 32 | 黄条早竹 | *Phyllostachys praecox* f. *notata* | 刚竹属 | 禾本科 | 散生竹类 | 绿化 |
| 33 | 高节竹 | *Phyllostachys prominens* | 刚竹属 | 禾本科 | 散生竹类 | 观赏 |
| 34 | 早园竹 | *Phyllostachys propinqua* | 刚竹属 | 禾本科 | 散生竹类 | 绿化 |
| 35 | 桂竹 | *Phyllostachys reticulata* | 刚竹属 | 禾本科 | 散生竹类 | 观赏 |
| 36 | 衢县红壳竹 | *Phyllostachys rutila* | 刚竹属 | 禾本科 | 散生竹类 | 用材 |
| 37 | 金竹 | *Phyllostachys sulphurea* | 刚竹属 | 禾本科 | 散生竹类 | 观赏 |
| 38 | 绿槽刚竹 | *Phyllostachys sulphurea* f. *viridisulcata* | 刚竹属 | 禾本科 | 散生竹类 | 观赏 |
| 39 | 刚竹 | *Phyllostachys sulphurea* var. *viridis* | 刚竹属 | 禾本科 | 散生竹类 | 绿化 |
| 40 | 乌竹 | *Phyllostachys varioauriculata* | 刚竹属 | 禾本科 | 散生竹类 | 观赏 |
| 41 | 早竹 | *Phyllostachys violascens* | 刚竹属 | 禾本科 | 散生竹类 | 食用 |
| 42 | 粉绿竹 | *Phyllostachys viridiglaucescens* | 刚竹属 | 禾本科 | 散生竹类 | 观赏 |
| 43 | 乌哺鸡竹 | *Phyllostachys vivax* | 刚竹属 | 禾本科 | 散生竹类 | 观赏 |
| 44 | 苦竹 | *Pleioblastus amarus* | 苦竹属 | 禾本科 | 丛生竹类 | 观赏 |
| 45 | 铺地竹 | *Pleioblastus argenteastriatus* | 苦竹属 | 禾本科 | 丛生竹类 | 观赏 |
| 46 | 无毛翠竹 | *Pleioblastus distichus* | 苦竹属 | 禾本科 | 散生竹类 | 绿化 |
| 47 | 菲白竹 | *Pleioblastus fortunei* | 苦竹属 | 禾本科 | 丛生竹类 | 观赏 |
| 48 | 大明竹 | *Pleioblastus gramineus* | 苦竹属 | 禾本科 | 丛生竹类 | 观赏 |
| 49 | 螺节竹 | *Pleioblastus gramineus* f. *monstrospiralis* | 苦竹属 | 禾本科 | 丛生竹类 | 绿化 |
| 50 | 斑苦竹 | *Pleioblastus maculatus* | 苦竹属 | 禾本科 | 丛生竹类 | 观赏 |
| 51 | 宜兴苦竹 | *Pleioblastus yixingensis* | 苦竹属 | 禾本科 | 丛生竹类 | 观赏 |
| 52 | 福建茶竿竹 | *Pseudosasa amabilis* var. *convexa* | 矢竹属 | 禾本科 | 丛生竹类 | 观赏 |
| 53 | 曙筋矢竹 | *Pseudosasa japonica* f. *akebonosuji* | 矢竹属 | 禾本科 | 丛生竹类 | 绿化 |
| 54 | 短穗竹 | *Semiarundinaria densiflora* | 业平竹属 | 禾本科 | 丛生竹类 | 观赏 |
| 55 | 唐竹 | *Sinobambusa tootsik* | 唐竹属 | 禾本科 | 丛生竹类 | 观赏 |

# 第五节　古树名木种质资源

古树指在人类历史过程中保存下来的年代久远或具有重要科研、历史、文化价值，树龄在100年以上的树木。古树按照树龄大小分为三级，其中树龄500年及以上的为一级古树，树龄在300～499年之间的为二级古树，树龄在100～299年之间的为三级古树。名木指在历史上或社会上有重大影响的中外历代名人所植或者具有极其重要的历史价值、文化价值、纪念意义的树木，不受年龄限制。本次古树名木清查对象不包括仅能在室内或人工设施条件下栽培的南方观赏植物；本地移栽时间5年以下的古树，只作为来源不明的林木种质资源。

古树经历长时间的各种环境变迁和生态条件变化，经受了自然灾害、病虫危害、人为破坏等考验，是珍贵的种质资源基因库。古树名木作为一种珍贵的不可再生资源，同时也是文化的承载者，它从侧面见证并记录着一个地区的发展历程，形成了独特的人文资源，具有不可估量的文化价值。

## 一、古树名木种质资源概述

本次调查共发现江苏省古树名木种质资源有3大类8 695份：古树单株林木种质资源8 249份，包括一级古树618份、二级古树955份以及三级古树6 676份；古树群种质资源353份和名木种质资源93份（表4-16）。

13个地级市中，古树名木种质资源最多的3个市依次为：苏州（2 323份）、泰州（940份）和无锡（908份）。

表4-16　江苏省古树名木分布情况

单位：份

| 类别 | 南京市 | 无锡市 | 徐州市 | 常州市 | 苏州市 | 南通市 | 连云港市 | 淮安市 | 盐城市 | 扬州市 | 镇江市 | 泰州市 | 宿迁市 | 小计 |
|---|---|---|---|---|---|---|---|---|---|---|---|---|---|---|
| 一级古树 | 34 | 51 | 48 | 21 | 192 | 49 | 59 | 6 | 24 | 24 | 31 | 65 | 14 | 618 |
| 二级古树 | 49 | 105 | 40 | 47 | 318 | 86 | 70 | 35 | 15 | 47 | 90 | 28 | 25 | 955 |
| 三级古树 | 499 | 751 | 239 | 228 | 1 812 | 548 | 331 | 303 | 105 | 598 | 259 | 537 | 466 | 6 676 |

续　表

| 类别 | 南京市 | 无锡市 | 徐州市 | 常州市 | 苏州市 | 南通市 | 连云港市 | 淮安市 | 盐城市 | 扬州市 | 镇江市 | 泰州市 | 宿迁市 | 小计 |
|---|---|---|---|---|---|---|---|---|---|---|---|---|---|---|
| 古树群 | 0 | 0 | 37 | 1 | 0 | 0 | 0 | 4 | 0 | 0 | 0 | 309 | 2 | 353 |
| 名木 | 10 | 1 | 3 | 22 | 1 | 0 | 41 | 11 | 0 | 0 | 3 | 1 | 0 | 93 |
| 合计 | 592 | 908 | 367 | 319 | 2 323 | 683 | 501 | 359 | 144 | 669 | 383 | 940 | 507 | 8 695 |

8 695 份古树名木种质资源隶属于 215 种 129 属 65 科。此外，还包含 13 个品种。这些古树名木均属于种子植物，其中：古树单株林木种质资源有 8 249 份，隶属于 212 种 128 属 64 科，另含 13 个品种；古树群种质资源有 353 份，隶属于 18 种 16 属 10 科；名木种质资源有 93 份，隶属于 24 种 21 属 13 科，另有 1 个品种。

## 二、古树单株

江苏省共有古树单株种质资源 8 249 份，隶属于 212 种 128 属 64 科，另含 13 个品种。不少于 30 份古树单株的种类有 42 种，其中，银杏、圆柏、木樨和朴树所占数量最多，分别有 2 657 份、588 份、377 份和 363 份，这四者累计占总份数的 48.31%。此外，古银杏的种质资源数量远超其他，位列第一，单种份数占总份数的 32.21%。江苏省银杏种植历史悠久，泰兴的古银杏、银杏定植数、银杏产量及品质，都位于全国之冠，有着"华夏银杏第一市"的美称。邳州是全国五大银杏基地之一，无论是银杏果（即种子）、银杏的青叶，还是银杏酮的生产都在全国遥遥领先。

表 4-17　江苏省古树单株种质资源份数统计

| 类别 | 种类 | | 株数 | |
|---|---|---|---|---|
| | 数量/（种/品种） | 百分比/% | 数量/份 | 百分比/% |
| 200 份以上 | 7 | 3.11 | 4 775 | 57.89 |
| 101～200 份 | 8 | 3.56 | 1 116 | 13.53 |
| 51～100 份 | 12 | 5.33 | 826 | 10.01 |
| 11～50 份 | 47 | 20.89 | 1 108 | 13.43 |

| 类别 | 种类 | | 株数 | |
|---|---|---|---|---|
| | 数量/ (种/品种) | 百分比/% | 数量/份 | 百分比/% |
| 2～10 份 | 84 | 37.33 | 357 | 4.33 |
| 1 份 | 67 | 29.78 | 67 | 0.81 |
| 合计 | 225 | 100.00 | 8 249 | 100.00 |

由表 4-17 可以看出，江苏省古树单株种质资源的多样性较高，优势树种明显。大多数种类有 2～10 份，例如刺柏（*Juniperus formosana*）、柞木（*Xylosma congesta*）、白栎（*Quercus fabri*）、铺地柏（*Juniperus procumbens*）、龙爪槐（*Styphnolobium japonicum* 'Pendula'）、红枫（*Acer palmatum* 'Atropurpureum'）等；此外有 67 个种类仅有 1 份，例如日本冷杉（*Abies firma*）、南方红豆杉、红毒茴（*Illicium lanceolatum*）、红楠（*Machilus thunbergii*）、鹅掌楸、多花泡花树（*Meliosma myriantha*）等；100 份以上的种类有 15 个，总株数占全省总数的 71.41%，包括银杏、圆柏、罗汉松（*Podocarpus macrophyllus*）、樟、荷花玉兰、黄杨、枫香树（*Liquidambar formosana*）、皂荚（*Gleditsia sinensis*）、槐、栗、大叶榉树、朴树、黄连木、柿（*Diospyros kaki*）和木樨（表 4-18）。

表 4-18　江苏省古树资源（份数 $n \geqslant 30$）统计

| 序号 | 种中文名 | 种学名 | 属名 | 科名 | 种质生活型 | 数量/株 |
|---|---|---|---|---|---|---|
| 1 | 银杏 | *Ginkgo biloba* | 银杏属 | 银杏科 | 落叶乔木 | 2 657 |
| 2 | 雪松 | *Cedrus deodara* | 雪松属 | 松科 | 常绿乔木 | 53 |
| 3 | 白皮松 | *Pinus bungeana* | 松属 | 松科 | 常绿乔木 | 50 |
| 4 | 圆柏 | *Juniperus chinensis* | 刺柏属 | 柏科 | 常绿乔木 | 588 |
| 5 | 龙柏 | *Juniperus chinensis* 'Kaizuca' | 刺柏属 | 柏科 | 常绿乔木 | 63 |
| 6 | 侧柏 | *Platycladus orientalis* | 侧柏属 | 柏科 | 常绿乔木 | 45 |
| 7 | 罗汉松 | *Podocarpus macrophyllus* | 罗汉松属 | 罗汉松科 | 常绿乔木 | 108 |
| 8 | 蜡梅 | *Chimonanthus praecox* | 蜡梅属 | 蜡梅科 | 落叶灌木 | 46 |
| 9 | 樟 | *Cinnamomum camphora* | 樟属 | 樟科 | 常绿乔木 | 190 |

| 序号 | 种中文名 | 种学名 | 属名 | 科名 | 种质生活型 | 数量/株 |
|---|---|---|---|---|---|---|
| 10 | 荷花玉兰 | *Magnolia grandiflora* | 北美木兰属 | 木兰科 | 常绿乔木 | 123 |
| 11 | 黄杨 | *Buxus sinica* | 黄杨属 | 黄杨科 | 常绿乔木 | 286 |
| 12 | 小叶黄杨 | *Buxus sinica* var. *parvifolia* | 黄杨属 | 黄杨科 | 常绿灌木 | 40 |
| 13 | 枫香树 | *Liquidambar formosana* | 枫香树属 | 枫香科 | 落叶乔木 | 182 |
| 14 | 白杜 | *Euonymus maackii* | 卫矛属 | 卫矛科 | 落叶乔木 | 30 |
| 15 | 乌桕 | *Triadica sebifera* | 乌桕属 | 大戟科 | 落叶乔木 | 48 |
| 16 | 黄檀 | *Dalbergia hupeana* | 黄檀属 | 豆科 | 落叶乔木 | 37 |
| 17 | 皂荚 | *Gleditsia sinensis* | 皂荚属 | 豆科 | 落叶乔木 | 106 |
| 18 | 槐 | *Styphnolobium japonicum* | 槐属 | 豆科 | 落叶乔木 | 160 |
| 19 | 紫藤 | *Wisteria sinensis* | 紫藤属 | 豆科 | 落叶藤本 | 81 |
| 20 | 栗 | *Castanea mollissima* | 栗属 | 壳斗科 | 落叶乔木 | 227 |
| 21 | 麻栎 | *Quercus acutissima* | 栎属 | 壳斗科 | 落叶乔木 | 77 |
| 22 | 枫杨 | *Pterocarya stenoptera* | 枫杨属 | 胡桃科 | 落叶乔木 | 79 |
| 23 | 木瓜 | *Chaenomeles sinensis* | 木瓜海棠属 | 蔷薇科 | 落叶灌木 | 44 |
| 24 | 杜梨 | *Pyrus betulifolia* | 梨属 | 蔷薇科 | 落叶乔木 | 45 |
| 25 | 枣 | *Ziziphus jujuba* | 枣属 | 鼠李科 | 落叶乔木 | 79 |
| 26 | 榔榆 | *Ulmus parvifolia* | 榆属 | 榆科 | 落叶乔木 | 77 |
| 27 | 榆树 | *Ulmus pumila* | 榆属 | 榆科 | 落叶乔木 | 57 |
| 28 | 大叶榉树 | *Zelkova schneideriana* | 榉属 | 榆科 | 落叶乔木 | 277 |
| 29 | 朴树 | *Celtis sinensis* | 朴属 | 大麻科 | 落叶乔木 | 363 |
| 30 | 柘 | *Maclura tricuspidata* | 橙桑属 | 桑科 | 落叶灌木 | 38 |
| 31 | 桑 | *Morus alba* | 桑属 | 桑科 | 落叶乔木 | 73 |
| 32 | 紫薇 | *Lagerstroemia indica* | 紫薇属 | 千屈菜科 | 落叶灌木 | 83 |
| 33 | 石榴 | *Punica granatum* | 石榴属 | 千屈菜科 | 落叶灌木 | 38 |
| 34 | 黄连木 | *Pistacia chinensis* | 黄连木属 | 漆树科 | 落叶乔木 | 128 |
| 35 | 三角槭 | *Acer buergerianum* | 槭属 | 无患子科 | 落叶乔木 | 33 |
| 36 | 鸡爪槭 | *Acer palmatum* | 槭属 | 无患子科 | 落叶乔木 | 37 |
| 37 | 柿 | *Diospyros kaki* | 柿属 | 柿科 | 落叶乔木 | 119 |

| 序号 | 种中文名 | 种学名 | 属名 | 科名 | 种质生活型 | 数量/株 |
|------|----------|--------|------|------|------------|---------|
| 38 | 女贞 | *Ligustrum lucidum* | 女贞属 | 木樨科 | 常绿乔木 | 53 |
| 39 | 木樨 | *Osmanthus fragrans* | 木樨属 | 木樨科 | 常绿乔木 | 377 |
| 40 | 楸 | *Catalpa bungei* | 梓属 | 紫葳科 | 落叶乔木 | 51 |
| 41 | 冬青 | *Ilex chinensis* | 冬青属 | 冬青科 | 常绿乔木 | 35 |
| 42 | 枸骨 | *Ilex cornuta* | 冬青属 | 冬青科 | 常绿灌木 | 36 |

古树单株的生活型包括常绿乔木、常绿灌木、常绿藤本、落叶乔木、落叶灌木和落叶藤本6大类（表4-19）。其中，落叶乔木最多，为5 460份，占66.19%，主要树种为银杏、枫香树、皂荚、槐、栗、大叶榉树、朴树、黄连木和柿，上述种类均在100份以上；其次为常绿乔木，为2 158份，占26.16%，其中含100份以上的种质资源有圆柏、罗汉松、樟、荷花玉兰、黄杨、木樨；落叶灌木有365份（4.42%），其中紫薇最多，为83份，其他种类有蜡梅、木瓜、柘和石榴（*Punica granatum*）等；常绿灌木有176份（2.13%），包括小叶黄杨、枸骨、山茶、柞木（*Xylosma japonicum*）等；落叶藤本有86份（1.04%），为紫藤、凌霄（*Campsis grandiflora*）以及厚萼凌霄（*Campsis radicans*）；常绿藤本最少，仅络石（*Trachelospermum jasminoides*）1份，占0.01%。

表4-19　江苏省古树单株林木种质资源的生活型统计

| 种质生活型 | | 数量/种 | 百分比/% | 小计 | |
|-----------|------|---------|----------|---------|----------|
| | | | | 数量/种 | 百分比/% |
| 乔木 | 常绿 | 52 | 23.11 | 170 | 75.56 |
| | 落叶 | 118 | 52.45 | | |
| 灌木 | 常绿 | 23 | 10.22 | 51 | 22.67 |
| | 落叶 | 28 | 12.45 | | |
| 藤本 | 常绿 | 1 | 0.44 | 4 | 1.77 |
| | 落叶 | 3 | 1.33 | | |
| 合计 | | 225 | 100.00 | 225 | 100.00 |

就分布而言，苏州市的古树单株种质资源最多，为2 322份，大于100份的种类为银杏（625份）、圆柏（301份）、木樨（190份）、枫香树（154份）、

黄杨（146 份）、大叶榉树（132 份）和樟（126 份），其中银杏（图 4 - 113）和大叶榉树（图 4 - 114）为珍稀濒危植物，二者的野生植株均为国家重点保护野生植物。无锡市有 907 份古树单株资源，位于全省第二，数量最多的古树种类仍为银杏，有 311 份。南通市、扬州市和泰州市的单株古树资源均大于 600 份，分别为 683 份、669 份、630 份。数量最少的是盐城市，仅为 144 份，涵盖 27 种，隶属于 25 属 20 科。江苏省市区的古树主要分布在一些老公园、游园、纪念馆等地，村镇的古树主要分布在寺庙、房前屋后（图 4 - 115～图 4 - 117）。各地植物引种历史、地域文化、经济发展水平等因素均影响着各市的古树资源情况（图 4 - 118）。

113 银杏（古树 苏州市昆山市）

图 4 - 114 大叶榉树（古树 苏州市沧浪区）

图4-115 山茶（古树 盐城市东台市 院内）

图4-116　荷花玉兰（古树　南通市启东市　教堂内）

图4-117　油樟（古树　无锡市滨湖区　坟旁）

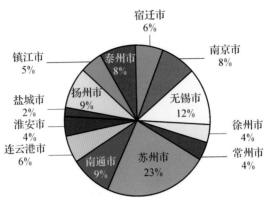

图 4 - 118 江苏省 13 市古树单株林木种质资源占比

在调查的 225 种（包含品种）古树资源中，仅银杏、黄杨、皂荚、槐、榔榆、朴树在全省 13 市均有分布。这可能归结于它们独特的生长特性。例如，黄杨（图 4 - 119）生长速度慢，病虫害少，故被广泛种植于居民家中，并且代代相传；皂荚（图 4 - 120）在微酸性、石灰质、轻盐碱土甚至黏土或砂土环境中均能正常生长，具较强耐旱性，木材坚硬，故常见于庭院宅旁；槐（图 4 - 121）枝叶茂密，绿荫如盖，适作庭荫树，夏秋可观花，并为优良的蜜源植物，果肉能入药，种子可作饲料等，又是防风固沙、用材及经济林兼用的树种，是庭院常用的特色树种。江苏省古树单株种质资源（份数 $n \geqslant 30$）分布情况如表 4 - 20 所示。

图4-119　黄杨（古树　淮安市淮安区）

图4-120　皂荚（古树　连云港市海州区）

图4-121　槐（古树　徐州市开发区）

表 4 - 20　江苏省古树（份数 n≥30）的树种在 13 市的分布

| 序号 | 树种 | 南京市 | 无锡市 | 徐州市 | 常州市 | 苏州市 | 南通市 | 连云港市 | 淮安市 | 盐城市 | 扬州市 | 镇江市 | 泰州市 | 宿迁市 | 份数合计 |
|---|---|---|---|---|---|---|---|---|---|---|---|---|---|---|---|
| 1 | 银杏 | 128 | 311 | 58 | 108 | 625 | 328 | 80 | 71 | 51 | 251 | 183 | 378 | 85 | 2 657 |
| 2 | 雪松 | 8 | 15 | 2 | — | 1 | 13 | — | 2 | — | 4 | 8 | | | 53 |
| 3 | 白皮松 | 4 | 7 | — | — | 34 | 1 | | | | 4 | | | | 50 |
| 4 | 圆柏 | 91 | 24 | 2 | 3 | 301 | 19 | 15 | 1 | 1 | 99 | 29 | 3 | — | 588 |
| 5 | 龙柏 | 18 | 22 | — | — | 9 | — | | 3 | — | 8 | | 2 | 1 | 63 |
| 6 | 侧柏 | 3 | 4 | 7 | 6 | — | 1 | 6 | 6 | — | 5 | 1 | | 6 | 45 |
| 7 | 罗汉松 | 3 | 20 | — | 2 | 57 | 19 | — | — | | 3 | 2 | | | 108 |
| 8 | 蜡梅 | 2 | 4 | — | 4 | 14 | 2 | 1 | 5 | 1 | 2 | 6 | 3 | 2 | 46 |
| 9 | 樟 | 8 | 7 | — | — | 126 | 12 | 1 | 2 | 1 | 2 | 23 | 8 | — | 190 |
| 10 | 荷花玉兰 | 12 | 14 | — | 2 | 55 | 13 | | 1 | — | 25 | — | 1 | | 123 |
| 11 | 黄杨 | 12 | 15 | 2 | 6 | 146 | 20 | 1 | 3 | 13 | 9 | 6 | 49 | 4 | 286 |
| 12 | 小叶黄杨 | 1 | — | 1 | — | — | — | 3 | — | — | 29 | 2 | 4 | — | 40 |
| 13 | 枫香树 | 7 | 2 | — | 6 | 154 | — | 11 | | | | 2 | | | 182 |
| 14 | 白杜 | 4 | 2 | 5 | — | 1 | 4 | — | 1 | 2 | | | 5 | 6 | 30 |
| 15 | 乌桕 | 2 | 8 | 3 | 2 | 5 | 5 | 8 | 5 | — | 4 | 1 | 2 | 5 | 48 |
| 16 | 黄檀 | — | 7 | 1 | — | 6 | 5 | 11 | 4 | — | 1 | — | 2 | — | 37 |
| 17 | 皂荚 | 3 | 3 | 24 | 3 | 5 | 4 | 6 | 9 | 12 | 2 | 8 | 18 | 9 | 106 |
| 18 | 槐 | 6 | 8 | 77 | 4 | 8 | 5 | 6 | 10 | 5 | 8 | 4 | 8 | 11 | 160 |
| 19 | 紫藤 | 12 | 10 | 1 | — | 40 | 3 | 4 | 2 | — | 3 | 1 | 4 | 1 | 81 |
| 20 | 栗 | — | — | 1 | 5 | — | 50 | | | | | | 158 | | 227 |
| 21 | 麻栎 | 6 | 15 | 4 | 3 | 7 | — | 5 | 8 | | 12 | 1 | — | 15 | 77 |
| 22 | 枫杨 | 4 | 7 | — | 3 | 30 | 5 | 9 | 8 | — | 4 | 9 | — | — | 79 |
| 23 | 木瓜 | — | 3 | 8 | — | 8 | 1 | 7 | 3 | 1 | 1 | 5 | 3 | 4 | 44 |
| 24 | 杜梨 | 3 | — | 3 | — | — | — | 10 | 10 | — | | | | 19 | 45 |
| 25 | 枣 | — | 2 | 28 | 3 | 1 | — | | 1 | 14 | 10 | — | 4 | 9 | 79 |

续　表

| 序号 | 树种 | 南京市 | 无锡市 | 徐州市 | 常州市 | 苏州市 | 南通市 | 连云港市 | 淮安市 | 盐城市 | 扬州市 | 镇江市 | 泰州市 | 宿迁市 | 份数合计 |
|---|---|---|---|---|---|---|---|---|---|---|---|---|---|---|---|
| 26 | 椰榆 | 10 | 4 | 1 | 6 | 15 | 7 | — | 5 | 1 | 2 | 3 | 16 | 6 | 77 |
| 27 | 榆树 | 3 | — | 5 | — | 9 | 3 | 1 | 22 | 2 | 1 | — | 5 | 5 | 57 |
| 28 | 大叶榉树 | 19 | 28 | — | 29 | 132 | 45 | — | — | — | — | 6 | 5 | 13 | 277 |
| 29 | 朴树 | 25 | 60 | 15 | 25 | 67 | 42 | 41 | 28 | 5 | 11 | 21 | 14 | 9 | 363 |
| 30 | 柘 | 1 | — | 1 | 3 | — | 1 | 7 | 5 | 3 | 1 | 1 | 6 | 9 | 38 |
| 31 | 桑 | — | 2 | 17 | — | — | 3 | 8 | 21 | 3 | 5 | 1 | — | 13 | 73 |
| 32 | 紫薇 | 10 | 12 | 4 | 1 | 19 | 6 | 1 | — | 1 | 10 | 6 | 10 | — | 83 |
| 33 | 石榴 | 3 | 6 | 3 | 1 | 11 | 1 | 3 | 4 | — | 4 | — | — | — | 38 |
| 34 | 黄连木 | 16 | 5 | 4 | 4 | 3 | 6 | 40 | 28 | — | 3 | 2 | 1 | 16 | 128 |
| 35 | 三角槭 | 7 | 6 | — | 2 | 10 | 1 | — | 3 | — | 3 | — | 1 | — | 33 |
| 36 | 鸡爪槭 | 7 | — | — | — | 22 | — | — | — | 1 | 5 | — | 1 | — | 37 |
| 37 | 柿 | — | 7 | 19 | — | 4 | 8 | 15 | 4 | — | 3 | — | — | 57 | 119 |
| 38 | 女贞 | 14 | 10 | — | — | 4 | 3 | — | — | — | 8 | 8 | 5 | — | 53 |
| 39 | 木槿 | 20 | 61 | — | 9 | 190 | 14 | 6 | 7 | 3 | 46 | — | 16 | 5 | 377 |
| 40 | 楸 | 2 | 2 | 3 | — | 6 | 1 | 28 | 9 | — | — | — | — | — | 51 |
| 41 | 冬青 | 6 | 6 | — | 4 | 18 | — | — | — | — | — | 1 | — | — | 35 |
| 42 | 枸骨 | 128 | 4 | — | 5 | 13 | 3 | — | 1 | — | 4 | 3 | 3 | — | 164 |

　　各地对古树名木资源保护较为重视，绝大多数古树均有挂牌，由专人看护，大多数古树长势旺盛，但本次调查也发现一些古树保护、管理等方面存在的问题。① 个别古树名木的种类鉴定有误。如位于常州市金坛区薛埠镇东塔山土地庙、薛埠镇东进金牛洞以及茅东林场林南管理区小窑的 3 株无刺枸骨（*Ilex cornuta* 'National'）（图4-122），在 2016 年的调查中，被错误地标记为枸骨；位于南通市崇川区啬园的 1 株柘树（*Maclura tricuspidata*）（图4-123），被误认为是大风子科的柞木（榨木）；位于泰州市海陵区桃园的 1 株黄檀被定名为国槐；位于苏州市吴中区东山镇东山村施巷弯和东山楂湾村的 5 株

榔榆,被登记为大叶榉树(表4-21)。② 少数古树名木资源管理不善,长势欠佳,甚至死亡或被变卖。如位于常州市溧阳市金山里村35号西侧的朴树,是溧阳市境内唯一1株树龄达1 000年的古树,但其生长状况却十分令人担忧,该树树高仅4.2 m,几无叶,处于濒危状态;位于苏州市常熟市市区胸径最大的枫杨(图4-124),长势一般,树干中空;苏州市相城区东桥镇原登记有黄杨古树1株,本次调查发现已被卖等。

表4-21 江苏省古树名木树种名称勘误表

| 地级市 | 区县 | 树种名称 | 树种学名 | 原登记树种 | 地点 |
|---|---|---|---|---|---|
| 徐州市 | 泉山区 | 黑弹树 | *Celtis bungeana* | 朴树 | 杏山 |
| 徐州市 | 泉山区 | 光皮梾木 | *Cornus wilsoniana* | 四照花 | 云龙山 |
| 常州市 | 金坛区 | 无刺枸骨 | *Ilex cornuta* 'Fortunei' | 枸骨 | 薛埠镇东塔山土地庙 |
| 常州市 | 金坛区 | 无刺枸骨 | *Ilex cornuta* 'Fortunei' | 枸骨 | 薛埠镇东进金牛洞 |
| 常州市 | 金坛区 | 无刺枸骨 | *Ilex cornuta* 'Fortunei' | 枸骨 | 茅东林场林南管理区小窑 |
| 常州市 | 金坛区 | 麻栎 | *Quercus acutissima* | 栓皮栎 | 茅东林场林南管理区白云作业点 |
| 苏州市 | 常熟市 | 红毒茴 | *Illicium lanceolatum* | 月桂 | 市区荷香馆 |
| 苏州市 | 常熟市 | 光叶榉 | *Zelkova serrata* | 榉树 | 虞山林场兴福寺祇园前 |
| 苏州市 | 常熟市 | 楸树 | *Catalpa bungei* | 梓树 | 三峰寺 |
| 苏州市 | 常熟市 | 楸树 | *Catalpa bungei* | 梓树 | 三峰寺 |
| 苏州市 | 常熟市 | 香圆 | *Citrus grandis* × *junos* | 香橼 | 市区出入境管理中心 |
| 苏州市 | 常熟市 | 美国凌霄 | *Campsis radicans* | 凌霄 | 第一人民医院 |
| 苏州市 | 常熟市 | 楸树 | *Catalpa bungei* | 梓树 | 西门街支塘中心医院 |
| 苏州市 | 常熟市 | 野柿 | *Diospyros kaki* var. *silvestris* | 柿子 | 尚湖镇查家巷 |
| 苏州市 | 吴中区 | 糙叶树 | *Aphananthe aspera* | 朴树 | 越溪 |
| 苏州市 | 吴中区 | 糙叶树 | *Aphananthe aspera* | 朴树 | 东山,雨花台公园 |

| 地级市 | 区县 | 树种名称 | 树种学名 | 原登记树种 | 地点 |
|---|---|---|---|---|---|
| 苏州市 | 吴中区 | 糙叶树 | *Aphananthe aspera* | 朴树 | 东山，雨花台公园 |
| 苏州市 | 吴中区 | 糙叶树 | *Aphananthe aspera* | 朴树 | 东山，雨花台公园 |
| 苏州市 | 吴中区 | 栓皮栎 | *Quercus variabilis* | 青冈栎 | 藏书，天池山寂鉴寺 |
| 苏州市 | 吴中区 | 冬青 | *Ilex chinensis* | 檀树 | 穹窿山 |
| 苏州市 | 吴中区 | 白栎 | *Quercus fabri* | 麻栎 | 穹窿山 |
| 苏州市 | 吴中区 | 白栎 | *Quercus fabri* | 麻栎 | 穹窿山 |
| 苏州市 | 吴中区 | 大叶榉树 | *Zelkova schneideriana* | 榔榆 | 花山 |
| 苏州市 | 吴中区 | 大叶榉树 | *Zelkova schneideriana* | 榔榆 | 花山 |
| 苏州市 | 吴中区 | 楸树 | *Catalpa bungei* | 梓树 | 东山 |
| 苏州市 | 吴中区 | 刺楸 | *Kalopanax septemlobus* | 毛花槭 | 花山 |
| 苏州市 | 吴中区 | 红毒茴 | *Illicium lanceolatum* | 孩儿脸 | 东山，雕花楼 |
| 苏州市 | 吴中区 | 光叶榉 | *Zelkova serrata* | 榉树 | 东山，雨花台公园 |
| 苏州市 | 昆山市 | 青　冈 | *Cyclobalanopsis glauca* | 栲树 | 淀山湖学院 |
| 苏州市 | 吴江区 | 佘山胡颓子 | *Elaeagnus argyi* | 胡颓子 | 松陵实验小学幼儿园 |
| 苏州市 | 吴江区 | 槐 | *Styphnolobium japonicum* | 刺槐 | 七都镇 |
| 苏州市 | 张家港市 | 香圆 | *Citrus grandis* × *junos* | 香橼 | 塘桥村 |
| 苏州市 | 太仓市 | 朴树 | *Celtis sinensis* | 榉树 | 市一中 |
| 苏州市 | 相城区 | 乌桕 | *Triadica sebifera* | 重阳木 | 金龙村 |
| 苏州市 | 姑苏区 | 栓皮栎 | *Quercus variabilis* | 麻栎 | 天平山 |
| 苏州市 | 姑苏区 | 紫薇 | *Lagerstroemia indica* | 紫藤 | 怡园 |
| 苏州市 | 姑苏区 | 白花紫藤 | *Wisteria sinensis* f. *alba* | 紫藤 | 动物园 |
| 苏州市 | 姑苏区 | 圆柏 | *Juniperus chinensis* | 柏木 | 沧浪亭 |

| 地级市 | 区县 | 树种名称 | 树种学名 | 原登记树种 | 地点 |
|---|---|---|---|---|---|
| 苏州市 | 姑苏区 | 龙柏 | *Juniperus chinensis* 'Kaizuka' | 圆柏 | 苏大附一医院 |
| 苏州市 | 姑苏区 | 龙柏 | *Juniperus chinensis* 'Kaizuka' | 圆柏 | 苏大附一医院 |
| 苏州市 | 姑苏区 | 龙柏 | *Juniperus chinensis* 'Kaizuka' | 柏木 | 第一丝厂 |
| 苏州市 | 姑苏区 | 龙柏 | *Juniperus chinensis* 'Kaizuka' | 柏木 | 第一丝厂 |
| 苏州市 | 姑苏区 | 单体红山茶 | *Camellia uraku* | 贵妃山茶 | 城东中心小学 |
| 苏州市 | 姑苏区 | 楸树 | *Catalpa bungei* | 梓树 | 文庙 |
| 苏州市 | 姑苏区 | 楸树 | *Catalpa bungei* | 梓树 | 文庙 |
| 苏州市 | 姑苏区 | 楸树 | *Catalpa bungei* | 梓树 | 文庙 |
| 苏州市 | 姑苏区 | 圆柏 | *Juniperus chinensis* | 柏木 | 留园 |
| 苏州市 | 姑苏区 | 圆柏 | *Juniperus chinensis* | 柏木 | 留园 |
| 苏州市 | 姑苏区 | 龙柏 | *Juniperus chinensis* 'Kaizuka' | 圆柏 | 苏州大学 |
| 苏州市 | 姑苏区 | 龙柏 | *Juniperus chinensis* 'Kaizuka' | 圆柏 | 苏州公园 |
| 苏州市 | 姑苏区 | 龙柏 | *Juniperus chinensis* 'Kaizuka' | 圆柏 | 苏州公园 |
| 南通市 | 海安市 | 圆柏 | *Juniperus chinensis* | 侧柏 | 白蒲镇白蒲公园 |
| 南通市 | 海安市 | 黄连木 | *Pistacia chinensis* | 漆树 | 江淮文化园内 |
| 南通市 | 海安市 | 冬青卫矛 | *Euonymus japonicus* | 黄杨 | 中洋集团中润公司 |
| 南通市 | 启东市 | 朴树 | *Celtis sinensis* | 白榆 | 东南中学校 |
| 南通市 | 启东市 | 朴树 | *Celtis sinensis* | 白榆 | 海富镇东南中学原女生宿舍 |
| 南通市 | 如皋市 | 旱柳 | *Salix matsudana* | 柳树 | 搬经镇港桥村 26 组 |

续　表

| 地级市 | 区县 | 树种名称 | 树种学名 | 原登记树种 | 地点 |
|---|---|---|---|---|---|
| 南通市 | 如皋市 | 梓树 | *Catalpa ovata* | 楸树 | 下原镇邹庄村 17 组 |
| 南通市 | 如东县 | 白杜 | *Euonymus maackii* | 白蜡 | 长沙镇北坎村 6 组（现港城中通道） |
| 南通市 | 通州区 | 朴树 | *Celtis sinensis* | 白榆 | 东社镇东社居东街 13 组 |
| 南通市 | 通州区 | 朴树 | *Celtis sinensis* | 大叶榉树 | 东社镇东平村 12 组季玉江家 |
| 南通市 | 通州区 | 朴树 | *Celtis sinensis* | 香樟 | 东社镇东平村 17 组曹广家 |
| 南通市 | 通州区 | 黄杨 | *Buxus sinica* | 小叶黄杨 | 兴仁镇长林桥村卫志云屋后 |
| 南通市 | 通州区 | 黄杨 | *Buxus sinica* | 小叶黄杨 | 兴仁镇长林桥村卫志云屋后 |
| 南通市 | 海门市 | 朴树 | *Celtis sinensis* | 榉树 | 临江镇阳应村 28 组施永辉家 |
| 南通市 | 海门市 | 朴树 | *Celtis sinensis* | 榆树 | 包场镇凤飞村施林飞西山 |
| 南通市 | 海门市 | 樟 | *Cinnamomum camphora* | 榆树 | 余东镇木桩港 3 组梁树先 |
| 南通市 | 海门市 | 朴树 | *Celtis sinensis* | 榆树 | 悦来镇仲文村 7 组朱炳辉家 |
| 南通市 | 崇川区 | 圆柏 | *Juniperus chinensis* | 侧柏 | 狼山振衣亭旁 |
| 南通市 | 崇川区 | 大叶榉树 | *Zelkova schneideriana* | 黑榆树 | 崇川区博物苑 |
| 连云港市 | 灌云县 | 白榆 | *Ulmus pumila* | 榔榆 | 东王集乡直属村大路边 |
| 镇江市 | 句容市 | 糙叶树 | *Aphananthe aspera* | 榆树 | 句容宝华山 |
| 镇江市 | 句容市 | 五角枫 | *Acer pictum* | 三角枫 | 句容宝华山 |
| 泰州市 | 海陵区 | 黄檀 | *Dalbergia hupeana* | 国槐 | 桃园 |
| 泰州市 | 海陵区 | 刺槐 | *Robinia pseudoacacia* | 国槐 | 泰山公园 |

图 4 - 122 无刺枸骨（古树　常州市金坛区）

23　柘树［被误为柞木（榨木）］（古树　南通市崇川区）

图4-124　枫杨（古树　苏州市常熟市　树干中空）

图 4 - 125 银杏（一级古树 扬州市广陵区）

根据古树的年龄，江苏省的古树可以分为 3 类。其中，一级古树 618 份，占该省古树名木总数的 7.50%；二级古树 955 份，占古树名木总数的 11.58%；三级古树 6 676 份，占总数的 80.93%。可见，江苏省的古树名木以三级古树为主。不论是一级古树，还是二级古树，该区均以古银杏（图4‑125）的份数最多，分别为 372 份和 406 份。在一级古树中，除银杏外，其次为圆柏、樟和槐株数较多，而其余种类的株数较少。在二级古树中，除银杏外，其次为枫香树、圆柏、槐、黄杨、栗和朴树株数较多，而其余种类的株数较少。三级古树包含绝大多数古树单株种质资源，多数种类不含 300 年以上的古树（表 4‑22）。全省最大的南方红豆杉古树位于淮安市，树龄为 110 年，胸径为 35 cm，树高 4.5 m，它的野生种属于国家一级濒危植物。

表 4‑22　江苏省古树种质（份数 *n*≥30）的保护等级及数量统计

| 序号 | 古树名称 | 属 | 科 | 古树等级 | 份数 |
|---|---|---|---|---|---|
| 1 | 银杏（*Ginkgo biloba*） | 银杏属 | 银杏科 | 一级古树 | 372 |
| | | | | 二级古树 | 406 |
| | | | | 三级古树 | 1 879 |
| 2 | 雪松（*Cedrus deodara*） | 雪松属 | 松科 | 一级古树 | 0 |
| | | | | 二级古树 | 0 |
| | | | | 三级古树 | 53 |
| 3 | 白皮松（*Pinus bungeana*） | 松属 | 松科 | 一级古树 | 0 |
| | | | | 二级古树 | 1 |
| | | | | 三级古树 | 49 |
| 4 | 圆柏（*Juniperus chinensis*） | 刺柏属 | 柏科 | 一级古树 | 34 |
| | | | | 二级古树 | 68 |
| | | | | 三级古树 | 486 |
| 5 | 龙柏（*Juniperus chinensis* 'Kaizuca'） | 刺柏属 | 柏科 | 一级古树 | 1 |
| | | | | 二级古树 | 0 |
| | | | | 三级古树 | 62 |

| 序号 | 古树名称 | 属 | 科 | 古树等级 | 份数 |
|---|---|---|---|---|---|
| 6 | 侧柏（*Platycladus orientalis*） | 侧柏属 | 柏科 | 一级古树 | 1 |
| | | | | 二级古树 | 12 |
| | | | | 三级古树 | 32 |
| 7 | 罗汉松（*Podocarpus macrophyllus*） | 罗汉松属 | 罗汉松科 | 一级古树 | 9 |
| | | | | 二级古树 | 20 |
| | | | | 三级古树 | 79 |
| 8 | 蜡梅（*Chimonanthus praecox*） | 蜡梅属 | 蜡梅科 | 一级古树 | 1 |
| | | | | 二级古树 | 4 |
| | | | | 三级古树 | 41 |
| 9 | 樟（*Cinnamomum camphora*） | 樟属 | 樟科 | 一级古树 | 28 |
| | | | | 二级古树 | 7 |
| | | | | 三级古树 | 155 |
| 10 | 荷花玉兰（*Magnolia grandiflora*） | 北美木兰属 | 木兰科 | 一级古树 | 0 |
| | | | | 二级古树 | 3 |
| | | | | 三级古树 | 120 |
| 11 | 黄杨（*Buxus sinica*） | 黄杨属 | 黄杨科 | 一级古树 | 9 |
| | | | | 二级古树 | 25 |
| | | | | 三级古树 | 252 |
| 12 | 小叶黄杨（*Buxus sinica* var. *parvifolia*） | 黄杨属 | 黄杨科 | 一级古树 | 0 |
| | | | | 二级古树 | 0 |
| | | | | 三级古树 | 40 |
| 13 | 枫香树（*Liquidambar formosana*） | 枫香树属 | 枫香科 | 一级古树 | 1 |
| | | | | 二级古树 | 130 |
| | | | | 三级古树 | 51 |
| 14 | 白杜（*Euonymus maackii*） | 卫矛属 | 卫矛科 | 一级古树 | 0 |
| | | | | 二级古树 | 0 |
| | | | | 三级古树 | 30 |

续 表

| 序号 | 古树名称 | 属 | 科 | 古树等级 | 份数 |
|---|---|---|---|---|---|
| 15 | 乌桕（*Triadica sebifera*） | 乌桕属 | 大戟科 | 一级古树 | 0 |
| | | | | 二级古树 | 0 |
| | | | | 三级古树 | 48 |
| 16 | 黄檀（*Dalbergia hupeana*） | 黄檀属 | 豆科 | 一级古树 | 0 |
| | | | | 二级古树 | 0 |
| | | | | 三级古树 | 37 |
| 17 | 皂荚（*Gleditsia sinensis*） | 皂荚属 | 豆科 | 一级古树 | 1 |
| | | | | 二级古树 | 7 |
| | | | | 三级古树 | 98 |
| 18 | 槐（*Styphnolobium japonicum*） | 槐属 | 豆科 | 一级古树 | 25 |
| | | | | 二级古树 | 28 |
| | | | | 三级古树 | 107 |
| 19 | 紫藤（*Wisteria sinensis*） | 紫藤属 | 豆科 | 一级古树 | 14 |
| | | | | 二级古树 | 11 |
| | | | | 三级古树 | 56 |
| 20 | 栗（*Castanea mollissima*） | 栗属 | 壳斗科 | 一级古树 | 1 |
| | | | | 二级古树 | 25 |
| | | | | 三级古树 | 201 |
| 21 | 麻栎（*Quercus acutissima*） | 栎属 | 壳斗科 | 一级古树 | 0 |
| | | | | 二级古树 | 4 |
| | | | | 三级古树 | 73 |
| 22 | 枫杨（*Pterocarya stenoptera*） | 枫杨属 | 胡桃科 | 一级古树 | 1 |
| | | | | 二级古树 | 2 |
| | | | | 三级古树 | 76 |
| 23 | 木瓜（*Chaenomeles sinensis*） | 木瓜海棠属 | 蔷薇科 | 一级古树 | 5 |
| | | | | 二级古树 | 7 |
| | | | | 三级古树 | 32 |

| 序号 | 古树名称 | 属 | 科 | 古树等级 | 份数 |
|---|---|---|---|---|---|
| 24 | 杜梨（*Pyrus betulifolia*） | 梨属 | 蔷薇科 | 一级古树 | 0 |
| | | | | 二级古树 | 0 |
| | | | | 三级古树 | 45 |
| 25 | 枣（*Ziziphus jujuba*） | 枣属 | 鼠李科 | 一级古树 | 16 |
| | | | | 二级古树 | 6 |
| | | | | 三级古树 | 57 |
| 26 | 榔榆（*Ulmus parvifolia*） | 榆属 | 榆科 | 一级古树 | 0 |
| | | | | 二级古树 | 0 |
| | | | | 三级古树 | 77 |
| 27 | 榆树（*Ulmus pumila*） | 榆属 | 榆科 | 一级古树 | 0 |
| | | | | 二级古树 | 0 |
| | | | | 三级古树 | 57 |
| 28 | 大叶榉树（*Zelkova schneideriana*） | 榉属 | 榆科 | 一级古树 | 4 |
| | | | | 二级古树 | 9 |
| | | | | 三级古树 | 264 |
| 29 | 朴树（*Celtis sinensis*） | 朴属 | 大麻科 | 一级古树 | 7 |
| | | | | 二级古树 | 25 |
| | | | | 三级古树 | 331 |
| 30 | 柘（*Maclura tricuspidata*） | 橙桑属 | 桑科 | 一级古树 | 5 |
| | | | | 二级古树 | 2 |
| | | | | 三级古树 | 31 |
| 31 | 桑（*Morus alba*） | 桑属 | 桑科 | 一级古树 | 1 |
| | | | | 二级古树 | 0 |
| | | | | 三级古树 | 72 |
| 32 | 紫薇（*Lagerstroemia indica*） | 紫薇属 | 千屈菜科 | 一级古树 | 5 |
| | | | | 二级古树 | 15 |
| | | | | 三级古树 | 63 |

| 序号 | 古树名称 | 属 | 科 | 古树等级 | 份数 |
|---|---|---|---|---|---|
| 33 | 石榴（*Punica granatum*） | 石榴属 | 千屈菜科 | 一级古树 | 1 |
| | | | | 二级古树 | 2 |
| | | | | 三级古树 | 35 |
| 34 | 黄连木（*Pistacia chinensis*） | 黄连木属 | 漆树科 | 一级古树 | 9 |
| | | | | 二级古树 | 13 |
| | | | | 三级古树 | 106 |
| 35 | 三角槭（*Acer buergerianum*） | 槭属 | 无患子科 | 一级古树 | 0 |
| | | | | 二级古树 | 2 |
| | | | | 三级古树 | 31 |
| 36 | 鸡爪槭（*Acer palmatum*） | 槭属 | 无患子科 | 一级古树 | 0 |
| | | | | 二级古树 | 0 |
| | | | | 三级古树 | 37 |
| 37 | 柿（*Diospyros kaki*） | 柿属 | 柿科 | 一级古树 | 2 |
| | | | | 二级古树 | 4 |
| | | | | 三级古树 | 113 |
| 38 | 女贞（*Ligustrum lucidum*） | 女贞属 | 木樨科 | 一级古树 | 0 |
| | | | | 二级古树 | 2 |
| | | | | 三级古树 | 51 |
| 39 | 木樨（*Osmanthus fragrans*） | 木樨属 | 木樨科 | 一级古树 | 5 |
| | | | | 二级古树 | 18 |
| | | | | 三级古树 | 354 |
| 40 | 楸（*Catalpa bungei*） | 梓属 | 紫葳科 | 一级古树 | 0 |
| | | | | 二级古树 | 5 |
| | | | | 三级古树 | 46 |
| 41 | 冬青（*Ilex chinensis*） | 冬青属 | 冬青科 | 一级古树 | 0 |
| | | | | 二级古树 | 2 |
| | | | | 三级古树 | 33 |

| 序号 | 古树名称 | 属 | 科 | 古树等级 | 份数 |
|---|---|---|---|---|---|
| 42 | 枸骨（*Ilex cornuta*） | 冬青属 | 冬青科 | 一级古树 | 1 |
| | | | | 二级古树 | 1 |
| | | | | 三级古树 | 34 |

银杏作为在江苏省分布最广泛、数量最多的古树种质资源，树龄超过1 000年的达78份。最古老的银杏已有2 020年历史，位于徐州邳州市，胸径为147 cm，树高约为22 m，生长旺盛。泰兴市千年以上的古银杏共有19株，约占全省的1/4，分别为：宜堡镇、姜堰镇、分界乡各3株；泰兴镇、根思乡各2株；元竹镇、珊瑚镇、河失镇、顾高镇、大镇、白米镇各1株。千年的古银杏中，有许多与悠久的历史文化相关。位于姜堰白米镇的1株银杏树龄约有1 370年，传说为唐太宗李世民给子孙分封土地作为界树所栽，至今生长茂盛，枝干发达；位于河失镇司马村的1株千年银杏，相传为刘伯温拴马处（图4-126），其为实生雌树，曾遭雷击焚烧，主干东侧伤残较重，树冠层状分布，有根蘖苗，长势一般。此外，位于济川街道三阳村的1株千年银杏（图4-127），相传明朝朱元璋的军事刘伯温为保朱家王朝世代延续，寻查有王气的地脉，到泰兴发现城南门外有龙气，将会出真龙天子，刘伯温就一路寻气而来，发现龙脉要穴，命人在此栽下这株银杏树，以镇龙头，坏其风水。该树栽下后，生长迅速，枝繁叶茂，且雌雄同株，不需要授粉，年结千斤果，且个个大如拇指，"泰兴大佛指"白果因此得名。目前该树西边一半已经枯萎，东南侧有萌枝，曾有洋灯掉在上面造成火烧伤残，西侧有构树寄生，南侧有3株根蘖苗。从调查情况看，千年古银杏的生长管理尚存在一定问题，例如位于金坛区直溪镇溪滨小学操场的银杏，长势较差，上部有5个树枝，其中4个枯死，树干基部种了南瓜，树干近地面处的树皮，约有1/3的面积被损坏；位于如皋市白蒲镇林梓粮站李思明宅旁的古银杏雌株，胸径为89.5 cm，植株长势极差，银杏主干周围有萌枝，萌枝直径达25.2 cm。总的来说，部分古银杏存在树洞、积水、杂物堆积、病虫害干扰、缺乏支撑等问题，应加强管理，加大古树生态习性以及科学有效管护措施的宣传培训，及时开展防治病害、封堵树洞、固定支撑、划定保护区域等工作，保障古树的良好生长环境。

126 银杏
（泰州市泰兴市 刘伯温拴马处）

图 4-127 银杏
（古树 泰州市泰兴市 "泰兴大佛指"名称来源）

　　圆柏古树共 588 株。最古老的圆柏树龄为 1 900 年，位于苏州市吴中区司徒庙内，胸径 120 cm，树高约为 10 m。苏州市共有圆柏 301 株，昆山市分布数量最多。苏州市胸径最大的圆柏位于吴中区光福镇邓尉村盛恩寺，胸径154 cm，树高 25 m，树龄 1 800 年，生长状况较差。无锡市有圆柏 24 株，占全市古树名木数量的 2.64%。全市树龄最大的圆柏位于宜兴市西渚镇金楼村石牛岗，树龄 365 年，胸径 85 cm，树高 11.3 m，冠幅 6 m，生长状况一般。

　　木槿古树有 377 份，包括苏州市 190 份，无锡市 61 份，扬州市 46 份。树龄最大的木槿位于扬州市江都区，树龄 1 700 年，胸径 24 cm，树高 15 m，生长状况一般，枝条因冬季积雪压垮被锯，生长在花坛里，周围有围墙。苏州市胸径最大的木樨位于吴中区东山镇碧螺村紫金庵，胸径 45 cm，树高 14 m，树龄 600 年，生长旺盛。无锡市胸径最大的木樨古树位于宜兴市和桥街道北巨村和桥镇闸口村北巨村杨家组，树龄 140 年，胸径 75 cm，树高 6.5 m，冠幅 6 m，生长良好。

朴树古树共 363 株，全省树龄最大的朴树位于溧阳市金山里村 35 号西侧，最大胸径 151 cm，树龄估计在 1 000 年左右。值得注意的是，该株朴树是溧阳市境内唯一 1 株树龄达 1 000 年的古树，也是常州市境内唯一 1 株千年朴树，但其生长状况却十分堪忧，树高仅 4.2 m，几无叶，处于濒危状态。尽管相关部门已经对该树的树洞进行了清理，但其他相关保护措施亟须加强。连云港市共有 2 株树龄为 800 年的朴树，均位于连云港市新浦区南云台林场东磊，其中 1 株胸径 82 cm，树高 14.6 m，树洞、树瘤突出，历尽沧桑。基部粗大的树洞约 60 cm，推断为火害炙烤所致；干部树洞推断为大地震时期巨石滚落折断大枝而形成。

黄杨古树共 286 株。苏州市吴中区东山镇东山碧螺村紫金庵有 2 株树龄为 1 500 年的黄杨，这也是全省现存的最大树龄的黄杨。其中 1 株树高 9 m，胸径 90 cm，生长旺盛；另外 1 株树高 9.4 m，胸径 90 cm，生长旺盛。

大叶榉树为国家二级重点保护树种，全省有 277 株大叶榉树古树。苏州市以 132 株的数量位居全省之首。全省树龄最大的古树位于吴中区东山岱松村移山西湾，胸径 108 cm，树高 12 m，树龄 1 000 年，长势一般，主干中空，内生朴树。这也是苏州市胸径最大的大叶榉树。南通市共有大叶榉树 45 株，位列全省第二位。南通市大叶榉树的平均胸径为 48.8 cm，平均树高 14.2 m，平均冠幅 9.2 m。其中，位于通州区东社镇五马路村 12 组周勤宅后的大叶榉树最大胸径 114.0 cm，树龄 190 年。常州市有大叶榉树 29 株，数量处于全省第三位，其中 26 株分布于常州市溧阳市，2 株位于武进区，1 株位于金坛区。这 29 株大叶榉树的平均胸径约 66.4 cm，平均树高 13.2 m，平均冠幅约 12.6 m。其中，位于溧阳市惠家村 80 号（惠志新）文背山的大叶榉树最大胸径 171 cm，树龄达 700 年左右，属一级保护古树。从调查情况看，当地部分群众对大叶榉树的保护意识不强，部分大叶榉树生长环境较差。

栗古树共 227 株，约有 3/4 位于宿迁市（158 株）。最大树龄的栗树位于苏州市常熟市虞山森林公园望月楼，树龄 503 年，胸径 44 cm，树高 13 m，冠幅 8 m，三分枝，长势一般，大的一分枝树干空，顶梢枯。位于徐州市邳州市果园村古栗园的栗树，胸径 120 cm，树高 23 cm，是全省胸径和树高最大的古栗树，树木生长基本正常。

上述 8 249 株古树，部分长势不佳，包括银杏、黑松、圆柏、侧柏、朴树、大叶榉树以及冬青等树种。例如，溧阳市埭头镇埭头中学的 5 株树龄在 300 年左右的黑松全部处于濒危状态。目前，对这 5 株黑松的保护仍较欠缺，亟须针对性地诊断并且提出个性化的拯救措施。扬州市广陵区 4 株古树已经死亡，分别为何园中的木樨、扬州市第一招待所游园中的 2 棵小叶黄杨、中国剪纸博物馆内的臭椿。本次调查中，各市均有发现长势不良甚至死亡的植株。建议相关部门完善规范古树保护措施，并加强珍稀濒危植物和古树名木保护的宣传工作。

## 三、名木

江苏省共有名木种质资源 93 份，全部为单株。它们共涉及 24 种，隶属于 21 属 13 科，另有 1 个品种。其中，海岸松所占数量最多，有 25 份，占总份数的 26.88%；荷花玉兰次之，有 17 份，占总份数的 18.28%；再次为木樨，有 8 份，占总份数的 8.60%；大部分树种如白皮松、金钱松、柏木、刺柏、水杉、檫木、鹅掌楸等只有 1 份。上述 93 份名木种质资源分布于除南通市、盐城市、扬州市和宿迁市以外的 9 市。

就生活型而言，11 种为常绿树种，如海岸松、荷花玉兰、木樨等；其余 13 种均为落叶树种，如银杏、东京樱花、梓等，1 种落叶藤本为钻地风。具体种质资源情况如图 4 - 128、表 4 - 23、表 4 - 24 和表 4 - 25 所示。

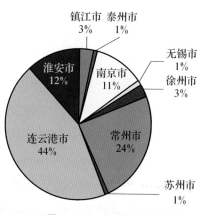

图 4 - 128　江苏省 9 市的名木种质资源占比

表4-23 江苏省名木种质资源统计

| 序号 | 种中文名 | 种学名 | 属名 | 科名 | 种质生活型 | 株数 |
|---|---|---|---|---|---|---|
| 1 | 银杏 | *Ginkgo biloba* | 银杏属 | 银杏科 | 落叶乔木 | 7 |
| 2 | 雪松 | *Cedrus deodara* | 雪松属 | 松科 | 常绿乔木 | 2 |
| 3 | 白皮松 | *Pinus bungeana* | 松属 | 松科 | 常绿乔木 | 1 |
| 4 | 海岸松 | *Pinus pinaster* | 松属 | 松科 | 常绿乔木 | 25 |
| 5 | 黑松 | *Pinus thunbergii* | 松属 | 松科 | 常绿乔木 | 2 |
| 6 | 金钱松 | *Pseudolarix amabilis* | 金钱松属 | 松科 | 落叶乔木 | 1 |
| 7 | 柏木 | *Cupressus funebris* | 柏木属 | 柏科 | 常绿乔木 | 1 |
| 8 | 龙柏 | *Juniperus chinensis* 'Kaizuca' | 刺柏属 | 柏科 | 常绿乔木 | 5 |
| 9 | 刺柏 | *Juniperus formosana* | 刺柏属 | 柏科 | 常绿乔木 | 1 |
| 10 | 水杉 | *Metasequoia glyptostroboides* | 水杉属 | 柏科 | 落叶乔木 | 1 |
| 11 | 樟 | *Cinnamomum camphora* | 樟属 | 樟科 | 常绿乔木 | 1 |
| 12 | 檫木 | *Sassafras tzumu* | 檫木属 | 樟科 | 落叶乔木 | 1 |
| 13 | 鹅掌楸 | *Liriodendron chinense* | 鹅掌楸属 | 木兰科 | 落叶乔木 | 1 |
| 14 | 荷花玉兰 | *Magnolia grandiflora* | 北美木兰属 | 木兰科 | 常绿乔木 | 17 |
| 15 | 含笑花 | *Michelia figo* | 含笑属 | 木兰科 | 常绿灌木 | 2 |
| 16 | 三球悬铃木 | *Platanus orientalis* | 悬铃木属 | 悬铃木科 | 落叶乔木 | 2 |
| 17 | 毛白杨 | *Populus tomentosa* | 杨属 | 杨柳科 | 落叶乔木 | 1 |
| 18 | 东京樱花 | *Cerasus × yedoensis* | 樱属 | 蔷薇科 | 落叶乔木 | 6 |
| 19 | 石榴 | *Punica granatum* | 石榴属 | 千屈菜科 | 落叶灌木 | 1 |
| 20 | 钻地风 | *Schizophragma integrifolium* | 钻地风属 | 绣球花科 | 落叶藤本 | 1 |
| 21 | 杜仲 | *Eucommia ulmoides* | 杜仲属 | 杜仲科 | 落叶乔木 | 1 |
| 22 | 流苏树 | *Chionanthus retusus* | 流苏树属 | 木樨科 | 落叶乔木 | 1 |
| 23 | 木樨 | *Osmanthus fragrans* | 木樨属 | 木樨科 | 常绿乔木 | 8 |
| 24 | 梓 | *Catalpa ovata* | 梓属 | 紫葳科 | 落叶乔木 | 4 |

表4-24 江苏省名木种质资源基本特征详表

| 序号 | 种名 | 地级市 | 胸径/cm | 树高/m | 树龄/年 |
|------|------|--------|---------|--------|---------|
| 1 | 银杏 | 无锡市 | 55 | 18.0 | 130 |
| 2 | 银杏 | 连云港市 | 16 | 9.0 | 32 |
| 3 | 银杏 | 连云港市 | 29 | 12.0 | 32 |
| 4 | 银杏 | 淮安市 | 188 | 23.0 | 60 |
| 5 | 银杏 | 淮安市 | 166 | 22.0 | 60 |
| 6 | 银杏 | 淮安市 | 57 | 6.0 | 20 |
| 7 | 银杏 | 泰州市 | 17 | 6.0 | 9 |
| 8 | 雪松 | 连云港市 | 53 | 8.0 | 55 |
| 9 | 雪松 | 镇江市 | 42 | 11.0 | 60 |
| 10 | 白皮松 | 徐州市 | 17 | 6.5 | 28 |
| 11 | 海岸松 | 连云港市 | 13 | 4.8 | 45 |
| 12 | 海岸松 | 连云港市 | 16 | 5.2 | 45 |
| 13 | 海岸松 | 连云港市 | 20 | 6.7 | 45 |
| 14 | 海岸松 | 连云港市 | 16 | 5.3 | 45 |
| 15 | 海岸松 | 连云港市 | 21 | 7.3 | 45 |
| 16 | 海岸松 | 连云港市 | 20 | 5.9 | 45 |
| 17 | 海岸松 | 连云港市 | 12 | 5.1 | 45 |
| 18 | 海岸松 | 连云港市 | 20 | 5.9 | 45 |
| 19 | 海岸松 | 连云港市 | 21 | 6.9 | 45 |
| 20 | 海岸松 | 连云港市 | 17 | 6.8 | 45 |
| 21 | 海岸松 | 连云港市 | 15 | 5.7 | 45 |
| 22 | 海岸松 | 连云港市 | 17 | 5.8 | 45 |
| 23 | 海岸松 | 连云港市 | 20 | 6.5 | 45 |
| 24 | 海岸松 | 连云港市 | 16 | 5.5 | 45 |
| 25 | 海岸松 | 连云港市 | 16 | 5.5 | 45 |
| 26 | 海岸松 | 连云港市 | 22 | 5.5 | 45 |
| 27 | 海岸松 | 连云港市 | 20 | 5.5 | 45 |

| 序号 | 种名 | 地级市 | 胸径/cm | 树高/m | 树龄/年 |
|---|---|---|---|---|---|
| 28 | 海岸松 | 连云港市 | 18 | 5.5 | 45 |
| 29 | 海岸松 | 连云港市 | 23 | 5.5 | 45 |
| 30 | 海岸松 | 连云港市 | 22 | 5.7 | 45 |
| 31 | 海岸松 | 连云港市 | 14 | 6.5 | 45 |
| 32 | 海岸松 | 连云港市 | 21 | 6.5 | 45 |
| 33 | 海岸松 | 连云港市 | 19 | 6.5 | 45 |
| 34 | 海岸松 | 连云港市 | 24 | 6.5 | 45 |
| 35 | 海岸松 | 连云港市 | 20 | 5.5 | 45 |
| 36 | 黑松 | 常州市 | 30 | 5.5 | 35 |
| 37 | 黑松 | 常州市 | 30 | 4.5 | 35 |
| 38 | 金钱松 | 连云港市 | 41 | 15.3 | 70 |
| 39 | 柏木 | 南京市 | 55 | 12.0 | 200 |
| 40 | 龙柏 | 连云港市 | 25 | 10.0 | 30 |
| 41 | 龙柏 | 连云港市 | 25 | 10.0 | 30 |
| 42 | 龙柏 | 连云港市 | 25 | 10.0 | 30 |
| 43 | 龙柏 | 镇江市 | 59 | 7.0 | 45 |
| 44 | 龙柏 | 镇江市 | 59 | 7.5 | 45 |
| 45 | 刺柏 | 徐州市 | 21 | 12.7 | 59 |
| 46 | 水杉 | 南京市 | 70 | 20.0 | 100 |
| 47 | 樟 | 苏州市 | 154 | 18.0 | 800 |
| 48 | 檫木 | 连云港市 | 34 | 14.6 | 70 |
| 49 | 鹅掌楸 | 连云港市 | 36 | 13.0 | 70 |
| 50 | 荷花玉兰 | 南京市 | 77 | 10.0 | 110 |
| 51 | 荷花玉兰 | 南京市 | 85 | 10.0 | 110 |
| 52 | 荷花玉兰 | 常州市 | 34 | 6.0 | 35 |
| 53 | 荷花玉兰 | 常州市 | 27 | 7.0 | 35 |
| 54 | 荷花玉兰 | 常州市 | 50 | 8.0 | 35 |

续　表

| 序号 | 种名 | 地级市 | 胸径/cm | 树高/m | 树龄/年 |
|------|------|--------|---------|--------|---------|
| 55 | 荷花玉兰 | 常州市 | 28 | 6.2 | 35 |
| 56 | 荷花玉兰 | 常州市 | 32 | 5.5 | 35 |
| 57 | 荷花玉兰 | 常州市 | 30 | 6.0 | 35 |
| 58 | 荷花玉兰 | 常州市 | 30 | 5.8 | 35 |
| 59 | 荷花玉兰 | 常州市 | 32 | 5.5 | 35 |
| 60 | 荷花玉兰 | 常州市 | 29 | 6.0 | 35 |
| 61 | 荷花玉兰 | 常州市 | 25 | 5.0 | 35 |
| 62 | 荷花玉兰 | 常州市 | 38 | 5.0 | 35 |
| 63 | 荷花玉兰 | 常州市 | 30 | 4.0 | 35 |
| 64 | 荷花玉兰 | 连云港市 | 9 | 6.0 | 20 |
| 65 | 荷花玉兰 | 连云港市 | 19 | 8.0 | 40 |
| 66 | 荷花玉兰 | 连云港市 | 51 | 9.0 | 55 |
| 67 | 含笑花 | 南京市 | 14 | 3.0 | 80 |
| 68 | 含笑花 | 南京市 | 18 | 5.0 | 80 |
| 69 | 三球悬铃木 | 淮安市 | 141 | 18.5 | 80 |
| 70 | 三球悬铃木 | 淮安市 | 173 | 20.5 | 80 |
| 71 | 毛白杨 | 连云港市 | 62 | 19.0 | 55 |
| 72 | 东京樱花 | 徐州市 | 24 | 7.5 | 36 |
| 73 | 东京樱花 | 淮安市 | 66 | 7.0 | 40 |
| 74 | 东京樱花 | 淮安市 | 72 | 6.0 | 40 |
| 75 | 东京樱花 | 淮安市 | 50 | 4.0 | 40 |
| 76 | 东京樱花 | 淮安市 | 39 | 4.0 | 30 |
| 77 | 东京樱花 | 淮安市 | 39 | 3.5 | 40 |
| 78 | 石榴 | 连云港市 | 28 | 6.5 | 63 |
| 79 | 钻地风 | 连云港市 | 20 | 50.0 | 120 |
| 80 | 杜仲 | 淮安市 | 122 | 14.4 | 60 |
| 81 | 流苏树 | 连云港市 | 42 | 7.0 | 100 |

| 序号 | 种名 | 地级市 | 胸径/cm | 树高/m | 树龄/年 |
|------|------|--------|---------|--------|---------|
| 82 | 木樨 | 常州市 | 66 | 4.0 | 90 |
| 83 | 木樨 | 常州市 | 57 | 4.0 | 90 |
| 84 | 木樨 | 常州市 | 66 | 4.0 | 90 |
| 85 | 木樨 | 常州市 | 52 | 3.5 | 90 |
| 86 | 木樨 | 常州市 | 36 | 5.5 | 90 |
| 87 | 木樨 | 常州市 | 36 | 5.5 | 90 |
| 88 | 木樨 | 常州市 | 36 | 5.0 | 90 |
| 89 | 木樨 | 常州市 | 38 | 5.8 | 90 |
| 90 | 梓 | 南京市 | 34 | 7.0 | 110 |
| 91 | 梓 | 南京市 | 37 | 10.0 | 110 |
| 92 | 梓 | 南京市 | 55 | 10.0 | 110 |
| 93 | 梓 | 南京市 | 80 | 10.0 | 110 |

表 4-25　江苏省名木的树种分布统计

| 序号 | 树种 | 南京市 | 无锡市 | 徐州市 | 常州市 | 苏州市 | 连云港市 | 淮安市 | 镇江市 | 泰州市 | 份数汇总 |
|------|------|--------|--------|--------|--------|--------|----------|--------|--------|--------|----------|
| 1 | 银杏 | — | 1 | — | — | — | 2 | 3 | — | 1 | 7 |
| 2 | 雪松 | — | — | — | — | — | 1 | — | 1 | — | 2 |
| 3 | 白皮松 | — | — | 1 | — | — | — | — | — | — | 1 |
| 4 | 海岸松 | — | — | — | — | — | 25 | — | — | — | 25 |
| 5 | 黑松 | — | — | — | 2 | — | — | — | — | — | 2 |
| 6 | 金钱松 | — | — | — | — | — | 1 | — | — | — | 1 |
| 7 | 柏木 | 1 | — | — | — | — | — | — | — | — | 1 |
| 8 | 龙柏 | — | — | — | — | — | 3 | — | 2 | — | 5 |
| 9 | 刺柏 | — | — | 1 | — | — | — | — | — | — | 1 |
| 10 | 水杉 | 1 | — | — | — | — | — | — | — | — | 1 |

| 序号 | 树种 | 南京市 | 无锡市 | 徐州市 | 常州市 | 苏州市 | 连云港市 | 淮安市 | 镇江市 | 泰州市 | 份数汇总 |
|---|---|---|---|---|---|---|---|---|---|---|---|
| 11 | 樟 | — | — | — | — | 1 | — | — | — | — | 1 |
| 12 | 檫木 | — | — | — | — | — | 1 | — | — | — | 1 |
| 13 | 鹅掌楸 | — | — | — | — | — | 1 | — | — | — | 1 |
| 14 | 荷花玉兰 | 2 | — | — | 12 | — | 3 | — | — | — | 17 |
| 15 | 含笑花 | 2 | — | — | — | — | — | — | — | — | 2 |
| 16 | 三球悬铃木 | — | — | — | — | — | — | 2 | — | — | 2 |
| 17 | 毛白杨 | — | — | — | — | — | 1 | — | — | — | 1 |
| 18 | 东京樱花 | — | — | 1 | — | — | — | 5 | — | — | 6 |
| 19 | 石榴 | — | — | — | — | — | 1 | — | — | — | 1 |
| 20 | 钻地风 | — | — | — | — | — | 1 | — | — | — | 1 |
| 21 | 杜仲 | — | — | — | — | — | — | 1 | — | — | 1 |
| 22 | 流苏树 | — | — | — | — | — | 1 | — | — | — | 1 |
| 23 | 木榉 | — | — | — | 8 | — | — | — | — | — | 8 |
| 24 | 梓 | 4 | — | — | — | — | — | — | — | — | 4 |

　　上述 93 份名木中，连云港市所占数量最多，有 41 份，占全省的 44.09%，其中 25 份位于东海县，8 份位于新浦区，8 份位于连云区。苏州市吴中区金庭镇爱国村张家湾组的樟，胸径 154 cm，树高 18 m，树龄 800 年，生长状况一般，是全省树龄最大的名木。树龄次之的名木是位于南京市玄武区明孝陵文武方门内"治隆唐宋"殿后的柏木（图 4 - 129～图 4 - 130）。树龄最小的名木仅有 11 年，位于泰州市海陵区江苏省泰州中学，为 2012 年时任国家主席胡锦涛回母校考察时亲手栽植的银杏（图 4 - 131）。

图 4-129 柏木（名木 南京市玄武区）

图 4-130 柏木（名木 南京市玄武区）

图 4-131 银杏（名木 泰州市海陵区）

图 4-132 雪松（名木 镇江市京口区）

常州市历史文化街区青果巷 82 号，原为唐荆川故居，现为刘国钧故居，有 8 株木樨名木，树龄均在 90 年左右。唐荆川（1507—1561），不仅是著名的文学家，还是著名的抗倭英雄，当年他在青果巷建造了一座大宅子，并在院中种下 8 株桂花（木樨），名为"八桂堂"。刘国钧（1887—1978），我国现代杰出的实业家、著名的爱国民族工商业者，早年在常州提倡"机器革命""土纱救国"，1930 年果断集资创办常州大成纺织印染公司。"八桂堂"中的 8 株木樨具有重要的纪念意义，象征着爱国主义精神的延续，被归为常州市名木种质资源。

## 四、古树群

江苏省共有古树群种质资源 353 份，它们隶属于 18 种 16 属 10 科。其中，古银杏群所占的数量最多，有 313 份，占总份数的 88.67%，栗和柿次之，各有 6 份，分别占总份数的 1.70%；再次为梨（*Pyrus × michauxii*），有 5 份，占总份数的 1.42%；侧柏（*Platycladus orientalis*）、麻栎、沙梨（*Pyrus pyrifolia*）各有 3 份；乌桕、槐、木瓜（*Chaenomeles sinensis*）各有 2 份；大部分种质如圆柏、黄檀、杏（*Armeniaca vulgaris*）等只有 1 份。

古树群种质资源仅分布于徐州市、常州市、淮安市、泰州市和宿迁市 5 市，其中，泰州市的古树群资源最多，有 309 份，占江苏古树群总数的 87.54%（图 4－133）。就生活型而言，该区的古树群以落叶树种为主，仅 2 种为常绿树种，分别是圆柏和侧柏；其余 16 种均为落叶树种，如黄檀、栗、朴树等。具体种质资源情况如表 4－26、表 4－27 和表 4－28 所示。

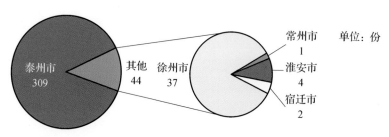

图 4－133　江苏省 5 市古树群种质资源数量

表4-26　江苏省古树群资源统计

| 序号 | 种中文名 | 种学名 | 属名 | 科名 | 种质生活型 | 份数 |
|---|---|---|---|---|---|---|
| 1 | 银杏 | *Ginkgo biloba* | 银杏属 | 银杏科 | 落叶乔木 | 313 |
| 2 | 圆柏 | *Juniperus chinensis* | 刺柏属 | 柏科 | 常绿乔木 | 1 |
| 3 | 侧柏 | *Platycladus orientalis* | 侧柏属 | 柏科 | 常绿乔木 | 3 |
| 4 | 乌桕 | *Triadica sebifera* | 乌桕属 | 大戟科 | 落叶乔木 | 2 |
| 5 | 黄檀 | *Dalbergia hupeana* | 黄檀属 | 豆科 | 落叶乔木 | 1 |
| 6 | 槐 | *Styphnolobium japonicum* | 槐属 | 豆科 | 落叶乔木 | 2 |
| 7 | 栗 | *Castanea mollissima* | 栗属 | 壳斗科 | 落叶乔木 | 6 |
| 8 | 麻栎 | *Quercus acutissima* | 栎属 | 壳斗科 | 落叶乔木 | 3 |
| 9 | 杏 | *Armeniaca vulgaris* | 杏属 | 蔷薇科 | 落叶乔木 | 1 |
| 10 | 樱桃 | *Cerasus pseudocerasus* | 樱属 | 蔷薇科 | 落叶乔木 | 1 |
| 11 | 木瓜 | *Chaenomeles sinensis* | 木瓜海棠属 | 蔷薇科 | 落叶灌木 | 2 |
| 12 | 梨 | *Pyrus × michauxii* | 梨属 | 蔷薇科 | 落叶乔木 | 5 |
| 13 | 白梨 | *Pyrus bretschneideri* | 梨属 | 蔷薇科 | 落叶乔木 | 1 |
| 14 | 沙梨 | *Pyrus pyrifolia* | 梨属 | 蔷薇科 | 落叶乔木 | 3 |
| 15 | 枣 | *Ziziphus jujuba* | 枣属 | 鼠李科 | 落叶乔木 | 1 |
| 16 | 朴树 | *Celtis sinensis* | 朴属 | 大麻科 | 落叶乔木 | 1 |
| 17 | 三角槭 | *Acer buergerianum* | 槭属 | 无患子科 | 落叶乔木 | 1 |
| 18 | 柿 | *Diospyros kaki* | 柿属 | 柿科 | 落叶乔木 | 6 |

表4-27　江苏省古树群种质资源基本特征详表

| 序号 | 种名 | 地级市 | 株数 | 面积/hm² | 平均树高/m | 平均胸径/cm | 平均冠幅/m | 平均树龄/年 |
|---|---|---|---|---|---|---|---|---|
| 1 | 银杏 | 徐州市 | 198 | 15.00 | 18.0 | 35 | 13.5 | 170 |
| 2 | 银杏 | 徐州市 | 9 | 0.25 | 10.0 | 70 | 5.9 | 250 |
| 3 | 银杏 | 徐州市 | 95 | 1.80 | 13.0 | 30 | 11.7 | 110 |
| 4 | 银杏 | 徐州市 | 27 | 0.07 | 12.0 | 50 | 10.0 | 110 |
| 5 | 银杏 | 泰州市 | 4 | 0.15 | 8.5 | 45 | 4.5 | 100 |

续　表

| 序号 | 种名 | 地级市 | 株数 | 面积/hm² | 平均树高/m | 平均胸径/cm | 平均冠幅/m | 平均树龄/年 |
|---|---|---|---|---|---|---|---|---|
| 6 | 银杏 | 泰州市 | 6 | 0.24 | 13.2 | 62 | 8.9 | 100 |
| 7 | 银杏 | 泰州市 | 4 | 0.24 | 13.5 | 65 | 8.0 | 153 |
| 8 | 银杏 | 泰州市 | 11 | 0.80 | 13.2 | 56 | 9.9 | 100 |
| 9 | 银杏 | 泰州市 | 22 | 0.60 | 13.5 | 53 | 10.0 | 100 |
| 10 | 银杏 | 泰州市 | 49 | 1.50 | 12.7 | 57 | 7.0 | 100 |
| 11 | 银杏 | 泰州市 | 5 | 0.20 | 12.8 | 38 | 7.9 | 100 |
| 12 | 银杏 | 泰州市 | 27 | 0.70 | 11.0 | 43 | 5.5 | 100 |
| 13 | 银杏 | 泰州市 | 12 | 0.30 | 13.2 | 53 | 7.0 | 100 |
| 14 | 银杏 | 泰州市 | 5 | 0.12 | 10.5 | 42 | 4.0 | 100 |
| 15 | 银杏 | 泰州市 | 10 | 0.40 | 13.1 | 60 | 8.3 | 110 |
| 16 | 银杏 | 泰州市 | 17 | 0.40 | 12.8 | 58 | 7.0 | 100 |
| 17 | 银杏 | 泰州市 | 10 | 0.35 | 12.5 | 37 | 6.0 | 100 |
| 18 | 银杏 | 泰州市 | 8 | 0.60 | 10.5 | 40 | 5.0 | 100 |
| 19 | 银杏 | 泰州市 | 10 | 0.80 | 13.5 | 61 | 5.0 | 100 |
| 20 | 银杏 | 泰州市 | 8 | 0.60 | 13.8 | 54 | 4.0 | 100 |
| 21 | 银杏 | 泰州市 | 8 | 0.80 | 12.8 | 54 | 8.3 | 130 |
| 22 | 银杏 | 泰州市 | 4 | 0.20 | 12.5 | 59 | 10.0 | 100 |
| 23 | 银杏 | 泰州市 | 4 | 0.15 | 9.5 | 54 | 7.0 | 100 |
| 24 | 银杏 | 泰州市 | 12 | 0.60 | 15.1 | 64 | 9.0 | 120 |
| 25 | 银杏 | 泰州市 | 3 | 0.06 | 11.0 | 47 | 5.7 | 100 |
| 26 | 银杏 | 泰州市 | 5 | 0.20 | 11.2 | 56 | 5.0 | 100 |
| 27 | 银杏 | 泰州市 | 3 | 0.15 | 8.8 | 52 | 4.3 | 100 |
| 28 | 银杏 | 泰州市 | 8 | 0.40 | 14.3 | 73 | 9.0 | 140 |
| 29 | 银杏 | 泰州市 | 3 | 0.40 | 15.5 | 75 | 11.0 | 170 |
| 30 | 银杏 | 泰州市 | 4 | 0.30 | 15.5 | 80 | 13.0 | 300 |

| 序号 | 种名 | 地级市 | 株数 | 面积/hm² | 平均树高/m | 平均胸径/cm | 平均冠幅/m | 平均树龄/年 |
|------|------|--------|------|---------|-----------|------------|-----------|------------|
| 31 | 银杏 | 泰州市 | 8 | 0.40 | 14.5 | 70 | 9.0 | 100 |
| 32 | 银杏 | 泰州市 | 4 | 0.30 | 11.5 | 68 | 7.0 | 100 |
| 33 | 银杏 | 泰州市 | 7 | 0.20 | 12.5 | 58 | 8.0 | 100 |
| 34 | 银杏 | 泰州市 | 3 | 0.10 | 9.8 | 45 | 4.0 | 100 |
| 35 | 银杏 | 泰州市 | 4 | 0.20 | 14.6 | 63 | 10.0 | 180 |
| 36 | 银杏 | 泰州市 | 5 | 0.30 | 15.2 | 63 | 12.0 | 160 |
| 37 | 银杏 | 泰州市 | 5 | 0.30 | 14.1 | 73 | 11.3 | 100 |
| 38 | 银杏 | 泰州市 | 4 | 0.12 | 11.5 | 46 | 8.0 | 200 |
| 39 | 银杏 | 泰州市 | 5 | 0.40 | 7.6 | 54 | 4.0 | 100 |
| 40 | 银杏 | 泰州市 | 4 | 0.20 | 14.9 | 77 | 8.0 | 200 |
| 41 | 银杏 | 泰州市 | 13 | 0.30 | 11.5 | 46 | 8.0 | 110 |
| 42 | 银杏 | 泰州市 | 6 | 0.20 | 11.8 | 51 | 7.0 | 100 |
| 43 | 银杏 | 泰州市 | 4 | 0.12 | 10.4 | 66 | 8.0 | 100 |
| 44 | 银杏 | 泰州市 | 3 | 0.12 | 14.8 | 73 | 10.0 | 170 |
| 45 | 银杏 | 泰州市 | 4 | 0.10 | 11.6 | 75 | 8.6 | 100 |
| 46 | 银杏 | 泰州市 | 3 | 0.15 | 8.5 | 44 | 4.0 | 100 |
| 47 | 银杏 | 泰州市 | 10 | 0.40 | 14.5 | 49 | 11.0 | 100 |
| 48 | 银杏 | 泰州市 | 23 | 0.40 | 12.2 | 57 | 8.9 | 140 |
| 49 | 银杏 | 泰州市 | 3 | 0.10 | 9.5 | 53 | 4.2 | 100 |
| 50 | 银杏 | 泰州市 | 3 | 0.12 | 14.2 | 57 | 6.0 | 100 |
| 51 | 银杏 | 泰州市 | 11 | 0.48 | 12.2 | 57 | 9.3 | 110 |
| 52 | 银杏 | 泰州市 | 5 | 0.10 | 12.1 | 68 | 6.3 | 100 |
| 53 | 银杏 | 泰州市 | 4 | 0.20 | 14.8 | 73 | 9.0 | 100 |
| 54 | 银杏 | 泰州市 | 14 | 0.30 | 11.9 | 50 | 11.0 | 100 |
| 55 | 银杏 | 泰州市 | 78 | 1.10 | 12.8 | 45 | 10.0 | 100 |

续 表

| 序号 | 种名 | 地级市 | 株数 | 面积/hm² | 平均树高/m | 平均胸径/cm | 平均冠幅/m | 平均树龄/年 |
|------|------|--------|------|----------|------------|-------------|------------|-------------|
| 56 | 银杏 | 泰州市 | 31 | 0.50 | 12.7 | 55 | 11.0 | 110 |
| 57 | 银杏 | 泰州市 | 136 | 1.80 | 12.7 | 60 | 12.0 | 110 |
| 58 | 银杏 | 泰州市 | 11 | 0.20 | 12.4 | 48 | 11.0 | 100 |
| 59 | 银杏 | 泰州市 | 29 | 0.50 | 12.1 | 53 | 10.5 | 110 |
| 60 | 银杏 | 泰州市 | 167 | 2.20 | 12.8 | 57 | 13.0 | 100 |
| 61 | 银杏 | 泰州市 | 6 | 67.0 | 15.0 | 67 | 15.0 | 100 |
| 62 | 银杏 | 泰州市 | 6 | 0.32 | 13.6 | 63 | 15.0 | 100 |
| 63 | 银杏 | 泰州市 | 4 | 0.15 | 14.1 | 53 | 15.0 | 100 |
| 64 | 银杏 | 泰州市 | 4 | 0.06 | 13.3 | 53 | 15.0 | 100 |
| 65 | 银杏 | 泰州市 | 10 | 1.00 | 11.5 | 44 | 14.0 | 110 |
| 66 | 银杏 | 泰州市 | 10 | 0.30 | 12.4 | 10 | 15.0 | 110 |
| 67 | 银杏 | 泰州市 | 5 | 0.10 | 13.1 | 72 | 15.0 | 100 |
| 68 | 银杏 | 泰州市 | 6 | 0.12 | 9.8 | 55 | 11.0 | 100 |
| 69 | 银杏 | 泰州市 | 10 | 0.30 | 10.3 | 61 | 11.0 | 100 |
| 70 | 银杏 | 泰州市 | 8 | 0.04 | 13.0 | 60 | 15.0 | 100 |
| 71 | 银杏 | 泰州市 | 9 | 0.20 | 12.5 | 60 | 15.0 | 110 |
| 72 | 银杏 | 泰州市 | 5 | 0.14 | 13.2 | 20 | 15.0 | 100 |
| 73 | 银杏 | 泰州市 | 3 | 0.09 | 13.1 | 20 | 15.0 | 100 |
| 74 | 银杏 | 泰州市 | 4 | 0.12 | 13.0 | 20 | 13.0 | 100 |
| 75 | 银杏 | 泰州市 | 9 | 0.03 | 15.3 | 20 | 15.0 | 110 |
| 76 | 银杏 | 泰州市 | 16 | 0.30 | 15.1 | 20 | 15.0 | 100 |
| 77 | 银杏 | 泰州市 | 5 | 0.15 | 11.7 | 65 | 12.0 | 100 |
| 78 | 银杏 | 泰州市 | 4 | 0.12 | 8.5 | 20 | 10.0 | 100 |
| 79 | 银杏 | 泰州市 | 8 | 0.15 | 11.6 | 20 | 13.0 | 100 |
| 80 | 银杏 | 泰州市 | 13 | 0.20 | 11.8 | 20 | 12.0 | 100 |
| 81 | 银杏 | 泰州市 | 11 | 0.18 | 10.9 | 20 | 13.0 | 100 |

| 序号 | 种名 | 地级市 | 株数 | 面积/hm² | 平均树高/m | 平均胸径/cm | 平均冠幅/m | 平均树龄/年 |
|---|---|---|---|---|---|---|---|---|
| 82 | 银杏 | 泰州市 | 10 | 0.18 | 11.5 | 20 | 12.0 | 100 |
| 83 | 银杏 | 泰州市 | 14 | 0.24 | 15.1 | 20 | 15.0 | 120 |
| 84 | 银杏 | 泰州市 | 21 | 0.32 | 11.5 | 20 | 12.0 | 100 |
| 85 | 银杏 | 泰州市 | 4 | 0.15 | 14.2 | 20 | 15.0 | 120 |
| 86 | 银杏 | 泰州市 | 13 | 0.16 | 16.2 | 20 | 12.0 | 100 |
| 87 | 银杏 | 泰州市 | 8 | 0.12 | 9.6 | 20 | 12.0 | 100 |
| 88 | 银杏 | 泰州市 | 6 | 0.12 | 12.0 | 20 | 12.0 | 100 |
| 89 | 银杏 | 泰州市 | 8 | 0.16 | 10.0 | 20 | 10.0 | 100 |
| 90 | 银杏 | 泰州市 | 5 | 40.00 | 12.0 | 20 | 15.0 | 100 |
| 91 | 银杏 | 泰州市 | 6 | 0.60 | 10.0 | 20 | 10.0 | 100 |
| 92 | 银杏 | 泰州市 | 8 | 0.40 | 12.0 | 20 | 10.0 | 100 |
| 93 | 银杏 | 泰州市 | 15 | 0.45 | 15.0 | 15 | 10.0 | 100 |
| 94 | 银杏 | 泰州市 | 17 | 0.40 | 11.2 | 39 | 10.5 | 100 |
| 95 | 银杏 | 泰州市 | 3 | 0.20 | 12.8 | 49 | 9.0 | 100 |
| 96 | 银杏 | 泰州市 | 8 | 0.45 | 13.5 | 54 | 12.0 | 100 |
| 97 | 银杏 | 泰州市 | 5 | 0.15 | 13.3 | 57 | 11.0 | 140 |
| 98 | 银杏 | 泰州市 | 4 | 0.20 | 10.5 | 44 | 11.0 | 100 |
| 99 | 银杏 | 泰州市 | 54 | 2.20 | 11.4 | 48 | 11.0 | 100 |
| 100 | 银杏 | 泰州市 | 19 | 0.60 | 12.6 | 61 | 12.5 | 120 |
| 101 | 银杏 | 泰州市 | 41 | 1.80 | 12.5 | 56 | 12.0 | 110 |
| 102 | 银杏 | 泰州市 | 36 | 0.50 | 11.8 | 50 | 11.5 | 100 |
| 103 | 银杏 | 泰州市 | 12 | 0.40 | 12.4 | 56 | 12.0 | 100 |
| 104 | 银杏 | 泰州市 | 75 | 1.60 | 13.2 | 56 | 13.0 | 120 |
| 105 | 银杏 | 泰州市 | 9 | 0.20 | 13.2 | 78 | 10.5 | 100 |
| 106 | 银杏 | 泰州市 | 5 | 0.30 | 11.8 | 60 | 10.0 | 100 |
| 107 | 银杏 | 泰州市 | 38 | 1.60 | 13.5 | 59 | 11.0 | 100 |

| 序号 | 种名 | 地级市 | 株数 | 面积/hm² | 平均树高/m | 平均胸径/cm | 平均冠幅/m | 平均树龄/年 |
|------|------|--------|------|----------|------------|-------------|------------|-------------|
| 108 | 银杏 | 泰州市 | 11 | 0.90 | 12.5 | 53 | 10.0 | 100 |
| 109 | 银杏 | 泰州市 | 5 | 0.20 | 12.6 | 53 | 10.0 | 100 |
| 110 | 银杏 | 泰州市 | 9 | 0.72 | 12.8 | 62 | 12.0 | 100 |
| 111 | 银杏 | 泰州市 | 7 | 0.15 | 12.7 | 62 | 10.0 | 100 |
| 112 | 银杏 | 泰州市 | 7 | 0.70 | 11.8 | 46 | 10.0 | 100 |
| 113 | 银杏 | 泰州市 | 6 | 0.45 | 14.3 | 49 | 10.0 | 120 |
| 114 | 银杏 | 泰州市 | 6 | 0.10 | 12.1 | 57 | 9.0 | 100 |
| 115 | 银杏 | 泰州市 | 7 | 0.20 | 11.5 | 61 | 11.0 | 100 |
| 116 | 银杏 | 泰州市 | 4 | 0.12 | 15.8 | 72 | 11.0 | 100 |
| 117 | 银杏 | 泰州市 | 11 | 0.30 | 10.5 | 46 | 10.0 | 120 |
| 118 | 银杏 | 泰州市 | 4 | 12.00 | 15.8 | 72 | 11.0 | 100 |
| 119 | 银杏 | 泰州市 | 17 | 0.40 | 11.5 | 49 | 10.0 | 120 |
| 120 | 银杏 | 泰州市 | 16 | 0.70 | 11.9 | 63 | 11.0 | 100 |
| 121 | 银杏 | 泰州市 | 3 | 0.10 | 12.8 | 53 | 53.0 | 100 |
| 122 | 银杏 | 泰州市 | 18 | 0.40 | 11.2 | 58 | 10.0 | 100 |
| 123 | 银杏 | 泰州市 | 6 | 0.30 | 11.9 | 58 | 11.5 | 100 |
| 124 | 银杏 | 泰州市 | 9 | 0.48 | 12.7 | 56 | 11.0 | 100 |
| 125 | 银杏 | 泰州市 | 27 | 1.20 | 12.2 | 64 | 11.0 | 100 |
| 126 | 银杏 | 泰州市 | 32 | 1.50 | 11.8 | 59 | 12.0 | 110 |
| 127 | 银杏 | 泰州市 | 9 | 0.30 | 12.2 | 53 | 10.0 | 100 |
| 128 | 银杏 | 泰州市 | 8 | 0.30 | 11.6 | 55 | 12.0 | 110 |
| 129 | 银杏 | 泰州市 | 25 | 1.20 | 12.9 | 49 | 10.0 | 120 |
| 130 | 银杏 | 泰州市 | 4 | 0.10 | 12.5 | 54 | 9.0 | 100 |
| 131 | 银杏 | 泰州市 | 3 | 0.15 | 11.2 | 66 | 13.0 | 100 |
| 132 | 银杏 | 泰州市 | 7 | 0.30 | 11.5 | 56 | 11.0 | 100 |
| 133 | 银杏 | 泰州市 | 6 | 0.10 | 10.5 | 49 | 8.0 | 100 |

| 序号 | 种名 | 地级市 | 株数 | 面积/hm² | 平均树高/m | 平均胸径/cm | 平均冠幅/m | 平均树龄/年 |
|------|------|--------|------|----------|-----------|------------|-----------|-----------|
| 134 | 银杏 | 泰州市 | 39 | 1.20 | 11.5 | 57 | 10.0 | 130 |
| 135 | 银杏 | 泰州市 | 31 | 1.00 | 11.6 | 48 | 10.0 | 110 |
| 136 | 银杏 | 泰州市 | 62 | 2.20 | 12.3 | 59 | 12.0 | 100 |
| 137 | 银杏 | 泰州市 | 42 | 1.40 | 11.2 | 53 | 10.0 | 110 |
| 138 | 银杏 | 泰州市 | 50 | 1.80 | 12.5 | 50 | 10.0 | 140 |
| 139 | 银杏 | 泰州市 | 4 | 0.20 | 10.5 | 44 | 11.0 | 100 |
| 140 | 银杏 | 泰州市 | 9 | 1.50 | 14.5 | 55 | 11.0 | 110 |
| 141 | 银杏 | 泰州市 | 28 | 0.40 | 12.8 | 55 | 10.0 | 100 |
| 142 | 银杏 | 泰州市 | 18 | 0.70 | 12.1 | 59 | 11.0 | 100 |
| 143 | 银杏 | 泰州市 | 11 | 0.30 | 11.2 | 50 | 7.8 | 100 |
| 144 | 银杏 | 泰州市 | 14 | 0.60 | 13.2 | 64 | 10.5 | 120 |
| 145 | 银杏 | 泰州市 | 30 | 1.20 | 13.2 | 76 | 10.0 | 100 |
| 146 | 银杏 | 泰州市 | 5 | 0.15 | 12.8 | 53 | 12.0 | 100 |
| 147 | 银杏 | 泰州市 | 23 | 0.70 | 10.5 | 56 | 10.0 | 100 |
| 148 | 银杏 | 泰州市 | 18 | 0.30 | 12.4 | 58 | 12.0 | 110 |
| 149 | 银杏 | 泰州市 | 42 | 0.50 | 10.0 | 50 | 8.0 | 100 |
| 150 | 银杏 | 泰州市 | 23 | 0.40 | 11.4 | 69 | 9.5 | 110 |
| 151 | 银杏 | 泰州市 | 45 | 0.70 | 12.3 | 53 | 11.0 | 120 |
| 152 | 银杏 | 泰州市 | 46 | 1.00 | 11.8 | 63 | 10.0 | 120 |
| 153 | 银杏 | 泰州市 | 28 | 0.30 | 12.3 | 65 | 10.0 | 110 |
| 154 | 银杏 | 泰州市 | 5 | 0.18 | 9.5 | 47 | 9.0 | 100 |
| 155 | 银杏 | 泰州市 | 64 | 1.20 | 9.5 | 47 | 8.5 | 100 |
| 156 | 银杏 | 泰州市 | 10 | 0.15 | 12.3 | 60 | 9.0 | 100 |
| 157 | 银杏 | 泰州市 | 212 | 2.40 | 11.9 | 58 | 9.8 | 120 |
| 158 | 银杏 | 泰州市 | 42 | 0.60 | 12.8 | 59 | 10.0 | 110 |
| 159 | 银杏 | 泰州市 | 10 | 0.15 | 12.2 | 52 | 10.5 | 100 |

续　表

| 序号 | 种名 | 地级市 | 株数 | 面积/hm² | 平均树高/m | 平均胸径/cm | 平均冠幅/m | 平均树龄/年 |
|------|------|--------|------|----------|------------|-------------|------------|-------------|
| 160 | 银杏 | 泰州市 | 54 | 1.30 | 11.9 | 53 | 10.0 | 120 |
| 161 | 银杏 | 泰州市 | 6 | 0.10 | 12.7 | 60 | 9.5 | 120 |
| 162 | 银杏 | 泰州市 | 6 | 0.10 | 12.7 | 60 | 9.5 | 120 |
| 163 | 银杏 | 泰州市 | 157 | 2.20 | 13.2 | 58 | 10.0 | 110 |
| 164 | 银杏 | 泰州市 | 9 | 0.60 | 13.2 | 59 | 8.0 | 160 |
| 165 | 银杏 | 泰州市 | 4 | 0.18 | 12.3 | 58 | 8.0 | 100 |
| 166 | 银杏 | 泰州市 | 15 | 0.80 | 0.8 | 59 | 8.0 | 119 |
| 167 | 银杏 | 泰州市 | 14 | 0.60 | 12.4 | 47 | 8.0 | 100 |
| 168 | 银杏 | 泰州市 | 10 | 0.66 | 12.8 | 59 | 8.0 | 100 |
| 169 | 银杏 | 泰州市 | 10 | 0.40 | 10.5 | 41 | 8.0 | 100 |
| 170 | 银杏 | 泰州市 | 12 | 0.48 | 12.8 | 53 | 8.0 | 100 |
| 171 | 银杏 | 泰州市 | 3 | 0.18 | 13.2 | 50 | 8.0 | 100 |
| 172 | 银杏 | 泰州市 | 5 | 0.15 | 15.5 | 59 | 8.0 | 100 |
| 173 | 银杏 | 泰州市 | 15 | 0.90 | 13.7 | 52 | 8.0 | 100 |
| 174 | 银杏 | 泰州市 | 5 | 0.48 | 11.5 | 49 | 8.0 | 100 |
| 175 | 银杏 | 泰州市 | 13 | 13.20 | 13.2 | 55 | 8.0 | 110 |
| 176 | 银杏 | 泰州市 | 5 | 0.16 | 11.2 | 49 | 3.0 | 100 |
| 177 | 银杏 | 泰州市 | 6 | 0.24 | 13.5 | 58 | 8.0 | 100 |
| 178 | 银杏 | 泰州市 | 4 | 0.15 | 12.5 | 44 | 8.0 | 100 |
| 179 | 银杏 | 泰州市 | 13 | 0.40 | 13.1 | 77 | 8.0 | 100 |
| 180 | 银杏 | 泰州市 | 12 | 0.24 | 11.2 | 44 | 8.0 | 100 |
| 181 | 银杏 | 泰州市 | 5 | 0.18 | 12.5 | 47 | 8.0 | 100 |
| 182 | 银杏 | 泰州市 | 14 | 0.60 | 11.2 | 53 | 8.0 | 110 |
| 183 | 银杏 | 泰州市 | 10 | 0.48 | 11.0 | 43 | 8.0 | 100 |
| 184 | 银杏 | 泰州市 | 8 | 0.84 | 12.5 | 63 | 8.0 | 100 |
| 185 | 银杏 | 泰州市 | 16 | 0.60 | 13.5 | 48 | 8.0 | 100 |

| 序号 | 种名 | 地级市 | 株数 | 面积/hm² | 平均树高/m | 平均胸径/cm | 平均冠幅/m | 平均树龄/年 |
|---|---|---|---|---|---|---|---|---|
| 186 | 银杏 | 泰州市 | 15 | 0.30 | 13.1 | 56 | 8.0 | 100 |
| 187 | 银杏 | 泰州市 | 11 | 1.35 | 12.8 | 54 | 8.0 | 110 |
| 188 | 银杏 | 泰州市 | 5 | 0.20 | 13.5 | 66 | 8.0 | 150 |
| 189 | 银杏 | 泰州市 | 3 | 0.15 | 14.2 | 65 | 8.0 | 170 |
| 190 | 银杏 | 泰州市 | 3 | 0.06 | 13.5 | 54 | 8.0 | 100 |
| 191 | 银杏 | 泰州市 | 5 | 0.12 | 12.1 | 42 | 8.0 | 100 |
| 192 | 银杏 | 泰州市 | 4 | 0.20 | 12.6 | 61 | 8.0 | 100 |
| 193 | 银杏 | 泰州市 | 12 | 0.50 | 14.6 | 67 | 8.0 | 100 |
| 194 | 银杏 | 泰州市 | 14 | 0.60 | 11.2 | 53 | 8.0 | 100 |
| 195 | 银杏 | 泰州市 | 19 | 0.50 | 14.8 | 58 | 8.0 | 100 |
| 196 | 银杏 | 泰州市 | 17 | 0.50 | 14.4 | 82 | 7.8 | 100 |
| 197 | 银杏 | 泰州市 | 14 | 0.84 | 13.2 | 48 | 8.0 | 120 |
| 198 | 银杏 | 泰州市 | 27 | 1.20 | 13.4 | 60 | 8.0 | 120 |
| 199 | 银杏 | 泰州市 | 9 | 0.35 | 14.2 | 62 | 8.0 | 100 |
| 200 | 银杏 | 泰州市 | 7 | 0.50 | 12.8 | 46 | 8.0 | 100 |
| 201 | 银杏 | 泰州市 | 10 | 0.40 | 13.3 | 69 | 8.0 | 150 |
| 202 | 银杏 | 泰州市 | 15 | 0.75 | 13.2 | 62 | 9.0 | 100 |
| 203 | 银杏 | 泰州市 | 3 | 0.10 | 11.5 | 67 | 8.0 | 170 |
| 204 | 银杏 | 泰州市 | 24 | 0.75 | 12.3 | 63 | 8.0 | 130 |
| 205 | 银杏 | 泰州市 | 148 | 2.40 | 12.2 | 56 | 9.0 | 110 |
| 206 | 银杏 | 泰州市 | 22 | 0.60 | 12.6 | 67 | 7.0 | 120 |
| 207 | 银杏 | 泰州市 | 6 | 0.10 | 11.5 | 54 | 8.0 | 100 |
| 208 | 银杏 | 泰州市 | 53 | 1.20 | 12.7 | 58 | 8.0 | 130 |
| 209 | 银杏 | 泰州市 | 16 | 0.20 | 12.7 | 62 | 8.0 | 130 |
| 210 | 银杏 | 泰州市 | 22 | 0.30 | 13.4 | 62 | 8.0 | 140 |
| 211 | 银杏 | 泰州市 | 15 | 0.15 | 12.2 | 57 | 8.0 | 100 |

| 序号 | 种名 | 地级市 | 株数 | 面积/hm² | 平均树高/m | 平均胸径/cm | 平均冠幅/m | 平均树龄/年 |
|------|------|--------|------|----------|------------|-------------|------------|-------------|
| 212 | 银杏 | 泰州市 | 5 | 0.10 | 11.6 | 66 | 8.0 | 100 |
| 213 | 银杏 | 泰州市 | 27 | 0.40 | 11.2 | 58 | 8.0 | 100 |
| 214 | 银杏 | 泰州市 | 58 | 0.90 | 12.5 | 57 | 8.0 | 110 |
| 215 | 银杏 | 泰州市 | 40 | 0.60 | 11.3 | 54 | 8.0 | 120 |
| 216 | 银杏 | 泰州市 | 27 | 0.40 | 12.5 | 61 | 8.0 | 100 |
| 217 | 银杏 | 泰州市 | 56 | 1.10 | 12.6 | 55 | 7.5 | 110 |
| 218 | 银杏 | 泰州市 | 17 | 0.30 | 12.9 | 54 | 7.0 | 120 |
| 219 | 银杏 | 泰州市 | 8 | 0.15 | 11.6 | 62 | 7.0 | 120 |
| 220 | 银杏 | 泰州市 | 149 | 2.20 | 13.1 | 60 | 7.9 | 110 |
| 221 | 银杏 | 泰州市 | 113 | 1.90 | 12.5 | 50 | 8.2 | 100 |
| 222 | 银杏 | 泰州市 | 31 | 1.60 | 12.4 | 48 | 7.0 | 110 |
| 223 | 银杏 | 泰州市 | 8 | 0.2 | 11.8 | 59 | 9.0 | 100 |
| 224 | 银杏 | 泰州市 | 10 | 0.25 | 11.6 | 52 | 7.8 | 100 |
| 225 | 银杏 | 泰州市 | 26 | 0.90 | 10.8 | 53 | 6.8 | 100 |
| 226 | 银杏 | 泰州市 | 31 | 0.90 | 10.4 | 54 | 7.0 | 100 |
| 227 | 银杏 | 泰州市 | 10 | 0.32 | 11.3 | 67 | 10.0 | 100 |
| 228 | 银杏 | 泰州市 | 14 | 0.40 | 10.8 | 50 | 6.5 | 130 |
| 229 | 银杏 | 泰州市 | 54 | 1.30 | 11.6 | 68 | 8.8 | 110 |
| 230 | 银杏 | 泰州市 | 12 | 0.35 | 11.2 | 50 | 6.8 | 100 |
| 231 | 银杏 | 泰州市 | 6 | 0.15 | 10.9 | 53 | 7.0 | 100 |
| 232 | 银杏 | 泰州市 | 58 | 1.80 | 10.5 | 56 | 7.0 | 100 |
| 233 | 银杏 | 泰州市 | 69 | 1.60 | 11.0 | 61 | 10.0 | 110 |
| 234 | 银杏 | 泰州市 | 235 | 3.20 | 12.3 | 60 | 10.0 | 170 |
| 235 | 银杏 | 泰州市 | 73 | 2.20 | 12.5 | 56 | 8.8 | 160 |
| 236 | 银杏 | 泰州市 | 97 | 1.90 | 12.7 | 58 | 9.8 | 130 |
| 237 | 银杏 | 泰州市 | 37 | 1.50 | 11.8 | 53 | 8.0 | 110 |

| 序号 | 种名 | 地级市 | 株数 | 面积/hm² | 平均树高/m | 平均胸径/cm | 平均冠幅/m | 平均树龄/年 |
|---|---|---|---|---|---|---|---|---|
| 238 | 银杏 | 泰州市 | 55 | 1.70 | 12.8 | 56 | 9.8 | 110 |
| 239 | 银杏 | 泰州市 | 54 | 1.30 | 11.6 | 68 | 10.0 | 110 |
| 240 | 银杏 | 泰州市 | 16 | 0.40 | 13.6 | 61 | 15.0 | 100 |
| 241 | 银杏 | 泰州市 | 9 | 0.01 | 11.5 | 49 | 13.0 | 100 |
| 242 | 银杏 | 泰州市 | 6 | 0.18 | 12.8 | 44 | 14.0 | 100 |
| 243 | 银杏 | 泰州市 | 6 | 0.20 | 13.5 | 66 | 15.0 | 100 |
| 244 | 银杏 | 泰州市 | 5 | 0.20 | 13.6 | 59 | 15.0 | 100 |
| 245 | 银杏 | 泰州市 | 5 | 0.20 | 13.6 | 59 | 15.0 | 100 |
| 246 | 银杏 | 泰州市 | 11 | 1.30 | 11.0 | 37 | 12.0 | 100 |
| 247 | 银杏 | 泰州市 | 6 | 0.30 | 12.2 | 44 | 14.0 | 100 |
| 248 | 银杏 | 泰州市 | 31 | 1.60 | 12.4 | 48 | 8.8 | 110 |
| 249 | 银杏 | 泰州市 | 13 | 0.30 | 12.1 | 44 | 14.0 | 110 |
| 250 | 银杏 | 泰州市 | 5 | 0.12 | 14.2 | 62 | 15.0 | 110 |
| 251 | 银杏 | 泰州市 | 12 | 0.60 | 11.9 | 49 | 9.0 | 100 |
| 252 | 银杏 | 泰州市 | 5 | 0.50 | 15.1 | 63 | 16.0 | 110 |
| 253 | 银杏 | 泰州市 | 3 | 0.06 | 12.5 | 53 | 14.0 | 100 |
| 254 | 银杏 | 泰州市 | 6 | 0.20 | 12.1 | 68 | 13.0 | 100 |
| 255 | 银杏 | 泰州市 | 57 | 1.50 | 13.6 | 67 | 12.0 | 130 |
| 256 | 银杏 | 泰州市 | 3 | 0.06 | 15.6 | 52 | 16.0 | 100 |
| 257 | 银杏 | 泰州市 | 7 | 0.16 | 13.2 | 55 | 15.0 | 110 |
| 258 | 银杏 | 泰州市 | 5 | 0.10 | 11.4 | 57 | 13.0 | 100 |
| 259 | 银杏 | 泰州市 | 25 | 0.50 | 12.4 | 50 | 10.0 | 100 |
| 260 | 银杏 | 泰州市 | 25 | 1.20 | 12.6 | 60 | 11.0 | 120 |
| 261 | 银杏 | 泰州市 | 18 | 0.30 | 11.2 | 50 | 9.0 | 100 |
| 262 | 银杏 | 泰州市 | 121 | 1.90 | 12.9 | 58 | 11.0 | 110 |
| 263 | 银杏 | 泰州市 | 4 | 0.45 | 13.2 | 53 | 15.0 | 100 |

**续　表**

| 序号 | 种名 | 地级市 | 株数 | 面积/hm² | 平均树高/m | 平均胸径/cm | 平均冠幅/m | 平均树龄/年 |
|---|---|---|---|---|---|---|---|---|
| 264 | 银杏 | 泰州市 | 16 | 0.50 | 12.9 | 55 | 10.0 | 130 |
| 265 | 银杏 | 泰州市 | 38 | 0.60 | 12.3 | 56 | 11.0 | 120 |
| 266 | 银杏 | 泰州市 | 40 | 1.40 | 13.3 | 51 | 9.0 | 100 |
| 267 | 银杏 | 泰州市 | 4 | 0.20 | 15.1 | 50 | 16.0 | 100 |
| 268 | 银杏 | 泰州市 | 5 | 0.30 | 14.0 | 56 | 15.0 | 100 |
| 269 | 银杏 | 泰州市 | 68 | 1.10 | 12.8 | 61 | 12.0 | 120 |
| 270 | 银杏 | 泰州市 | 15 | 51.00 | 10.8 | 51 | 9.0 | 110 |
| 271 | 银杏 | 泰州市 | 8 | 0.30 | 13.6 | 58 | 15.0 | 100 |
| 272 | 银杏 | 泰州市 | 25 | 1.20 | 12.0 | 50 | 9.0 | 120 |
| 273 | 银杏 | 泰州市 | 4 | 0.06 | 14.1 | 46 | 15.0 | 100 |
| 274 | 银杏 | 泰州市 | 68 | 1.10 | 13.3 | 60 | 12.0 | 140 |
| 275 | 银杏 | 泰州市 | 6 | 0.15 | 14.1 | 56 | 15.0 | 100 |
| 276 | 银杏 | 泰州市 | 16 | 0.40 | 0.4 | 16 | 5.0 | 110 |
| 277 | 银杏 | 泰州市 | 70 | 1.20 | 11.7 | 53 | 10.0 | 110 |
| 278 | 银杏 | 泰州市 | 90 | 2.40 | 12.6 | 58 | 10.0 | 110 |
| 279 | 银杏 | 泰州市 | 18 | 0.30 | 9.5 | 57 | 12.0 | 110 |
| 280 | 银杏 | 泰州市 | 78 | 3.20 | 13.3 | 78 | 12.0 | 100 |
| 281 | 银杏 | 泰州市 | 82 | 1.30 | 12.4 | 62 | 13.0 | 120 |
| 282 | 银杏 | 泰州市 | 29 | 0.75 | 13.4 | 72 | 12.0 | 120 |
| 283 | 银杏 | 泰州市 | 59 | 1.40 | 12.3 | 52 | 10.0 | 120 |
| 284 | 银杏 | 泰州市 | 28 | 1.20 | 12.4 | 53 | 10.0 | 100 |
| 285 | 银杏 | 泰州市 | 48 | 1.20 | 13.2 | 59 | 11.0 | 110 |
| 286 | 银杏 | 泰州市 | 49 | 2.30 | 11.5 | 51 | 9.0 | 110 |
| 287 | 银杏 | 泰州市 | 28 | 0.30 | 12.3 | 65 | 12.0 | 110 |
| 288 | 银杏 | 泰州市 | 26 | 0.90 | 11.6 | 56 | 10.0 | 100 |
| 289 | 银杏 | 泰州市 | 43 | 1.90 | 11.2 | 58 | 10.0 | 100 |

| 序号 | 种名 | 地级市 | 株数 | 面积/<br>hm² | 平均树高/<br>m | 平均胸径/<br>cm | 平均冠幅/<br>m | 平均树龄/<br>年 |
|------|------|--------|------|------|------|------|------|------|
| 290 | 银杏 | 泰州市 | 28 | 1.20 | 12.4 | 53 | 10.0 | 100 |
| 291 | 银杏 | 泰州市 | 3 | 0.80 | 10.5 | 62 | 10.0 | 100 |
| 292 | 银杏 | 泰州市 | 45 | 0.70 | 12.3 | 53 | 10.0 | 110 |
| 293 | 银杏 | 泰州市 | 23 | 0.40 | 11.4 | 69 | 11.0 | 120 |
| 294 | 银杏 | 泰州市 | 12 | 0.30 | 10.6 | 55 | 10.0 | 100 |
| 295 | 银杏 | 泰州市 | 14 | 1.10 | 15.4 | 73 | 11.0 | 150 |
| 296 | 银杏 | 泰州市 | 3 | 0.04 | 9.8 | 52 | 11.0 | 100 |
| 297 | 银杏 | 泰州市 | 10 | 0.15 | 10.5 | 60 | 11.0 | 100 |
| 298 | 银杏 | 泰州市 | 14 | 0.32 | 12.8 | 55 | 8.7 | 100 |
| 299 | 银杏 | 泰州市 | 10 | 0.40 | 13.8 | 54 | 8.6 | 100 |
| 300 | 银杏 | 泰州市 | 3 | 0.12 | 14.1 | 66 | 8.9 | 100 |
| 301 | 银杏 | 泰州市 | 5 | 0.20 | 13.5 | 65 | 9.4 | 110 |
| 302 | 银杏 | 泰州市 | 4 | 0.24 | 9.5 | 50 | 4.0 | 100 |
| 303 | 银杏 | 泰州市 | 10 | 0.60 | 13.5 | 55 | 9.0 | 120 |
| 304 | 银杏 | 泰州市 | 7 | 0.20 | 11.2 | 57 | 7.0 | 100 |
| 305 | 银杏 | 泰州市 | 5 | 0.30 | 14.5 | 56 | 8.0 | 140 |
| 306 | 银杏 | 泰州市 | 13 | 0.60 | 16.5 | 59 | 10.0 | 100 |
| 307 | 银杏 | 泰州市 | 30 | 0.90 | 15.1 | 66 | 10.0 | 110 |
| 308 | 银杏 | 泰州市 | 10 | 0.80 | 13.2 | 66 | 8.2 | 150 |
| 309 | 银杏 | 泰州市 | 16 | 0.72 | 15.5 | 58 | 9.9 | 100 |
| 310 | 银杏 | 泰州市 | 6 | 0.15 | 11.5 | 51 | 4.7 | 100 |
| 311 | 银杏 | 泰州市 | 23 | 0.50 | 13.3 | 61 | 9.3 | 110 |
| 312 | 银杏 | 泰州市 | 16 | 0.50 | 12.5 | 61 | 9.1 | 130 |
| 313 | 银杏 | 泰州市 | 47 | 1.80 | 11.7 | 50 | 7.2 | 120 |
| 314 | 圆柏 | 徐州市 | 3 | 0.01 | 10.0 | 62 | 11.0 | 209 |
| 315 | 侧柏 | 徐州市 | 170 | 2.00 | 11.0 | 30 | 6.0 | 240 |

续　表

| 序号 | 种名 | 地级市 | 株数 | 面积/<br>hm² | 平均树高/<br>m | 平均胸径/<br>cm | 平均冠幅/<br>m | 平均树龄/<br>年 |
|---|---|---|---|---|---|---|---|---|
| 316 | 侧柏 | 徐州市 | 220 | 2.00 | 11.0 | 30 | 6.0 | 240 |
| 317 | 侧柏 | 徐州市 | 24 | 0.47 | 10.0 | 31 | 5.0 | 120 |
| 318 | 乌桕 | 徐州市 | 17 | 1.00 | 15.0 | 33 | 9.0 | 180 |
| 319 | 乌桕 | 徐州市 | 5 | 0.03 | 22.0 | 44 | 6.4 | 130 |
| 320 | 黄檀 | 徐州市 | 17 | 0.06 | 8.5 | 34 | 11.0 | 300 |
| 321 | 槐 | 徐州市 | 15 | 0.50 | 7.5 | 63 | 6.4 | 150 |
| 322 | 槐 | 徐州市 | 21 | 0.10 | 7.5 | 64 | 5.7 | 150 |
| 323 | 栗 | 徐州市 | 270 | 3.00 | 10.0 | 60 | 13.0 | 120 |
| 324 | 栗 | 徐州市 | 230 | 2.00 | 10.0 | 55 | 13.0 | 120 |
| 325 | 栗 | 徐州市 | 2 560 | 46.00 | 15.2 | 30 | 16.6 | 105 |
| 326 | 栗 | 淮安市 | 17 | 4 500.00 | 24.6 | 57 | 15.6 | 130 |
| 327 | 栗 | 淮安市 | 68 | 4 500.00 | 18.0 | 45 | 15.0 | 120 |
| 328 | 栗 | 宿迁市 | 500 | 300.00 | 13.5 | 35 | 13.3 | 140 |
| 329 | 麻栎 | 徐州市 | 21 | 0.20 | 21.5 | 45 | 21.3 | 170 |
| 330 | 麻栎 | 常州市 | 19 | 1 973.33 | 22.5 | 50 | 12.5 | 120 |
| 331 | 麻栎 | 淮安市 | 38 | 4 000.00 | 12.0 | 24 | 10.0 | 100 |
| 332 | 杏 | 徐州市 | 130 | 2.00 | 7.0 | 36 | 8.0 | 105 |
| 333 | 樱桃 | 徐州市 | 36 | 100.00 | 4.2 | 35 | 5.2 | 150 |
| 334 | 木瓜 | 徐州市 | 11 | 5.00 | 6.2 | 48 | 6.5 | 417 |
| 335 | 木瓜 | 徐州市 | 5 | 500.00 | 11.0 | 65 | 7.5 | 200 |
| 336 | 梨 | 徐州市 | 4 | 0.10 | 6.0 | 30 | 7.0 | 110 |
| 337 | 梨 | 徐州市 | 240 | 8.00 | 4.0 | 30 | 5.0 | 150 |
| 338 | 梨 | 徐州市 | 106 | 2.00 | 4.5 | 30 | 6.0 | 100 |
| 339 | 梨 | 徐州市 | 44 | 0.47 | 5.0 | 49 | 8.0 | 120 |
| 340 | 梨 | 徐州市 | 25 | 0.10 | 4.0 | 8 | 8.0 | 120 |
| 341 | 白梨 | 宿迁市 | 7 | 600 | 15.0 | 28 | 8.0 | 240 |

| 序号 | 种名 | 地级市 | 株数 | 面积/hm² | 平均树高/m | 平均胸径/cm | 平均冠幅/m | 平均树龄/年 |
|---|---|---|---|---|---|---|---|---|
| 342 | 沙梨 | 徐州市 | 668 | 200.00 | 3.8 | 50 | 8.2 | 208 |
| 343 | 沙梨 | 徐州市 | 34 | 50.00 | 3.8 | 40 | 8.1 | 208 |
| 344 | 沙梨 | 徐州市 | 187 | 100.00 | 3.8 | 45 | 8.1 | 208 |
| 345 | 枣 | 徐州市 | 180 | 2.00 | 7.0 | 20 | 8.0 | 110 |
| 346 | 朴树 | 淮安市 | 89 | 4 500.00 | 17.0 | 50 | 22.0 | 150 |
| 347 | 三角槭 | 徐州市 | 5 | 0.01 | 15.0 | 60 | 10.0 | 110 |
| 348 | 柿 | 徐州市 | 3 | 0.10 | 13.0 | 40 | 9.0 | 200 |
| 349 | 柿 | 徐州市 | 6 | 0.20 | 11.0 | 40 | 9.0 | 110 |
| 350 | 柿 | 徐州市 | 20 | 1.00 | 13.0 | 25 | 8.0 | 110 |
| 351 | 柿 | 徐州市 | 5 | 0.05 | 8.5 | 36 | 6.9 | 200 |
| 352 | 柿 | 徐州市 | 7 | 0.02 | 9.0 | 42 | 10.0 | 200 |
| 353 | 柿 | 徐州市 | 6 | 0.30 | 9.5 | 45 | 6.0 | 115 |

表 4-28 江苏省古树群按树种分布统计

| 序号 | 树种 | 徐州市 | 常州市 | 淮安市 | 泰州市 | 宿迁市 | 份数汇总 |
|---|---|---|---|---|---|---|---|
| 1 | 银杏 | 4 | — | — | 309 | — | 313 |
| 2 | 圆柏 | 1 | — | — | — | — | 1 |
| 3 | 侧柏 | 3 | — | — | — | — | 3 |
| 4 | 乌桕 | 2 | — | — | — | — | 2 |
| 5 | 黄檀 | 1 | — | — | — | — | 1 |
| 6 | 槐 | 2 | — | — | — | — | 2 |
| 7 | 栗 | 3 | — | 2 | — | 1 | 6 |
| 8 | 麻栎 | 1 | 1 | 1 | — | — | 3 |
| 9 | 杏 | 1 | — | — | — | — | 1 |

| 序号 | 树种 | 徐州市 | 常州市 | 淮安市 | 泰州市 | 宿迁市 | 份数汇总 |
|------|------|--------|--------|--------|--------|--------|----------|
| 10 | 樱桃 | 1 | — | — | — | — | 1 |
| 11 | 木瓜 | 2 | — | — | — | — | 2 |
| 12 | 梨 | 5 | — | — | — | — | 5 |
| 13 | 白梨 | — | — | — | — | 1 | 1 |
| 14 | 沙梨 | 3 | — | — | — | — | 3 |
| 15 | 枣 | 1 | — | — | — | — | 1 |
| 16 | 朴树 | — | — | 1 | — | — | 1 |
| 17 | 三角槭 | 1 | — | — | — | — | 1 |
| 18 | 柿 | 6 | — | — | — | — | 6 |

　　上述 353 份古树群，泰州市数量最多，有 309 份，占全省的 87.54%，全部为古银杏群。其中 1 份为新增古树群（图 4 - 134），位于高港区刁铺镇二桥村，共 42 株，生长环境良好，1 株雄株银杏胸径 65 cm，为群体中最大，其他均为雌株，最大雌株胸径 60 cm。但村庄即将拆迁，古树群面临被毁风险，需及时挂牌，移栽或就地保护。另外 308 份分布在泰兴市，这 308 份古树群共包含 6 620 株古银杏。古树群中可见小银杏，地被植物有油菜、小麦、蚕豆等。建议古树群周围划出一定的控制地带，以保护其生长环境和风貌。

　　徐州市有 37 份古树群种质资源，隶属于 16 种 15 属 9 科。其中，古柿群有 6 份，数量最多；梨次之，有 5 份；再次为银杏，有 4 份。位于邳州市高新区板栗园的古栗群（图 4 - 135），有栗 2 560 株，占地面积 46 hm²，平均胸径 30 cm，平均树高 15.2 m，是全省含古树最多的古树群。徐州市的 37 份古树群种质资源中，除银杏、栗和麻栎这 3 种外，圆柏、侧柏、乌桕、黄檀、槐、杏、樱桃、木瓜、梨、沙梨、枣、三角槭和柿的古树群均为徐州市独有。

　　淮安市有 4 份古树群种质资源，涉及 3 种 3 属 2 科。位于淮安市盱眙县桂五镇杨郢的古栗群含古树 17 株，栽培历史为 130～170 年，平均胸径 57 cm，生长旺盛，数量较多，但果实较小，伴生树种有朴树、桑、槐等。

宿迁市有 2 个古树群，分别为白梨古树群和栗古树群。古梨园保存生长旺盛的白梨（图 4－136～图 4－137）7 株，平均树龄 240 年以上，平均树高达 15 m，平均胸径达 28 cm，平均冠幅达 8 m；最大树高达 25 m，最大胸径达 51 cm，最大冠幅达 15 m，保存设施完好。古栗园（图 4－138）保存板栗植株 500 余株，保存设施较好，平均树高 13.5 m，平均冠幅 13.3 m，平均胸径达 35 cm，最大树高 15.7 m，最大冠幅 16.0 m，最大胸径达 90 cm。

常州市仅有古树群种质资源 1 份，由 19 株麻栎（图 4－139）组成，位于常州市金坛区茅东林场林南管理区白云作业点。在之前的调查中，该麻栎古树群被错误标记为栓皮栎。上述麻栎古树群的平均胸径为 50.0 cm，平均枝下高 2.3 m，平均树高 22.5 m，平均冠幅 12.5 m。这些麻栎的树龄普遍在 110～120 年左右。当地政府已经对该麻栎古树群进行了围栏保护，但是部分围栏已经出现倾斜、破损的迹象，建议重新加固围栏并设置警示牌提醒过往民众。

图 4－134　银杏（古树群　泰州市高港区）

图 4-135　栗（古树群　徐州市邳州市）

图 4-136　白梨（古树群　宿迁市泗阳县）

图 4-137　白梨果实（古树群　宿迁市泗阳县）

图 4 - 138 栗（古树群 宿迁市沭阳县）

图 4 - 139 麻栎（古树群 常州市金坛区）

# 第六节　来源不明的林木种质资源

来源不明的林木种质资源指栽培利用林木种质资源中来源不清的植物种类，主要包括引种栽培的、产地来源不明的木本植物。它们可能是外来植物，也可能是我国的乡土植物。

根据调查，江苏省来源不明的林木种质资源共涉及 251 种，它们隶属于 145 属 63 科。其中，裸子植物 6 科 13 属 21 种，被子植物 57 科 132 属 230 种。来源不明的林木种质资源主要为引种栽培的用于绿化观赏的木本植物（图 4-140～图 4-147）。具体信息如表 4-29 所示。

图 4-140　木莲（来源不明）

图 4-141　乐东拟单性木兰（来源不明）

图 4 - 142　夏蜡梅（来源不明）

图 4 - 143　菲油果（来源不明）

图 4 - 144　红千层（来源不明）

图 4 - 145　探春（来源不明）

图 4 - 146　连香树（来源不明）

图 4 - 147　穗花牡荆（来源不明）

表 4-29　江苏省来源不明的林木种质资源统计表

| 序号 | 科 | 属 | 种中文名 | 种学名 | 生活型 |
|---|---|---|---|---|---|
| 1 | 南洋杉科 | 南洋杉属 | 南洋杉 | *Araucaria cunninghamii* | 常绿乔木 |
| 2 | 南洋杉科 | 南洋杉属 | 异叶南洋衫 | *Araucaria heterophylla* | 常绿乔木 |
| 3 | 松科 | 雪松属 | 北非雪松 | *Cedrus atlantica* | 常绿乔木 |
| 4 | 松科 | 油杉属 | 铁坚油杉 | *Keteleeria davidiana* | 常绿乔木 |
| 5 | 松科 | 油杉属 | 油杉 | *Keteleeria fortunei* | 常绿乔木 |
| 6 | 松科 | 油杉属 | 江南油杉 | *Keteleeria fortunei* var. *cyclolepis* | 常绿乔木 |
| 7 | 松科 | 云杉属 | 云杉 | *Picea asperata* | 常绿乔木 |
| 8 | 松科 | 松属 | 欧洲黑松 | *Pinus nigra* | 常绿乔木 |
| 9 | 松科 | 松属 | 北美乔松 | *Pinus strobus* | 常绿乔木 |
| 10 | 松科 | 松属 | 油松 | *Pinus tabuliformis* | 常绿乔木 |
| 11 | 杉科 | 落羽杉属 | 东方杉 | × *Taxodiomera peizhongii* | 常绿乔木 |
| 12 | 柏科 | 扁柏属 | 日本扁柏 | *Chamaecyparis obtusa* | 常绿乔木 |
| 13 | 柏科 | 扁柏属 | 日本花柏 | *Chamaecyparis pisifera* | 常绿乔木 |
| 14 | 柏科 | 柏木属 | 绿干柏 | *Cupressus arizonica* | 常绿乔木 |
| 15 | 柏科 | 福建柏属 | 福建柏 | *Fokienia hodginsii* | 常绿乔木 |
| 16 | 柏科 | 刺柏属 | 杜松 | *Juniperus rigida* | 常绿乔木 |
| 17 | 柏科 | 刺柏属 | 高山柏 | *Juniperus squamata* | 常绿灌木 |
| 18 | 柏科 | 崖柏属 | 北美香柏 | *Thuja occidentalis* | 常绿乔木 |
| 19 | 柏科 | 崖柏属 | 日本香柏 | *Thuja standishii* | 常绿乔木 |
| 20 | 罗汉松科 | 罗汉松属 | 短叶罗汉松 | *Podocarpus macrophyllus* var. *maki* | 常绿乔木 |
| 21 | 红豆杉科 | 三尖杉属 | 三尖杉 | *Cephalotaxus fortunei* | 常绿乔木 |
| 22 | 蜡梅科 | 夏蜡梅属 | 夏蜡梅 | *Calycanthus chinensis* | 落叶灌木 |
| 23 | 蜡梅科 | 蜡梅属 | 山蜡梅 | *Chimonanthus nitens* | 常绿灌木 |
| 24 | 蜡梅科 | 蜡梅属 | 馨口蜡梅 | *Chimonanthus praecox* var. *grandiflorus* | 落叶灌木 |

| 序号 | 科 | 属 | 种中文名 | 种学名 | 生活型 |
|---|---|---|---|---|---|
| 25 | 蜡梅科 | 蜡梅属 | 狗牙蜡梅 | *Chimonanthus praecox* var. *intermedius* | 落叶灌木 |
| 26 | 蜡梅科 | 蜡梅属 | 小花蜡梅 | *Chimonanthus praecox* var. *parviflorus* | 落叶灌木 |
| 27 | 樟科 | 山胡椒属 | 黑壳楠 | *Lindera megaphylla* | 常绿乔木 |
| 28 | 樟科 | 楠属 | 白楠 | *Phoebe neurantha* | 常绿乔木 |
| 29 | 木兰科 | 厚朴属 | 厚朴 | *Houpoëa officinalis* | 落叶乔木 |
| 30 | 木兰科 | 鹅掌楸属 | 杂交鹅掌楸 | *Liriodendron chinense* × *tulipifera* | 落叶乔木 |
| 31 | 木兰科 | 木莲属 | 木莲 | *Manglietia fordiana* | 常绿乔木 |
| 32 | 木兰科 | 木莲属 | 红花木莲 | *Manglietia insignis* | 常绿乔木 |
| 33 | 木兰科 | 含笑属 | 阔瓣含笑 | *Michelia cavaleriei* var. *platypetala* | 常绿乔木 |
| 34 | 木兰科 | 含笑属 | 台湾含笑 | *Michelia compressa* | 常绿乔木 |
| 35 | 木兰科 | 拟单性木兰属 | 乐东拟单性木兰 | *Parakmeria lotungensis* | 常绿乔木 |
| 36 | 木兰科 | 玉兰属 | 黄山玉兰 | *Yulania cylindrica* | 落叶乔木 |
| 37 | 天南星科 | 龟背竹属 | 龟背竹 | *Monstera deliciosa* | 常绿灌木 |
| 38 | 槟榔科 | 果冻椰子属 | 布迪椰子 | *Butia capitata* | 常绿灌木 |
| 39 | 槟榔科 | 鱼尾葵属 | 鱼尾葵 | *Caryota maxima* | 常绿乔木 |
| 40 | 槟榔科 | 竹节椰属 | 袖珍椰子 | *Chamaedorea elegans* | 常绿乔木 |
| 41 | 槟榔科 | 散尾葵属 | 散尾葵 | *Chrysalidocarpus lutescens* | 常绿灌木 |
| 42 | 槟榔科 | 蒲葵属 | 蒲葵 | *Livistona chinensis* | 常绿乔木 |
| 43 | 槟榔科 | 海枣属 | 加拿利海枣 | *Phoenix canariensis* | 常绿乔木 |
| 44 | 槟榔科 | 海枣属 | 林刺葵 | *Phoenix sylvestris* | 常绿乔木 |
| 45 | 槟榔科 | 棕竹属 | 棕竹 | *Rhapis excelsa* | 常绿灌木 |
| 46 | 天门冬科 | 天门冬属 | 文竹 | *Asparagus setaceus* | 常绿灌木 |
| 47 | 天门冬科 | 朱蕉属 | 朱蕉 | *Cordyline fruticosa* | 常绿灌木 |
| 48 | 天门冬科 | 假叶树属 | 假叶树 | *Ruscua aculeatus* | 常绿灌木 |

| 序号 | 科 | 属 | 种中文名 | 种学名 | 生活型 |
|---|---|---|---|---|---|
| 49 | 天门冬科 | 丝兰属 | 软叶丝兰 | *Yucca flaccida* | 常绿灌木 |
| 50 | 天门冬科 | 丝兰属 | 凤尾丝兰 | *Yucca gloriosa* | 常绿灌木 |
| 51 | 黄杨科 | 板凳果属 | 顶花板凳果 | *Pachysandra terminalis* | 常绿灌木 |
| 52 | 小檗科 | 小檗属 | 日本小檗 | *Berberis thunbergii* | 落叶灌木 |
| 53 | 小檗科 | 小檗属 | 庐山小檗 | *Berberis virgetorum* | 落叶灌木 |
| 54 | 小檗科 | 南天竹属 | 玉果南天竹 | *Nandina domestica* var. *leucocarpa* | 常绿灌木 |
| 55 | 枫香科 | 蕈树属 | 细柄蕈树 | *Altingia gracilipes* | 常绿乔木 |
| 56 | 金缕梅科 | 蚊母树属 | 小叶蚊母树 | *Distylium buxifolium* | 常绿灌木 |
| 57 | 金缕梅科 | 蚊母树属 | 杨梅叶蚊母树 | *Distylium myricoides* | 常绿灌木 |
| 58 | 金缕梅科 | 金缕梅属 | 金缕梅 | *Hamamelis mollis* | 落叶乔木 |
| 59 | 连香树科 | 连香树属 | 连香树 | *Cercidiphyllum japonicum* | 落叶乔木 |
| 60 | 葡萄科 | 地锦属 | 五叶地锦 | *Parthenocissus quinquefolia* | 落叶藤本 |
| 61 | 卫矛科 | 假卫矛属 | 福建假卫矛 | *Microtropis fokienensis* | 常绿灌木 |
| 62 | 金丝桃科 | 金丝桃属 | 金丝桃 | *Hypericum monogynum* | 落叶灌木 |
| 63 | 金丝桃科 | 金丝桃属 | 金丝梅 | *Hypericum patulum* | 落叶灌木 |
| 64 | 杨柳科 | 杨属 | 欧美杨 | *Populus* × *euramericana* | 落叶乔木 |
| 65 | 杨柳科 | 杨属 | 钻天杨 | *Populus nigra* | 落叶乔木 |
| 66 | 杨柳科 | 杨属 | 银白杨 | *Populus nigra* var. *italica* | 落叶乔木 |
| 67 | 杨柳科 | 柳属 | 爆竹柳 | *Salix fragilis* | 落叶乔木 |
| 68 | 杨柳科 | 柳属 | 簸箕柳 | *Salix suchowensis* | 落叶灌木 |
| 69 | 大戟科 | 变叶木属 | 变叶木 | *Codiaeum variegatum* | 常绿灌木 |
| 70 | 大戟科 | 大戟属 | 一品红 | *Euphorbia pulcherrima* | 常绿灌木 |
| 71 | 大戟科 | 红雀珊瑚属 | 红雀珊瑚 | *Pedilanthus tithymaloides* | 常绿灌木 |
| 72 | 杜英科 | 杜英属 | 中华杜英 | *Elaeocarpus chinensis* | 常绿乔木 |
| 73 | 杜英科 | 猴欢喜属 | 猴欢喜 | *Sloanea sinensis* | 常绿乔木 |
| 74 | 豆科 | 相思树属 | 黑荆 | *Acacia mearnsii* | 常绿乔木 |

续　表

| 序号 | 科 | 属 | 种中文名 | 种学名 | 生活型 |
|---|---|---|---|---|---|
| 75 | 豆科 | 紫荆属 | 加拿大紫荆 | *Cercis canadensis* | 落叶灌木 |
| 76 | 豆科 | 紫荆属 | 湖北紫荆 | *Cercis glabra* | 落叶乔木 |
| 77 | 豆科 | 金雀儿属 | 金雀儿 | *Cytisus scoparius* | 落叶灌木 |
| 78 | 豆科 | 刺桐属 | 鸡冠刺桐 | *Erythrina crista-galli* | 落叶灌木 |
| 79 | 豆科 | 木蓝属 | 花木蓝 | *Indigofera kirilowii* | 落叶灌木 |
| 80 | 豆科 | 红豆属 | 花榈木 | *Ormosia henryi* | 常绿乔木 |
| 81 | 豆科 | 刺槐属 | 毛洋槐 | *Robinia hispida* | 落叶灌木 |
| 82 | 豆科 | 决明属 | 伞房决明 | *Senna corymbosa* | 落叶灌木 |
| 83 | 豆科 | 决明属 | 槐叶决明 | *Senna sophera* | 落叶灌木 |
| 84 | 豆科 | 田菁属 | 田菁 | *Sesbania cannabina* | 落叶灌木 |
| 85 | 豆科 | 苦参属 | 白刺花 | *Sophora davidii* | 落叶灌木 |
| 86 | 豆科 | 鹰爪豆属 | 鹰爪豆 | *Spartium junceum* | 常绿灌木 |
| 87 | 壳斗科 | 栎属 | 美国白栎 | *Quercus alba* | 落叶乔木 |
| 88 | 壳斗科 | 栎属 | 帽斗栎 | *Quercus guyavifolia* | 常绿灌木 |
| 89 | 壳斗科 | 栎属 | 月桂叶栎 | *Quercus laurifolia* | 常绿乔木 |
| 90 | 壳斗科 | 栎属 | 琴叶栎 | *Quercus lyrata* | 落叶乔木 |
| 91 | 壳斗科 | 栎属 | 黑栎 | *Quercus nigra* | 落叶乔木 |
| 92 | 胡桃科 | 青钱柳属 | 青钱柳 | *Cyclocarya paliurus* | 落叶乔木 |
| 93 | 桦木科 | 桤木属 | 日本桤木 | *Alnus japonica* | 落叶乔木 |
| 94 | 桦木科 | 桦木属 | 亮叶桦 | *Betula luminifera* | 落叶乔木 |
| 95 | 桦木科 | 桦木属 | 白桦 | *Betula platyphylla* | 落叶乔木 |
| 96 | 桦木科 | 鹅耳枥属 | 千金榆 | *Carpinus cordata* | 落叶乔木 |
| 97 | 蔷薇科 | 桃属 | 油桃 | *Amygdalus persica* var. *nectarina* | 落叶乔木 |
| 98 | 蔷薇科 | 桃属 | 榆叶梅 | *Amygdalus triloba* | 落叶灌木 |
| 99 | 蔷薇科 | 杏属 | 杏梅 | *Armeniaca mume* var. *bungo* | 落叶乔木 |
| 100 | 蔷薇科 | 杏属 | 朱砂梅 | *Armeniaca mume* var. *mume* f. *purpurea* | 落叶乔木 |

| 序号 | 科 | 属 | 种中文名 | 种学名 | 生活型 |
|---|---|---|---|---|---|
| 101 | 蔷薇科 | 樱属 | 欧洲甜樱桃 | *Cerasus avium* | 落叶乔木 |
| 102 | 蔷薇科 | 木瓜海棠属 | 毛叶木瓜 | *Chaenomeles cathayensis* | 落叶灌木 |
| 103 | 蔷薇科 | 木瓜海棠属 | 日本木瓜 | *Chaenomeles japonica* | 落叶灌木 |
| 104 | 蔷薇科 | 木瓜海棠属 | 皱皮木瓜 | *Chaenomeles speciosa* | 落叶灌木 |
| 105 | 蔷薇科 | 山楂属 | 光叶山楂 | *Crataegus dahurica* | 落叶灌木 |
| 106 | 蔷薇科 | 山楂属 | 山里红 | *Crataegus pinnatifida* var. *major* | 落叶乔木 |
| 107 | 蔷薇科 | 桂樱属 | 刺叶桂樱 | *Laurocerasus spinulosa* | 常绿乔木 |
| 108 | 蔷薇科 | 苹果属 | 八棱海棠 | *Malus × robusta* | 落叶乔木 |
| 109 | 蔷薇科 | 苹果属 | 窄叶海棠 | *Malus angustifolia* | 落叶乔木 |
| 110 | 蔷薇科 | 苹果属 | 花红 | *Malus asiatica* | 落叶乔木 |
| 111 | 蔷薇科 | 苹果属 | 山荆子 | *Malus baccata* | 落叶乔木 |
| 112 | 蔷薇科 | 苹果属 | 河南海棠 | *Malus honanensis* | 落叶灌木 |
| 113 | 蔷薇科 | 苹果属 | 山楂叶海棠 | *Malus ioensis* | 落叶乔木 |
| 114 | 蔷薇科 | 苹果属 | 陇东海棠 | *Malus kansuensis* | 落叶灌木 |
| 115 | 蔷薇科 | 苹果属 | 吉尔吉斯苹果 | *Malus kirghisorum* | 落叶乔木 |
| 116 | 蔷薇科 | 苹果属 | 光萼林檎 | *Malus leiocalyca* | 落叶灌木 |
| 117 | 蔷薇科 | 苹果属 | 台湾林檎 | *Malus doumeri* | 落叶灌木 |
| 118 | 蔷薇科 | 苹果属 | 毛山荆子 | *Malus mandshurica* | 落叶乔木 |
| 119 | 蔷薇科 | 苹果属 | 东方苹果 | *Malus orientalis* | 落叶乔木 |
| 120 | 蔷薇科 | 苹果属 | 宽果海棠 | *Malus platycarpa* | 落叶乔木 |
| 121 | 蔷薇科 | 苹果属 | 西蜀海棠 | *Malus prattii* | 落叶乔木 |
| 122 | 蔷薇科 | 苹果属 | 楸子 | *Malus prunifolia* | 落叶乔木 |
| 123 | 蔷薇科 | 苹果属 | 红肉苹果 | *Malus pumila* var. *niedzwetzkyana* | 落叶乔木 |
| 124 | 蔷薇科 | 苹果属 | 丽江山荆子 | *Malus rockii* | 落叶乔木 |
| 125 | 蔷薇科 | 苹果属 | 萨金海棠 | *Malus sargentii* | 落叶乔木 |

| 序号 | 科 | 属 | 种中文名 | 种学名 | 生活型 |
|---|---|---|---|---|---|
| 126 | 蔷薇科 | 苹果属 | 三叶海棠 | *Malus sieboldii* | 落叶灌木 |
| 127 | 蔷薇科 | 苹果属 | 新疆野苹果 | *Malus sieversii* | 落叶乔木 |
| 128 | 蔷薇科 | 苹果属 | 锡金海棠 | *Malus sikkimensis* | 落叶乔木 |
| 129 | 蔷薇科 | 苹果属 | 海棠花 | *Malus spectabilis* | 落叶乔木 |
| 130 | 蔷薇科 | 苹果属 | 森林苹果 | *Malus sylvestris* | 落叶乔木 |
| 131 | 蔷薇科 | 苹果属 | 野木海棠 | *Malus tschonoskii* | 落叶乔木 |
| 132 | 蔷薇科 | 苹果属 | 土库曼苹果 | *Malus turkmenorum* | 落叶乔木 |
| 133 | 蔷薇科 | 苹果属 | 小金海棠 | *Malus xiaojinensis* | 落叶乔木 |
| 134 | 蔷薇科 | 苹果属 | 滇池海棠 | *Malus yunnanensis* | 落叶乔木 |
| 135 | 蔷薇科 | 梨属 | 全缘叶豆梨 | *Pyrus calleryana* var. *integrifolia* | 落叶乔木 |
| 136 | 蔷薇科 | 梨属 | 西洋梨 | *Pyrus communis* | 落叶乔木 |
| 137 | 蔷薇科 | 石斑木属 | 石斑木 | *Rhaphiolepis indica* | 常绿灌木 |
| 138 | 蔷薇科 | 蔷薇属 | 七姊妹 | *Rosa multiflora* var. *carnea* | 落叶灌木 |
| 139 | 蔷薇科 | 蔷薇属 | 缫丝花 | *Rosa roxburghii* | 落叶灌木 |
| 140 | 蔷薇科 | 蔷薇属 | 钝叶蔷薇 | *Rosa sertata* | 落叶灌木 |
| 141 | 蔷薇科 | 悬钩子属 | 黑莓 | *Rubus fruticosus* | 落叶灌木 |
| 142 | 蔷薇科 | 珍珠梅属 | 华北珍珠梅 | *Sorbaria kirilowii* | 落叶灌木 |
| 143 | 蔷薇科 | 绣线菊属 | 菱叶绣线菊 | *Spiraea × vanhouttei* | 落叶灌木 |
| 144 | 蔷薇科 | 绣线菊属 | 毛花绣线菊 | *Spiraea dasyantha* | 落叶灌木 |
| 145 | 蔷薇科 | 绣线菊属 | 单瓣李叶绣线菊 | *Spiraea prunifolia* var. *simpliciflora* | 落叶灌木 |
| 146 | 蔷薇科 | 绣线菊属 | 三裂绣线菊 | *Spiraea trilobata* | 落叶灌木 |
| 147 | 胡颓子科 | 胡颓子属 | 沙枣 | *Elaeagnus angustifolia* | 落叶乔木 |
| 148 | 榆科 | 榆属 | 杭州榆 | *Ulmus changii* | 落叶乔木 |
| 149 | 榆科 | 榆属 | 旱榆 | *Ulmus glaucescens* | 落叶乔木 |
| 150 | 桑科 | 构属 | 藤构 | *Broussonetia kaempferi* | 落叶灌木 |

| 序号 | 科 | 属 | 种中文名 | 种学名 | 生活型 |
|---|---|---|---|---|---|
| 151 | 桑科 | 榕属 | 无花果 | *Ficus carica* | 落叶灌木 |
| 152 | 桑科 | 榕属 | 印度榕 | *Ficus elastica* | 常绿乔木 |
| 153 | 桑科 | 榕属 | 榕树 | *Ficus microcarpa* | 常绿乔木 |
| 154 | 锦葵科 | 木棉属 | 木棉 | *Bombax ceiba* | 落叶乔木 |
| 155 | 锦葵科 | 木槿属 | 海滨木槿 | *Hibiscus hamabo* | 落叶灌木 |
| 156 | 锦葵科 | 木槿属 | 朱槿 | *Hibiscus rosa-sinensis* | 常绿灌木 |
| 157 | 锦葵科 | 木槿属 | 紫花重瓣木槿 | *Hibiscus syriacus* var. *violaceus* | 落叶灌木 |
| 158 | 锦葵科 | 瓜栗属 | 瓜栗 | *Pachira aquatica* | 落叶乔木 |
| 159 | 锦葵科 | 梭罗树属 | 梭罗树 | *Reevesia pubescens* | 常绿乔木 |
| 160 | 锦葵科 | 椴属 | 华东椴 | *Tilia japonica* | 落叶乔木 |
| 161 | 瑞香科 | 瑞香属 | 瑞香 | *Daphne odora* | 常绿灌木 |
| 162 | 千屈菜科 | 萼距花属 | 细叶萼距花 | *Cuphea hyssopifolia* | 常绿灌木 |
| 163 | 千屈菜科 | 紫薇属 | 尾叶紫薇 | *Lagerstroemia caudata* | 落叶乔木 |
| 164 | 千屈菜科 | 紫薇属 | 福建紫薇 | *Lagerstroemia limii* | 落叶乔木 |
| 165 | 桃金娘科 | 野凤榴属 | 菲油果 | *Acca sellowiana* | 常绿灌木 |
| 166 | 桃金娘科 | 红千层属 | 红千层 | *Callistemon rigidus* | 常绿乔木 |
| 167 | 桃金娘科 | 红千层属 | 多花红千层 | *Callistemon speciosus* | 常绿乔木 |
| 168 | 桃金娘科 | 香桃木属 | 香桃木 | *Myrtus communis* | 常绿灌木 |
| 169 | 漆树科 | 黄栌属 | 黄栌 | *Cotinus coggygria* | 落叶乔木 |
| 170 | 漆树科 | 黄栌属 | 毛叶黄栌 | *Cotinus coggygria* var. *pubescens* | 落叶灌木 |
| 171 | 漆树科 | 盐麸木属 | 火炬树 | *Rhus typhina* | 落叶灌木 |
| 172 | 无患子科 | 槭属 | 富宁槭 | *Acer amoenum* | 落叶乔木 |
| 173 | 无患子科 | 槭属 | 挪威枫 | *Acer platanoides* | 落叶乔木 |
| 174 | 无患子科 | 槭属 | 中华枫 | *Acer sinense* | 落叶乔木 |
| 175 | 芸香科 | 柑橘属 | 酸橙 | *Citrus* × *aurantium* | 常绿灌木 |

| 序号 | 科 | 属 | 种中文名 | 种学名 | 生活型 |
|---|---|---|---|---|---|
| 176 | 芸香科 | 柑橘属 | 金柑 | *Citrus japonica* | 常绿灌木 |
| 177 | 芸香科 | 柑橘属 | 柚 | *Citrus maxima* | 常绿乔木 |
| 178 | 楝科 | 米仔兰属 | 米仔兰 | *Aglaia odorata* | 常绿灌木 |
| 179 | 柽柳科 | 柽柳属 | 多枝柽柳 | *Tamarix ramosissima* | 落叶灌木 |
| 180 | 紫茉莉科 | 叶子花属 | 叶子花 | *Bougainvillea spectabilis* | 落叶灌木 |
| 181 | 仙人掌科 | 仙人掌属 | 仙人掌 | *Opuntia dillenii* | 常绿灌木 |
| 182 | 珙桐科 | 蓝果树属 | 沼生蓝果树 | *Nyssa aquatica* | 落叶乔木 |
| 183 | 珙桐科 | 蓝果树属 | 多花蓝果树 | *Nyssa sylvatica* | 落叶乔木 |
| 184 | 绣球花科 | 溲疏属 | 小溲疏 | *Deutzia gracilis* | 落叶灌木 |
| 185 | 绣球花科 | 溲疏属 | 长江溲疏 | *Deutzia schneideriana* | 落叶灌木 |
| 186 | 山茱萸科 | 山茱萸属 | 红瑞木 | *Cornus alba* | 落叶灌木 |
| 187 | 山茱萸科 | 山茱萸属 | 尖叶四照花 | *Cornus elliptica* | 落叶乔木 |
| 188 | 山茱萸科 | 山茱萸属 | 梾木 | *Cornus macrophylla* | 落叶乔木 |
| 189 | 五列木科 | 柃属 | 滨柃 | *Eurya emarginata* | 常绿灌木 |
| 190 | 柿科 | 柿属 | 乌柿 | *Diospyros cathayensis* | 常绿乔木 |
| 191 | 柿科 | 柿属 | 油柿 | *Diospyros oleifera* | 落叶乔木 |
| 192 | 山茶科 | 山茶属 | 尖连蕊茶 | *Camellia cuspidata* | 常绿灌木 |
| 193 | 山茶科 | 紫茎属 | 紫茎 | *Stewartia sinensis* | 落叶乔木 |
| 194 | 翅萼树科 | 鞣木属 | 鞣木 | *Cyrilla racemiflora* | 常绿乔木 |
| 195 | 杜鹃花科 | 杜鹃花属 | 杂种杜鹃 | *Rhododendron × hybridum* | 常绿灌木 |
| 196 | 杜鹃花科 | 杜鹃花属 | 丁香杜鹃 | *Rhododendron farrerae* | 落叶灌木 |
| 197 | 杜鹃花科 | 杜鹃花属 | 皋月杜鹃 | *Rhododendron indicum* | 落叶灌木 |
| 198 | 杜鹃花科 | 杜鹃花属 | 白花杜鹃 | *Rhododendron mucronatum* | 落叶灌木 |
| 199 | 杜鹃花科 | 杜鹃花属 | 钝叶杜鹃 | *Rhododendron obtusum* | 常绿灌木 |
| 200 | 杜鹃花科 | 越橘属 | 蓝莓 | *Vaccinium corymbosum* | 落叶灌木 |
| 201 | 绞木科 | 桃叶珊瑚属 | 青木 | *Aucuba japonica* | 常绿灌木 |

| 序号 | 科 | 属 | 种中文名 | 种学名 | 生活型 |
|---|---|---|---|---|---|
| 202 | 茜草科 | 栀子属 | 狭叶栀子 | *Gardenia stenophylla* | 常绿灌木 |
| 203 | 龙胆科 | 灰莉属 | 灰莉 | *Fagraea ceilanica* | 落叶乔木 |
| 204 | 夹竹桃科 | 长春花属 | 长春花 | *Catharanthus roseus* | 落叶灌木 |
| 205 | 夹竹桃科 | 夜来香属 | 夜来香 | *Telosma cordata* | 落叶藤本 |
| 206 | 夹竹桃科 | 蔓长春花属 | 蔓长春花 | *Vinca major* | 落叶灌木 |
| 207 | 木樨科 | 连翘属 | 金钟连翘 | *Forsythia × intermedia* | 落叶灌木 |
| 208 | 木樨科 | 梣属 | 美国白梣 | *Fraxinus americana* | 落叶灌木 |
| 209 | 木樨科 | 梣属 | 光蜡树 | *Fraxinus griffithii* | 落叶乔木 |
| 210 | 木樨科 | 梣属 | 湖北梣 | *Fraxinus hubeiensis* | 落叶灌木 |
| 211 | 木樨科 | 梣属 | 庐山梣 | *Fraxinus sieboldiana* | 落叶乔木 |
| 212 | 木樨科 | 素馨属 | 探春花 | *Jasminum floridum* | 落叶灌木 |
| 213 | 木樨科 | 素馨属 | 浓香茉莉 | *Jasminum odoratissimum* | 常绿灌木 |
| 214 | 木樨科 | 素馨属 | 野迎春 | *Jasminum mesnyi* | 常绿灌木 |
| 215 | 木樨科 | 素馨属 | 迎春花 | *Jasminum nudiflorum* | 落叶灌木 |
| 216 | 木樨科 | 素馨属 | 茉莉花 | *Jasminum sambac* | 落叶灌木 |
| 217 | 木樨科 | 女贞属 | 金叶女贞 | *Ligustrum × vicaryi* | 落叶灌木 |
| 218 | 木樨科 | 女贞属 | 日本女贞 | *Ligustrum japonicum* | 常绿灌木 |
| 219 | 木樨科 | 女贞属 | 辽东水蜡树 | *Ligustrum obtusifolium* | 落叶灌木 |
| 220 | 木樨科 | 女贞属 | 卵叶女贞 | *Ligustrum ovalifolium* | 常绿灌木 |
| 221 | 木樨科 | 木樨属 | 柊树 | *Osmanthus heterophyllus* | 常绿灌木 |
| 222 | 木樨科 | 丁香属 | 欧丁香 | *Syringa vulgaris* | 落叶灌木 |
| 223 | 玄参科 | 醉鱼草属 | 大花醉鱼草 | *Buddleja colvilei* | 落叶灌木 |
| 224 | 玄参科 | 醉鱼草属 | 大叶醉鱼草 | *Buddleja davidii* | 落叶灌木 |
| 225 | 马鞭草科 | 马缨丹属 | 马缨丹 | *Lantana camara* | 落叶灌木 |
| 226 | 唇形科 | 莸属 | 蒙古莸 | *Caryopteris mongholica* | 落叶灌木 |
| 227 | 唇形科 | 薰衣草属 | 薰衣草 | *Lavandula angustifolia* | 落叶灌木 |

| 序号 | 科 | 属 | 种中文名 | 种学名 | 生活型 |
|---|---|---|---|---|---|
| 228 | 唇形科 | 罗勒属 | 毛叶丁香罗勒 | *Ocimum gratissimum* var. *suave* | 落叶灌木 |
| 229 | 唇形科 | 刺蕊草属 | 广藿香 | *Pogostemon cablin* | 落叶灌木 |
| 230 | 唇形科 | 迷迭香属 | 迷迭香 | *Rosmarinus officinalis* | 落叶灌木 |
| 231 | 唇形科 | 香科科属 | 水果蓝 | *Teucrium fruticans* | 常绿灌木 |
| 232 | 唇形科 | 牡荆属 | 穗花牡荆 | *Vitex agnus-castus* | 落叶灌木 |
| 233 | 五加科 | 常春藤属 | 洋常春藤 | *Hedera helix* | 常绿藤本 |
| 234 | 五加科 | 南鹅掌柴属 | 吕宋鹅掌柴 | *Schefflera actinophylla* | 常绿灌木 |
| 235 | 五加科 | 南鹅掌柴属 | 鹅掌藤 | *Schefflera arboricola* | 常绿灌木 |
| 236 | 五加科 | 南鹅掌柴属 | 孔雀木 | *Schefflera elegantissima* | 常绿乔木 |
| 237 | 五加科 | 通脱木属 | 通脱木 | *Tetrapanax papyrifer* | 常绿灌木 |
| 238 | 冬青科 | 冬青属 | 圣诞冬青 | *Ilex aquifolium* | 常绿灌木 |
| 239 | 冬青科 | 冬青属 | 华中枸骨 | *Ilex centrochinensis* | 常绿灌木 |
| 240 | 冬青科 | 冬青属 | 齿叶冬青 | *Ilex crenata* | 常绿灌木 |
| 241 | 菊科 | 芙蓉菊属 | 芙蓉菊 | *Crossostephium chinensis* | 落叶灌木 |
| 242 | 五福花科 | 接骨木属 | 接骨草 | *Sambucus javanica* | 落叶灌木 |
| 243 | 五福花科 | 荚蒾属 | 鸡树条 | *Viburnum opulus* subsp. *calvescens* | 落叶灌木 |
| 244 | 五福花科 | 荚蒾属 | 蝴蝶戏珠花 | *Viburnum plicatum* f. *tomentosum* | 落叶灌木 |
| 245 | 五福花科 | 荚蒾属 | 皱叶荚蒾 | *Viburnum rhytidophyllum* | 常绿灌木 |
| 246 | 五福花科 | 荚蒾属 | 地中海荚蒾 | *Viburnum tinus* | 常绿灌木 |
| 247 | 忍冬科 | 糯米条属 | 大花六道木 | *Abelia* × *grandiflora* | 落叶灌木 |
| 248 | 忍冬科 | 忍冬属 | 京九红忍冬 | *Lonicera* × *heckrottii* | 落叶藤本 |
| 249 | 忍冬科 | 忍冬属 | 红花金银忍冬 | *Lonicera maackii* var. *erubescens* | 落叶灌木 |
| 250 | 忍冬科 | 锦带花属 | 海仙花 | *Weigela coraeensis* | 落叶灌木 |
| 251 | 忍冬科 | 锦带花属 | 半边月 | *Weigela japonica* var. *sinica* | 落叶灌木 |

从生活型看，这一类型的植物共有 3 大类 6 种类型。其中，以落叶灌木最多，共有 80 种，占江苏境内来源不明的林木种质资源总数的 31.87%；落叶乔木 68 种，占比为 27.09%；常绿乔木 48 种，占比为 19.12%。藤本植物较少（表 4 - 30）。

表 4 - 30　江苏省来源不明的林木种质资源生活型统计

| 类型 | | 数量/种 | 占总种数的百分比/% |
|---|---|---|---|
| 乔木 | 常绿乔木 | 48 | 19.12 |
| | 落叶乔木 | 68 | 27.09 |
| 灌木 | 常绿灌木 | 51 | 20.32 |
| | 落叶灌木 | 80 | 31.87 |
| 藤本 | 常绿藤本 | 1 | 0.40 |
| | 落叶藤本 | 3 | 1.20 |
| 合计 | | 251 | 100.00 |

# 第五章
# 林木种质资源综合分析

林木种质资源清查包括野生林木种质资源、收集保存林木种质资源、栽培利用林木种质资源、古树名木种质资源和来源不明的林木种质资源的调查。它不仅涉及林木种质资源的类型，还涉及林木种质资源的分布、数量及保存利用现状。本章对江苏省林木种质资源的种类、数量、分布及特点，以及这些种质资源的收集、保存、利用价值等进行综合分析。

## 第一节　林木种质资源的特点

根据 13 个市的野外调查和数据整理，现对江苏林木种质资源的类型、特点以及主要优势类群予以分析。

### 一、林木种质资源的类型统计

根据为期 8 年的野外调查，江苏省共有 4 大类林木种质资源 22 508 份（表 5-1）：野生林木种质资源 5 872 份，包括种群 3 476 份、个体 790 份和优树 1 606 份；收集保存林木种质资源 2 688 份，包括选育品种 2 372 份、栽培其他 253 份、种源 59 份和母树林 4 份；栽培利用林木种质资源 5 253 份，包括个体 1 465 份、优树 1 143 份、群体 331 份、种源 11 份、无性系 92 份、选育品种 2 154 份、农家品种 2 份和栽培其他 55 份；古树名木种质资源 8 695 份，包括古树单株林木种质资源 8 249 份（含一级古树 618 份、二级古树 955 份、三级古树 6 676 份）、古树群种质资源 353 份和名木种质资源 93 份。另外，来源不明的林木种质资源有 251 种。

表 5-1　江苏省林木种质资源统计表

| 序号 | 林木种质资源类型 | 林木种质资源的数量/份 | 占种质资源总数的百分比/% |
|---|---|---|---|
| 1 | 野生林木种质资源 | 5 872 | 26. 09 |
| 2 | 收集保存林木种质资源 | 2 688 | 11. 94 |
| 3 | 栽培利用林木种质资源 | 5 253 | 23. 34 |
| 4 | 古树名木种质资源 | 8 695 | 38. 63 |
| 5 | 来源不明的林木种质资源 | 251（种） | —— |
| | 合计/份 | 22 508 | 100. 00 |

注：种质资源的总数不含来源不明的林木种质资源。

　　在这些种质资源类型中，江苏古树名木类型的林木种质资源最多，占该区林木种质资源总数的 38.63%；其次为野生林木种质资源类型，占总数的 26.09%；再次为栽培利用林木种质资源，占总数的 23.34%；最后为收集保存林木种质资源，占总数的 11.94%。这主要是由于：① 江苏地处长江下游地区，境内地形以平原为主，地震、洪涝、大规模森林火灾等严重自然灾害较少；② 该区水网纵横交织，生境多样，气候适宜，适合多数林木种质生长；③ 江苏人口密度高，开发强度大，部分野生植被易遭受人为干扰和破坏；④ 江苏经济发达程度较高，加上政府工作有力，公众和社会组织保护古树名木的意识较强。此外，该区来源不明的栽培植物也占有一定比例，有 251 种，占总种数（1 028 种）的 24.42%，这反映出该区植物引种栽培较为频繁。

　　22 508 份林木种质资源及 251 种来源不明的林木种质资源，共涉及 1 028 种 354 属 97 科（裸子植物根据 Christenhusz 等分类系统，被子植物根据 APG-Ⅳ 分类系统）。其中包括：野生林木种质资源 5 872 份，隶属于 467 种 209 属 72 科；收集保存林木种质资源有 2 688 份，隶属于 163 种 99 属 52 科；栽培利用林木种质资源 5 253 份，隶属于 365 种 177 属 71 科；古树名木种质资源 8 695 份，隶属于 215 种 129 属 65 科。来源不明的林木种质资源 251 种，隶属于 145 属 63 科。因此，江苏以野生林木种质资源的植物种类最多。

　　江苏首次查清全省林木种质资源状况，摸清了林木种质资源的类型、种类、数量和分布，建立了全省林木种质资源清查信息系统，现已启动林木种质资源的保护利用工作。2021 年 10 月经专家评估，此次清查成果达到国内领先水平。

概括而言，这次江苏林木种质资源清查的主要特点可以归纳如下。

（1）首次较为全面查清全省林木种质资源。

江苏省有野生林木种质资源 5 872 份、467 种，收集保存林木种质资源 2 688 份、163 种，栽培利用林木种质资源 5 253 份、365 种，古树名木种质资源 8 695 份、215 种，来源不明的林木种质资源有 251 种。江苏省部分市、县（市、区）首次较为全面地掌握了本地区的木本植物、乡土树种和珍稀濒危树种种类和分布等情况。南京市林木种质资源居全省第一，常州市木本植物种数居全省第一。

（2）发现大量野生林木及部分珍稀濒危植物。

此次清查发现大量野生林木资源，其中包含国家重点保护的珍稀濒危树种银缕梅、香果树、金钱松等 7 种。江苏境内发现第二个银缕梅野生分布点；发现香果树新分布点，该种群存有迄今为止全省个体最大的野生香果树；首次在溧阳发现喜树野生种群。本次清查还发现了部分江苏省的新记录植物，例如在连云港发现了江苏新记录属 1 个（顶冰花属）以及顶冰花（*Gagea nakaiana*）、玉铃花（*Styrax obassia*）、褐梨（*Pyrus phaeocarpa*）等多个新记录种。

（3）建立全省林木种质资源清查信息系统。

江苏省林木种质资源清查工作启动较早，在全国尚无统一清查技术规程的情况下，探索形成了较为完善的清查技术规程、验收标准，在全国率先采用植物分子分类系统，首次明确了树种调查和林木种质资源清查之间的联系和区别，摸清了一批种下分类单位林木资源如个体、品种和优树的情况，更正了原定种错误古树 75 株，为林木遗传育种提供了大量样本；建立了全省林木种质资源清查信息系统，录入表格 4.4 万余张，GPS 点位 10.6 万余个，图片 4 万余张，实现了种质资源管理的信息化、网格化和信息采集的实时化。

## 二、野生林木种质资源的优势种及特色种分析

在江苏的林木种质资源中，野生林木种质资源的种类最多，而且其种质份数超过总数的 1/4，因此这里对全省野生林木种质资源的优势种及特色种分别予以分析。

（1）种质份数排名前 50 的野生林木种质资源。

江苏野生林木种质资源中，排名前 50 种的野生林木种质的类型共有 3 种：

种群、个体和优树（表 5-2）。这些野生林木种质资源的份数合计为 3 393 份，占该区野生林木种质资源总份数的 57.78%，而其种数仅占野生林木总种数的 21.41%。可见，就种质资源的数量而言，野生林木种质资源前 50 种的优势地位较为明显。其中，种质份数大于 45 份的有 20 种，其种数仅占江苏野生林木总种数的 4.28%，而它们的种质份数共有 2 480 份，占江苏野生林木总份数的 42.23%。这表明该区的野生林木种质资源的优势种较为突出。

表 5-2 江苏省主要野生林木种质资源（份数排名前 50 种）

| 序号 | 种中文名 | 种拉丁名 | 科名 | 份数 | | | | 生活型 |
| --- | --- | --- | --- | --- | --- | --- | --- | --- |
| | | | | 种群 | 个体 | 优树 | 小计 | |
| 1 | 朴树 | *Celtis sinensis* | 大麻科 | 40 | 97 | 224 | 361 | 落叶乔木 |
| 2 | 榆树 | *Ulmus pumila* | 榆科 | 21 | 100 | 221 | 342 | 落叶乔木 |
| 3 | 榔榆 | *Ulmus parvifolia* | 榆科 | 36 | 45 | 132 | 213 | 落叶乔木 |
| 4 | 枫杨 | *Pterocarya stenoptera* | 胡桃科 | 27 | 47 | 102 | 176 | 落叶乔木 |
| 5 | 乌桕 | *Triadica sebifera* | 大戟科 | 36 | 12 | 124 | 172 | 落叶乔木 |
| 6 | 大叶榉树 | *Zelkova schneideriana* | 榆科 | 15 | 23 | 109 | 147 | 落叶乔木 |
| 7 | 桑 | *Morus alba* | 桑科 | 35 | 48 | 51 | 134 | 落叶乔木 |
| 8 | 黄连木 | *Pistacia chinensis* | 漆树科 | 29 | 20 | 62 | 111 | 落叶乔木 |
| 9 | 麻栎 | *Quercus acutissima* | 壳斗科 | 29 | 9 | 64 | 102 | 落叶乔木 |
| 10 | 楝 | *Melia azedarach* | 楝科 | 39 | 20 | 33 | 92 | 落叶乔木 |
| 11 | 构树 | *Broussonetia papyrifera* | 桑科 | 41 | 19 | 23 | 83 | 落叶乔木 |
| 12 | 臭椿 | *Ailanthus altissima* | 苦木科 | 31 | 5 | 46 | 82 | 落叶乔木 |
| 13 | 黄檀 | *Dalbergia hupeana* | 豆科 | 35 | 19 | 25 | 79 | 落叶乔木 |
| 14 | 白杜 | *Euonymus maackii* | 卫矛科 | 26 | 16 | 36 | 78 | 落叶乔木 |
| 15 | 槐 | *Styphnolobium japonicum* | 豆科 | 19 | 14 | 33 | 66 | 落叶乔木 |
| 16 | 柘 | *Maclura tricuspidata* | 桑科 | 35 | 14 | 5 | 54 | 落叶灌木 |
| 17 | 旱柳 | *Salix matsudana* | 杨柳科 | 8 | 24 | 16 | 48 | 落叶乔木 |
| 18 | 杜梨 | *Pyrus betulifolia* | 蔷薇科 | 19 | 3 | 25 | 47 | 落叶乔木 |
| 19 | 野蔷薇 | *Rosa multiflora* | 蔷薇科 | 39 | 8 | 0 | 47 | 落叶灌木 |

续　表

| 序号 | 种中文名 | 种拉丁名 | 科名 | 份数 | | | | 生活型 |
|---|---|---|---|---|---|---|---|---|
| | | | | 种群 | 个体 | 优树 | 小计 | |
| 20 | 小叶栎 | *Quercus chenii* | 壳斗科 | 13 | 2 | 31 | 46 | 落叶乔木 |
| 21 | 豆梨 | *Pyrus calleryana* | 蔷薇科 | 19 | 5 | 20 | 44 | 落叶乔木 |
| 22 | 紫藤 | *Wisteria sinensis* | 豆科 | 21 | 0 | 17 | 38 | 落叶藤本 |
| 23 | 白栎 | *Quercus fabri* | 壳斗科 | 27 | 2 | 9 | 38 | 落叶乔木 |
| 24 | 皂荚 | *Gleditsia sinensis* | 豆科 | 13 | 10 | 13 | 36 | 落叶乔木 |
| 25 | 山槐 | *Albizia kalkora* | 豆科 | 28 | 2 | 5 | 35 | 落叶乔木 |
| 26 | 三角槭 | *Acer buergerianum* | 无患子科 | 16 | 9 | 10 | 35 | 落叶乔木 |
| 27 | 白檀 | *Symplocos paniculata* | 山矾科 | 31 | 4 | 0 | 35 | 落叶灌木 |
| 28 | 海州常山 | *Clerodendrum trichotomum* | 唇形科 | 31 | 3 | 0 | 34 | 落叶灌木 |
| 29 | 梧桐 | *Firmiana simplex* | 锦葵科 | 24 | 3 | 6 | 33 | 落叶乔木 |
| 30 | 茅莓 | *Rubus parvifolius* | 蔷薇科 | 32 | 0 | 0 | 32 | 落叶灌木 |
| 31 | 枫香树 | *Liquidambar formosana* | 枫香科 | 18 | 4 | 8 | 30 | 落叶乔木 |
| 32 | 络石 | *Trachelospermum jasminoides* | 夹竹桃科 | 30 | 0 | 0 | 30 | 常绿藤本 |
| 33 | 菝葜 | *Smilax china* | 菝葜科 | 27 | 2 | 0 | 29 | 常绿灌木 |
| 34 | 栓皮栎 | *Quercus variabilis* | 壳斗科 | 26 | 3 | 0 | 29 | 落叶乔木 |
| 35 | 竹叶花椒 | *Zanthoxylum armatum* | 芸香科 | 28 | 1 | 0 | 29 | 常绿灌木 |
| 36 | 野柿 | *Diospyros kaki* var. *sylvestris* | 柿科 | 27 | 0 | 2 | 29 | 落叶乔木 |
| 37 | 白花泡桐 | *Paulownia fortunei* | 泡桐科 | 9 | 5 | 15 | 29 | 落叶乔木 |
| 38 | 木防己 | *Cocculus orbiculatus* | 防己科 | 28 | 0 | 0 | 28 | 落叶藤本 |
| 39 | 盐肤木 | *Rhus chinensis* | 漆树科 | 28 | 0 | 0 | 28 | 落叶乔木 |
| 40 | 山胡椒 | *Lindera glauca* | 樟科 | 27 | 0 | 0 | 27 | 落叶灌木 |
| 41 | 地锦 | *Parthenocissus tricuspidata* | 葡萄科 | 21 | 0 | 6 | 27 | 落叶藤本 |
| 42 | 卫矛 | *Euonymus alatus* | 卫矛科 | 27 | 0 | 0 | 27 | 落叶灌木 |
| 43 | 枹栎 | *Quercus serrata* | 壳斗科 | 24 | 0 | 3 | 27 | 落叶乔木 |

| 序号 | 种中文名 | 种拉丁名 | 科名 | 份数 | | | | 生活型 |
|---|---|---|---|---|---|---|---|---|
| | | | | 种群 | 个体 | 优树 | 小计 | |
| 44 | 化香树 | *Platycarya strobilacea* | 胡桃科 | 26 | 1 | 0 | 27 | 落叶乔木 |
| 45 | 野山楂 | *Crataegus cuneata* | 蔷薇科 | 24 | 3 | 0 | 27 | 落叶灌木 |
| 46 | 牡荆 | *Vitex negundo* var. *cannabifolia* | 唇形科 | 25 | 2 | 0 | 27 | 落叶灌木 |
| 47 | 刺楸 | *Kalopanax septemlobus* | 五加科 | 18 | 8 | 1 | 27 | 落叶乔木 |
| 48 | 扁担杆 | *Grewia biloba* | 锦葵科 | 24 | 2 | 0 | 26 | 落叶灌木 |
| 49 | 狭叶山胡椒 | *Lindera angustifolia* | 樟科 | 24 | 1 | 0 | 25 | 落叶灌木 |
| 50 | 腺柳 | *Salix chaenomeloides* | 杨柳科 | 10 | 1 | 14 | 25 | 落叶乔木 |

这 3 393 份野生林木种质资源中以优树类型最多，有 1 491 份，占该区排名前 50 的野生林木种质资源总数的 43.94%；其次为野生种群，有 1 286 份，占总数的 37.90%；再次为野生个体，有 616 份，占总数的 18.16%。可见，该区的野生林木种质资源类型以野生优树和野生种群为主，而野生个体则较少。

这 50 种植物的生活型共有 5 种。其中，以落叶乔木最多，有 33 种；落叶灌木其次，有 11 种；而落叶藤本仅有 3 种，常绿灌木仅 2 种，常绿藤本仅 1 种。这表明该区前 50 种野生林木种质资源植物的生活型多样，但以落叶成分为主，常绿成分偏少；同时以乔木为主，而灌木和藤本植物偏少。这为今后森林培育、森林抚育和不同类型乡土树种的选择提供了科学参考。

从植物类群看，这 50 种植物隶属于 27 科，均属于被子植物。其中，种数最多的前 3 个科依次为豆科（5 种）、蔷薇科（5 种）和壳斗科（5 种）。前 2 个科均为世界性分布科，壳斗科为北温带分布科。因此，前 50 个种所隶属的科较为丰富，而且涉及 1 种的单种科最多。

在这些植物中，排名前 20 种的野生林木种质资源主要集中分布于江苏的南部山区，例如宁镇、宜溧山脉地区；其次为苏北地区的连云港和徐州等地，其他地区分布则较少。

综上所述，这 50 个树种的林木种质资源丰富，生活型多样，所隶属的科的组成也较丰富，尤其是前 20 种植物的林木种质资源份数较多，所占比例较大，地理分布相对集中，这为江苏今后特色乡土树种的开发利用提供了重要参考。

（2）仅分布于单个市的野生林木种质资源。

在 467 种野生林木种质资源中，只在江苏单个市（即 13 个设区市之一）有分布的野生植物共有 118 种，其中 105 种仅在 1 个县（市、区）有分布，其余 13 种在单个市的不同区、县有分布（表 5-3）。其中，金钱松、宝华玉兰、香果树、秤锤树属于国家二级重点保护野生植物，宝华玉兰还属于全国 100 种极小种群野生植物（Plant Species with Extremely Small Populations，PSESP）。

表 5-3　只分布于江苏单个地级市的野生种

| 序号 | 种类 | 种拉丁名 | 分布地点 | 登记点数 |
|------|------|----------|----------|----------|
| 1 | 宝华玉兰 | *Yulania zenii* | 镇江市句容市 | 1 |
| 2 | 柔毛泡花树 | *Meliosma myriantha* var. *pilosa* | 镇江市句容市 | 1 |
| 3 | 蜡瓣花 | *Corylopsis sinensis* | 镇江市句容市 | 1 |
| 4 | 绿叶地锦 | *Parthenocissus laetevirens* | 镇江市句容市 | 1 |
| 5 | 秋葡萄 | *Vitis romanetii* | 镇江市句容市 | 1 |
| 6 | 小叶杨 | *Populus simonii* | 镇江市句容市 | 1 |
| 7 | 杞柳 | *Salix integra* | 镇江市句容市 | 1 |
| 8 | 粗糠柴 | *Mallotus philippensis* | 镇江市句容市 | 1 |
| 9 | 宝华鹅耳枥 | *Carpinus oblongifolia* | 镇江市句容市 | 1 |
| 10 | 李叶绣线菊 | *Spiraea prunifolia* | 镇江市句容市 | 1 |
| 11 | 琅琊榆 | *Ulmus chenmoui* | 镇江市句容市 | 1 |
| 12 | 南酸枣 | *Choerospondias axillaris* | 镇江市句容市 | 1 |
| 13 | 槲寄生 | *Viscum coloratum* | 镇江市句容市 | 2 |
| 14 | 毛苦参 | *Sophora flavescens* var. *kronei* | 镇江市京口区 | 1 |
| 15 | 黄杨 | *Buxus sinica* | 徐州市铜山区 | 1 |
| 16 | 野杏 | *Armeniaca vulgaris* var. *ansu* | 徐州市铜山区 | 2 |
| 17 | 毛掌叶锦鸡儿 | *Caragana leveillei* | 徐州市开发区 | 5 |
| 18 | | | 徐州市贾汪区 | 4 |
| 19 | 金钱松 | *Pseudolarix amabilis* | 无锡市宜兴市 | 2 |

续 表

| 序号 | 种类 | 种拉丁名 | 分布地点 | 登记点数 |
|------|------|----------|----------|----------|
| 20 | 红毒茴 | *Illicium lanceolatum* | 无锡市宜兴市 | 2 |
| 21 | 天竺桂 | *Cinnamomum japonicum* | 无锡市宜兴市 | 2 |
| 22 | | | 无锡市锡山区 | 1 |
| 23 | 薄叶润楠 | *Machilus leptophylla* | 无锡市宜兴市 | 2 |
| 24 | 刨花润楠 | *Machilus pauhoi* | 无锡市宜兴市 | 3 |
| 25 | 红楠 | *Machilus thunbergii* | 无锡市宜兴市 | 1 |
| 26 | 浙江新木姜子 | *Neolitsea aurata* var. *chekiangensis* | 无锡市宜兴市 | 2 |
| 27 | 天目玉兰 | *Yulania amoena* | 无锡市宜兴市 | 2 |
| 28 | 粉绿竹 | *Phyllostachys viridiglaucescens* | 无锡市宜兴市 | 2 |
| 29 | 乌哺鸡竹 | *Phyllostachys vivax* | 无锡市宜兴市 | 2 |
| 30 | 短尾铁线莲 | *Clematis brevicaudata* | 无锡市宜兴市 | 2 |
| 31 | 广东蛇葡萄 | *Ampelopsis cantoniensis* | 无锡市宜兴市 | 1 |
| 32 | 三蕊柳 | *Salix nipponica* | 无锡市宜兴市 | 2 |
| 33 | 雀儿舌头 | *Leptopus chinensis* | 无锡市宜兴市 | 2 |
| 34 | 落萼叶下珠 | *Phyllanthus flexuosus* | 无锡市宜兴市 | 2 |
| 35 | 假地豆 | *Desmodium heterocarpon* | 无锡市宜兴市 | 2 |
| 36 | 肥皂荚 | *Gymnocladus chinensis* | 无锡市宜兴市 | 2 |
| 37 | 光叶马鞍树 | *Maackia tenuifolia* | 无锡市宜兴市 | 2 |
| 38 | 褶皮黧豆 | *Mucuna lamellata* | 无锡市宜兴市 | 2 |
| 39 | 米槠 | *Castanopsis carlesii* | 无锡市宜兴市 | 2 |
| 40 | 甜槠 | *Castanopsis eyrei* | 无锡市宜兴市 | 1 |
| 41 | 细叶青冈 | *Cyclobalanopsis gracilis* | 无锡市宜兴市 | 4 |
| 42 | 褐叶青冈 | *Cyclobalanopsis stewardiana* | 无锡市宜兴市 | 6 |
| 43 | 迎春樱桃 | *Cerasus discoidea* | 无锡市宜兴市 | 2 |
| 44 | 橉木 | *Padus buergeriana* | 无锡市宜兴市 | 2 |
| 45 | 火棘 | *Pyracantha fortuneana* | 无锡市宜兴市 | 1 |

| 序号 | 种类 | 种拉丁名 | 分布地点 | 登记点数 |
|------|------|----------|----------|----------|
| 46 | 三花悬钩子 | *Rubus trianthus* | 无锡市宜兴市 | 1 |
| 47 | 光叶粉花绣线菊 | *Spiraea japonica* var. *fortunei* | 无锡市宜兴市 | 2 |
| 48 | 蔓胡颓子 | *Elaeagnus glabra* | 无锡市宜兴市 | 1 |
| 49 | 矮小天仙果 | *Ficus erecta* | 无锡市宜兴市 | 2 |
| 50 | 短毛椴 | *Tilia chingiana* | 无锡市宜兴市 | 1 |
| 51 | 粉椴 | *Tilia oliveri* | 无锡市宜兴市 | 2 |
| 52 | 椴树 | *Tilia tuan* | 无锡市宜兴市 | 1 |
| 53 | 河朔荛花 | *Wikstroemia chamaedaphne* | 无锡市宜兴市 | 1 |
| 54 | 紫薇 | *Lagerstroemia indica* | 无锡市宜兴市 | 3 |
| 55 | 灯台树 | *Cornus controversa* | 无锡市宜兴市 | 2 |
| 56 | 红褐柃 | *Eurya rubiginosa* | 无锡市宜兴市 | 2 |
| 57 | 朱砂根 | *Ardisia crenata* | 无锡市宜兴市 | 3 |
| 58 | 百两金 | *Ardisia crispa* | 无锡市宜兴市 | 3 |
| 59 | 老鼠屎 | *Symplocos stellaris* | 无锡市宜兴市 | 4 |
| 60 | 中华猕猴桃 | *Actinidia chinensis* | 无锡市宜兴市 | 2 |
| 61 | 大籽猕猴桃 | *Actinidia macrosperma* | 无锡市宜兴市 | 2 |
| 62 | 小果珍珠花 | *Lyonia ovalifolia* var. *elliptica* | 无锡市宜兴市 | 3 |
| 63 | 贵州娃儿藤 | *Tylophora silvestris* | 无锡市宜兴市 | 1 |
| 64 | 金钟花 | *Forsythia viridissima* | 无锡市宜兴市 | 1 |
| 65 | 糙叶五加 | *Eleutherococcus henryi* | 无锡市宜兴市 | 1 |
| 66 | 白簕 | *Eleutherococcus trifoliatus* | 无锡市宜兴市 | 2 |
| 67 | 铁冬青 | *Ilex rotunda* | 无锡市宜兴市 | 1 |
| 68 | 榉树 | *Zelkova serrata* | 苏州市吴中区 | 1 |
| 69 | | | 苏州市常熟市 | 1 |
| 70 | 细梗胡枝子 | *Lespedeza virgata* | 南通市崇川区 | 1 |
| 71 | 短叶中华石楠 | *Photinia beauverdiana* var. *brevifolia* | 南京市中山陵园管理局 | 11 |

| 序号 | 种类 | 种拉丁名 | 分布地点 | 登记点数 |
|---|---|---|---|---|
| 72 | 鹅毛竹 | *Shibataea chinensis* | 南京市玄武区 | 1 |
| 73 | 庭藤 | *Indigofera decora* | 南京市栖霞区 | 1 |
| 74 | 粗叶悬钩子 | *Rubus alceifolius* | 南京市栖霞区 | 4 |
| 75 | 毛梗糙叶五加 | *Eleutherococcus henryi* var. *faberi* | 南京市栖霞区 | 1 |
| 76 | 羽叶铁线莲 | *Clematis pinnata* | 南京市浦口区 | 1 |
| 77 | 三裂蛇葡萄 | *Ampelopsis delavayana* | 南京市浦口区 | 5 |
| 78 | 省沽油 | *Staphylea bumalda* | 南京市浦口区 | 3 |
| 79 | 秤锤树 | *Sinojackia xylocarpa* | 南京市浦口区 | 1 |
| 80 | 无刺楤木 | *Aralia elata* var. *inermis* | 南京市浦口区 | 1 |
| 81 | | | 南京市江宁区 | 22 |
| 82 | 郁李 | *Cerasus japonica* | 南京市六合区 | 1 |
| 83 | | | 南京市江宁区 | 1 |
| 84 | 大果榉 | *Zelkova sinica* | 南京市六合区 | 1 |
| 85 | 方竹 | *Chimonobambusa quadrangularis* | 南京市江宁区 | 1 |
| 86 | 石绿竹 | *Phyllostachys arcana* | 南京市江宁区 | 1 |
| 87 | 桃 | *Amygdalus persica* | 南京市江宁区 | 6 |
| 88 | 吴茱萸 | *Tetradium ruticarpum* | 南京市江宁区 | 1 |
| 89 | 常山 | *Dichroa febrifuga* | 南京市江宁区 | 1 |
| 90 | 南方荚蒾 | *Viburnum fordiae* | 南京市江宁区 | 1 |
| 91 | 三桠乌药 | *Lindera obtusiloba* | 连云港市新浦区 | 1 |
| 92 | | | 连云港市连云区 | 4 |
| 93 | | | 连云港市海州区 | 1 |
| 94 | 鹅耳枥 | *Carpinus turczaninowii* | 连云港市新浦区 | 1 |
| 95 | | | 连云港市连云区 | 5 |
| 96 | 稠李 | *Padus avium* | 连云港市新浦区 | 2 |
| 97 | | | 连云港市连云区 | 1 |

续　表

| 序号 | 种类 | 种拉丁名 | 分布地点 | 登记点数 |
|---|---|---|---|---|
| 98 | 水榆花楸 | *Sorbus alnifolia* | 连云港市新浦区 | 3 |
| 99 | | | 连云港市连云区 | 4 |
| 100 | 春榆 | *Ulmus davidiana* var. *japonica* | 连云港市新浦区 | 1 |
| 101 | | | 连云港市连云区 | 2 |
| 102 | 辽东楤木 | *Aralia elata* var. *glabrescens* | 连云港市新浦区 | 2 |
| 103 | | | 连云港市连云区 | 12 |
| 104 | 赤松 | *Pinus densiflora* | 连云港市连云区 | 6 |
| 105 | | | 连云港市海州区 | 1 |
| 106 | | | 连云港市灌云县 | 3 |
| 107 | | | 连云港市赣榆区 | 1 |
| 108 | | | 连云港市东海县 | 3 |
| 109 | 葎叶蛇葡萄 | *Ampelopsis humulifolia* | 连云港市连云区 | 1 |
| 110 | 白木乌桕 | *Neoshirakia japonica* | 连云港市连云区 | 8 |
| 111 | 朝鲜槐 | *Maackia amurensis* | 连云港市连云区 | 1 |
| 112 | 毛樱桃 | *Cerasus tomentosa* | 连云港市连云区 | 1 |
| 113 | 无毛毛叶石楠 | *Photinia villosa* var. *sinica* | 连云港市连云区 | 2 |
| 114 | 裂叶水榆花楸 | *Sorbus alnifolia* var. *lobulata* | 连云港市连云区 | 1 |
| 115 | 大叶胡颓子 | *Elaeagnus macrophylla* | 连云港市连云区 | 1 |
| 116 | 北枳椇 | *Hovenia dulcis* | 连云港市连云区 | 2 |
| 117 | | | 连云港市灌云县 | 1 |
| 118 | 辽椴 | *Tilia mandshurica* | 连云港市连云区 | 5 |
| 119 | 大花溲疏 | *Deutzia grandiflora* | 连云港市连云区 | 1 |
| 120 | 玉铃花 | *Styrax obassis* | 连云港市连云区 | 1 |
| 121 | 软枣猕猴桃 | *Actinidia arguta* | 连云港市连云区 | 1 |
| 122 | 杠柳 | *Periploca sepium* | 连云港市连云区 | 1 |
| 123 | 单叶蔓荆 | *Vitex rotundifolia* | 连云港市连云区 | 1 |
| 124 | 华东葡萄 | *Vitis pseudoreticulata* | 淮安市盱眙县 | 1 |

| 序号 | 种类 | 种拉丁名 | 分布地点 | 登记点数 |
|---|---|---|---|---|
| 125 | 薄叶鼠李 | *Rhamnus leptophylla* | 淮安市盱眙县 | 1 |
| 126 | 大叶朴 | *Celtis koraiensis* | 淮安市盱眙县 | 1 |
| 127 | 毛萼铁线莲 | *Clematis hancockiana* | 常州市溧阳市 | 1 |
| 128 | 苦参 | *Sophora flavescens* | 常州市溧阳市 | 1 |
| 129 | 大叶勾儿茶 | *Berchemia huana* | 常州市溧阳市 | 1 |
| 130 | 元宝槭 | *Acer truncatum* | 常州市溧阳市 | 1 |
| 131 | 喜树 | *Camptotheca acuminata* | 常州市溧阳市 | 1 |
| 132 | 蓝果树 | *Nyssa sinensis* | 常州市溧阳市 | 1 |
| 133 | 齿叶溲疏 | *Deutzia crenata* | 常州市溧阳市 | 1 |
| 134 | 毛果珍珠花 | *Lyonia ovalifolia* var. *hebecarpa* | 常州市溧阳市 | 1 |
| 135 | 香果树 | *Emmenopterys henryi* | 常州市溧阳市 | 4 |

这 118 种植物分布于南京、无锡、常州、苏州、南通、镇江、淮安、徐州、连云港 9 个市。无锡有金钱松、红毒茴等 48 个特有野生种，48 个种在宜兴均有分布，天竺桂在锡山区也有分布；连云港有玉玲花、软枣猕猴桃等 21 个特有野生种；南京有秤锤树、省沽油（*Staphylea bumalda*）等 18 个特有野生种；镇江有宝华玉兰、蜡瓣花（*Corylopsis sinensis*）等 14 个特有野生种；常州有蓝果树（*Nyssa sinensis*）、喜树等 9 个特有野生种；徐州和淮安各有 3 个特有野生种；苏州和南通各有 1 个特有野生种。这些特有野生种均分布于丘陵山地，周围自然生态环境保存相对完好，种群所受干扰较少。

# 第二节　林木种质资源收集及保存现状

根据此次调查结果，这里分别对江苏林木种质资源每种类型的资源份数、生境类型、保存现状以及存在的问题进行简要阐述。

## 一、野生林木种质资源

根据调查，江苏省的野生林木种质资源共有 5 872 份，主要分布在苏南地区（包括南京市、镇江市、常州市、无锡市和苏州市），共计有野生林木种质资源 4 006 份，占所有野生林木种质资源份数的 68.22%，隶属于 71 科 204 属 434 种。其中，南京市的野生林木种质资源最多，主要分布在栖霞山、牛首山、平山林场、老山林场等地，共计有 2 017 份，包括野生种群 889 份和野生优树 1 128 份，共涉及 61 科 143 属 271 种。这一分布特征一方面得益于当地适宜的气候条件和土地条件，另一方面也与相关部门在植物资源保护及生态环境建设方面的重视程度有关。

值得注意的是，本次清查在苏南山区还发现了不少珍稀濒危树种的野生分布，例如在常州溧阳市发现了大叶榉树、金钱松、银缕梅、香果树等。调查发现常州溧阳市共有 6 个香果树自然分布种群，首次发现了银缕梅在溧阳地区的自然分布种群。这些发现不仅丰富了当地的野生林木种质资源，而且扩大了江苏境内的珍稀保护植物的种群数量及分布地点。

但调查中也发现了一些问题：一是多数野生林木种质资源主要分布于村边、路旁、房前屋后以及水沟旁，如旱柳、白杜、黄檀等，由于这些野生种质较为常见，因此它们通常并未引起当地民众或相关职能部门的重视或关注；二是由于存在偷采盗伐，部分野生资源的种群数量和规模急剧减小，例如常州溧阳境内的银缕梅群落存在明显的人为砍伐和偷采现象，根据调查地残留的直径达 12.0 cm 的银缕梅树干茎段推测，被盗挖的银缕梅很可能被用于制作盆景；三是生产建设活动使得野生种质资源的生境丧失，如连云港部分地区海港的建设以及盘山公路的修建，南通市军山和狼山等地正在进行的大规模景区改造和建设，这些活动将不可避免地影响到区域内野生林木种质资源的生长与繁衍；四是外来种质引种控制困难，由于对种源概念的认识不清、不足等，部分丘陵山地大量引种栽培外来树种和来源不明的树种，如南京老山栽植的枫香树（*Liquidambar formosana*）、刺槐（*Robinia pseudoacacia*）等，这些种质与本地原生种质杂交，污染了乡土树种的基因，外来树种还可能存在生物入侵问题，对本地生态系统的稳定性构成威胁，调查发现棕榈（*Trachycarpus fortunei*）已在紫金山、宜溧部分山区过度繁育，侵占了本土植物的生长空间；五是部分珍稀野生种质资源受自身生存能力的限制，如香果树种群的有性生殖存在一定障碍，主要依赖萌蘖进行种群更新，又如银缕梅在亚热带森林群落中面临着较大的种间竞争压力（张光富等，2016；Liu et al.，2021），这些势必对其种群的长期生存极为不利，因此建议相关部门加强对此类种质资源的动态监测。

## 二、收集保存林木种质资源

江苏收集保存林木种质资源共有 2 688 份，超过 80% 为选育品种，其次为栽培其他，而种源和母树林较少。在 2 372 份选育品种中，50% 以上的选育品种隶属于蔷薇科，它们主要用于观赏、绿化和食用。江苏省的这 2 600 余份种质资源大多收集保存于国家级或省级林木良种基地、种质资源库和部分植物园或公园内。例如，溧阳龙潭林场内保存着全省最多的板栗收集保存林木种质资源，该区还建有国家板栗良种基地。

按照地区划分，江苏的收集保存林木种质资源在 13 个市的分布极不均衡。南通市未见此类型（孙刚和张光富，2020）；而苏州市最多，共有 1 317 份收集保存林木种质资源，占所有收集保存林木种质资源的 49.00%。

## 三、栽培利用林木种质资源

江苏栽培利用林木种质资源共有 5 253 份，包括个体 1 465 份、优树 1 143 份、群体 331 份、种源 11 份、无性系 92 份、选育品种 2 154 份、农家品种 2 份和栽培其他 55 份。可见，该区的栽培利用林木种质资源主要以选育品种、个体和优树为主，这三者合计 4 762 份，占全省栽培利用林木种质资源总数的 90.65%，而其余类型所占比例较小。

这些栽培林木种质资源大多分布于苗圃、公园、植物园以及村落、路旁。

## 四、古树名木种质资源

江苏共有古树名木 8 695 份，包括古树单株 8 249 份、古树群 353 份和名木 93 份。这些种质资源主要分布在一些公园、游园、纪念馆、寺庙等地，分布在村镇上的古树主要以寺庙、房前屋后居多。就古树种类而言，银杏的份数最多，达 2 657 份，占所有古树单株林木种质资源份数的 32.21%。江苏种植银杏的历史悠久，其中泰州市有着"华夏银杏第一市"的美称。就分布地区而言，苏州市的古树名木种质资源最为丰富，达 2 323 份；其次为泰州市，共有 940 份；再次为无锡市，共有古树名木 908 份。而盐城市的古树名木种质资源最少，仅有 144 份。除地理气候因素以外，不同城市的树木引种历史、地域文化、经济发展水平等因素均有可能影响其古树资源数量。例如，环绕太湖附近的苏州、无锡和常州受到吴文化的影响，而吴文化以园林建筑见长，因此其古树主要来自本地植物。而连云港、盐城和南通则受到海派文化的影响，其古树中外来种相对较多（Li and Zhang，2021）。

江苏各地较为重视对古树名木资源的保护，绝大多数的古树均有挂牌和专人看护，且多数古树长势旺盛。但调查中也发现了一些问题：① 个别古树名木的种类鉴定有误，如位于南通市通州区东社镇东平村 12 组季玉江家的 1 株朴树，被误认为大叶榉树；位于泰州市海陵区桃园的 1 株黄檀被定名为国槐。② 个别古树名木资源管理不善，长势欠佳，甚至死亡或被变卖。如位于常州溧阳市金山里村 35 号西侧的朴树，是 1 株树龄达 1 000 年的古树，但其生长状况却十分令人担忧，该树树高仅 4.2 m，几无叶，处于濒危状态；位于苏州市相城区东桥镇原记录有黄杨 1 株，本次调查发现已被售卖。因此，今后对于地方性的古树资源应该加强管理。

## 五、来源不明的林木种质资源

根据调查，江苏来源不明的林木种质资源有 251 种，隶属于 145 属 63 科。其中，裸子植物有 6 科 13 属 21 种，被子植物有 57 科 132 属 230 种。可见，被子植物是该区来源不明的林木种质资源的主要成分。

综上所述，江苏林木种质资源的类型多样，总体上保存较好，但是不同类型的种质资源收集和保存的质量存在一定的差异。建议今后加强对区域内部分野生林木和古树名木的收集、保存。此外，建议相关职能部门在今后的保护管理过程中根据种质资源的类型和特点开展保护工作。以古树单株为例，有些古树位于商业区或工厂附近，其生长空间狭小、土壤板结、树池偏小，因此不仅需要杜绝人为破坏以保护古树本身，还需要同时保护古树生存环境，以便增强保护的针对性。

# 第三节　林木种质资源利用情况

林木种质资源的收集与保存是为了更好地加以利用。这里主要根据野外情况及相关资料，对江苏不同林木种质资源的利用情况进行简要分析。

## 一、林木种质资源的利用方式

根据调查，江苏省林木种质资源的利用方式，可以归纳为以下两类。

（1）直接利用。

此类利用主要是一些果树，如银杏、板栗、山楂（*Crataegus pinnatifida*）等，也有个别村民采集少数植物如大叶榉树的种子进行育苗繁殖（Liu et al., 2021；佘广美和张光富，2022）。

（2）间接利用。

此类利用主要根据一些树种的特性，进行绿化、观赏以及环境美化，如红叶石楠、紫叶李（*Prunus cerasifera* f. *atropurpurea*）、金镶玉竹等，以及利用野生林木形成森林景观开展森林公园旅游、观光、娱乐、科普等活动。

不少林木种质资源的利用方式，往往两者兼而有之，如银杏、大叶榉树、桃等。

## 二、林木种质资源的利用特点

江苏经济发达，科研机构众多，长期以来该区林木种质资源的开发利用既涉及本地植物资源，也涉及外来引种植物；既涉及植物的不同种类，也涉及植物的不同品种。根据野外调查以及近年来的相关资料，我们认为江苏林木种质资源的利用主要呈现以下特点。

（1）乡土树种开发利用亟待提高。

乡土树种适应性好、抗逆性强，易于养护，对维系地区生态环境平衡和人文风貌具有重要意义，理应是造林绿化的主角。近年来，朴树、榉树和冬青等乡土树种已被大量应用于园林绿化中。根据这次调查，全省有 467 种野生树种。但目前实际造林绿化常用的植物种类不足 50 种，美国红枫（*Acer rubrum*）、北美栎等外来树种依然在部分地区城乡绿化中扮演主角。另一方面，江苏已广泛应用的乡土树种尚存在着种源不够明确、树种生长特性研究不够、栽培繁育技术不过关和营销推广力度不足等问题。因此，江苏乡土树种的开发利用程度亟待提高。

（2）林木遗传育种有待加强。

多年来，江苏省林木种质资源创新一直位居全国前列。其中，杨树、柳树（*Salix babylonica*）、银杏、落羽杉等传统树种的遗传改良和推广应用水平较高，乌桕、海棠（*Malus spectabilis*）、豆梨和械树（*Acer miyabei*）等特色树种遗传改良在近年取得明显突破。但全省超过50%的收集保存选育品种属于蔷薇科，大部分栽培利用的植物品种主要从桃、梅、苹果属、蔷薇属、杜鹃花属、栗属等选育而来，涉及的植物类群不够丰富。这其中还存在相当比例的植物品种为"舶来品"，即直接从国外引进栽培，并非利用本地林木种质资源选育而来。此外，江苏省部分遗传育种的目标片面追求观赏性，对经济林果、用材树种和抗逆生态树种的研究利用或者综合开发利用尚有待于进一步加强。

（3）林木种质资源全方位利用有待提升。

林木种质资源不仅是重要的生态资源，也是国家战略性物质资源。近年来，江苏省林木种质资源全方位、多层次的开发利用不断得到提升，逐步注重起林木的药用、食用、生物原料等功能的开发利用，尤以薄壳山核桃系列产品的开发最具特色。但是对照林业发达国家，全省在林木用材、食用、药材、生物原料等功能的挖掘利用方面明显不足，尚未建立起特殊用途林木种质的评价鉴定体系，对功能基因的提取、利用尚处于初级阶段，未能充分发挥出林木资源在国计民生中的保障作用。

# 第六章

# 林木种质资源保护利用建议

林木种质资源保护是一项基础性工作，是林业可持续发展的重要组成部分。它是林木种质资源创新的前提，是为子孙后代造福的重大工程，它对国家生态安全和经济社会发展也有着深远的影响。经过 8 年的林木种质资源调查，江苏省基本查清了境内林木种质资源的种类组成、种群数量以及地理分布等情况，这为今后林木种质资源的保护与管理提供了宝贵的第一手资料。本章主要根据江苏林木种质资源的分布特点，提出林木种质资源保护利用的主要策略。

## 第一节　原地与异地保护总体设想

林木种质资源保护是林业可持续发展的重要组成部分，各级政府部门应对林木种质资源的保护工作高度重视，通过大力宣传、培训，明确林木种质资源保护的重要性及目的、意义，发动全民参与到林木种质资源保护行动中来，使种质资源的保护成为公民的自觉行动。同时，依据《森林法》等国家法律法规和有关规定，加强森林资源管护工作，对滥砍盗伐林木、盗挖大树等行为依法及时给予处罚。设立专项经费，保障林木种质资源管理工作的正常进行。此外，加强林木种质资源生物学、生态学特性和繁育技术研究，加大良种选育、推广力度，加快新品种开发，提高市场竞争力，同时严防外来物种入侵，科学保护和合理利用林木种质资源。

### 一、原地保护对策

原地保护，即就地保护（*in situ* conservation），是指直接在野外对自然群落或濒危物种的种群进行保护（Primack et al. ，2014）。它是生物多样性保护中最为有效的一项措施，是拯救生物多样性的必要手段。Wilhere（2008）也曾指出，理想的濒危物种保护计划应该是最大限度地在受保护栖息地的高质量区域保护尽可能多的个体。原地保护的对象主要是野生种群和古树名木。

（1）野生种群原地保护。

全省野生种群主要分布于各类自然保护地内，原地保护要充分利用自然保护区、森林公园、湿地公园等各类自然保护地的现有条件，整合优势资源，加强保护管理。此外，应该加大对野生林木树种的生物学特性及生态学特性的研究，例如近年有研究发现南京紫金山马尾松种群的衰退与演替后期耐阴阔叶树的光竞争密切相关（Song et al.，2022）。

江苏现有省级以上自然保护区 14 个，省级以上森林公园 72 处，省级以上湿地公园 75 处，省级以上风景名胜区 22 处，国有林场 57 个，主要保护对象涉及亚热带珍稀森林树种、常绿阔叶林、常绿落叶阔叶混交林等。目前江苏相当部分的野生林木种质资源集中保存于宜兴龙池、吴中区光福、连云港云台山和句容宝华山 4 个省级自然保护区内（表 6-1）。

表 6-1　江苏省主要自然保护区及珍稀动植物分布

| 保护区名称 | 面积/hm² | 批建年份 | 类型 | 行政区域 | 主要保护对象 |
|---|---|---|---|---|---|
| 江苏盐城湿地珍禽国家级自然保护区 | 284 179 | 1983 | 野生动物 | 盐城市 | 丹顶鹤等珍禽及沿海滩涂湿地生态系统 |
| 江苏大丰麋鹿国家级自然保护区 | 2 667 | 1986 | 野生动物 | 大丰区 | 麋鹿、丹顶鹤及湿地生态系统 |
| 江苏泗洪洪泽湖湿地国家级自然保护区 | 49 365 | 1985 | 内陆湿地 | 泗洪县 | 湿地生态系统、大鸨等鸟类、鱼类产卵场及地质剖面 |
| *无锡龙池山省级自然保护区 | 123 | 1981 | 森林生态 | 宜兴市 | 常绿落叶阔叶混交林，银缕梅、金钱松、天目玉兰等野生植物 |
| 徐州泉山森林自然保护区 | 323 | 1984 | 森林生态 | 徐州市泉山区 | 森林及野生动植物 |
| 溧阳上黄水母山省级自然保护区 | 40 | 1998 | 古生物遗迹 | 溧阳市 | 中华曙猿及其伴生哺乳动物化石 |

| 保护区名称 | 面积/hm² | 批建年份 | 类型 | 行政区域 | 主要保护对象 |
|---|---|---|---|---|---|
| *苏州光福省级自然保护区 | 61 | 1981 | 森林生态 | 苏州市吴中区 | 北亚热带常绿阔叶林，木荷、四川山矾、杨梅、苦槠等亚热带树种 |
| 启东长江口北支湿地自然保护区 | 21 491 | 2002 | 野生动物 | 启东市 | 典型河口湿地生态系统、濒危鸟类、珍稀水生动物及其他经济鱼类 |
| *连云港云台山森林自然保护区 | 67 | 1981 | 森林生态 | 连云港市 | 暖温带针叶落叶阔叶混交林，红楠、南京椴等 |
| 涟水涟漪湖黄嘴白鹭自然保护区 | 3 433 | 1993 | 野生动物 | 涟水县 | 黄嘴白鹭等鸟类 |
| 洪泽湖东部湿地省级自然保护区 | 54 000 | 2004 | 内陆湿地 | 洪泽区、淮阴区、盱眙县 | 湖泊湿地生态系统及珍禽 |
| 镇江长江豚类省级自然保护区 | 5 730 | 2002 | 野生动物 | 镇江市丹徒区 | 淡水豚类及其生境 |
| *镇江宝华山省级自然保护区 | 133 | 1981 | 森林生态 | 句容市 | 森林及野生动植物，宝华玉兰、山拐枣、短穗竹等 |
| 南京长江江豚省级自然保护区 | 8 699 | 2014 | 野生动物 | 南京市 | 淡水豚类及其生境 |

注：* 表示有目标调查物种分布；表中数据引自徐惠强等（2017）。

　　根据全省林木种质资源清查结果，以各类自然保护地和国有林场为基础，按全省南北气候差异，在苏南、苏中、苏北不同区域选择遗传多样性丰富的天然林或达到评价年限生长良好的人工林分，建立一批林木种质资源原地保存林和保存库，对重要的珍稀濒危树种、珍贵用材树种、特种用途树种及其优良林分的种质资源进行原地保护。划定原地保存库的保护范围、主要保护对象与保护要求，设立标准样地，设置永久性标识牌，并按照《林木遗传资源原地保存林设置与调查技术规程》进行调查和信息管理。

　　此外，气候变化对野生林木种质资源生长与分布的影响也不容忽视，尤其是对濒危植物的影响（Yan and Zhang，2022）。

（2）古树名木原地保护。

全省古树名木大部分长势良好，具有较强的生态适应性，但个别古树由于缺乏科学有力指导、产权职责不够明确，加之部分地区社会经济活动频繁，生境质量欠佳。

针对古树名木生长环境和生长情况，对古树进行评估，有针对性地改善其生长环境。就地保护形式包括：根据古树名木树干的大小，在树池范围内清除混凝土块、铺装等，加强土壤管理，为古树名木创造促进根系生长的环境条件。加强病虫防治，对已发现的害虫，采用综合防治。采取补洞措施，在日常养护中应注意对无空洞、轻度空洞的古树的伤口进行消毒保护处理；对于中度、重度空洞的古树，在加强养护管理基础上，根据立地条件、树干倾斜程度等因素，修剪枯枝、病枝，以减轻树木自身的重量及受风面积；对腐烂部位、主干及时采取防腐、补洞、支撑等措施，防止空洞面积扩大或突然断裂、倒伏(表 6 - 2)。

表6‑2　江苏省古树（前30种）具体保护措施

| 序号 | 种名 | 份数 | 存在问题 | 保护措施 |
|---|---|---|---|---|
| 1 | 银杏 | 2 657 | 根部被混凝土或杂物覆盖、雷击、树干腐烂、虫害、叶斑病、生境遭受污染 | 清理杂物、安装避雷针、树干防腐、防虫 |
| 2 | 圆柏 | 588 | 枯枝、生长空间受限、主体被杂藤缠绕、树皮剥落 | 清理杂物、拓展空间 |
| 3 | 木樨 | 377 | 树干中空腐烂 | 填补树洞 |
| 4 | 朴树 | 363 | 树皮剥落、树干中空腐烂、根部被杂物覆盖或受香火影响 | 涂防护漆、根部培土、填补树洞 |
| 5 | 黄杨 | 286 | 虫害、树皮受损 | 防治病虫害、涂防护漆 |
| 6 | 大叶榉树 | 277 | 虫害 | 防治病虫害 |
| 7 | 栗 | 227 | 树皮剥落、树枝被砍 | 涂防护漆 |
| 8 | 樟 | 190 | 枯枝、雷击、树干中空、叶黄化、树皮被人为剥落 | 清理枯枝、安装避雷针、树干填充、涂防护漆 |
| 9 | 枫香树 | 182 | 枯枝、树皮剥落 | 清理断枝、涂防护漆 |
| 10 | 槐 | 160 | 病虫害、立地条件差、树洞、爬藤缠绕、土壤硬化或有杂物覆盖 | 防治病虫害、填补树洞、清理杂物、根部培土 |

| 序号 | 种名 | 份数 | 存在问题 | 保护措施 |
|---|---|---|---|---|
| 11 | 黄连木 | 128 | 虫害、树洞、树瘤、火灾 | 防治病虫害、填补树洞、消除火灾隐患 |
| 12 | 荷花玉兰 | 123 | 虫害、根部裸露 | 防治病虫害、根部培土 |
| 13 | 柿 | 119 | 枯枝、树皮剥落 | 清理枯枝、涂防护漆 |
| 14 | 罗汉松 | 108 | 枯枝、树皮剥落、树干中空 | 清理枯枝、涂防护漆、填充树干 |
| 15 | 皂荚 | 106 | 枯枝、树干中空、病害 | 清理枯枝、树干加固、防治病虫害 |
| 16 | 紫薇 | 83 | 枯枝、虫害、树干中空 | 清理断枝、防治病虫害、填补树洞 |
| 17 | 紫藤 | 81 | — | — |
| 18 | 枫杨 | 79 | 树皮剥落、枯枝、树干中空 | 清理枯枝、填补树洞、涂防护漆 |
| 19 | 枣 | 79 | 树皮剥落、枯枝、树洞 | 涂防护漆、清理枯枝、填补树洞 |
| 20 | 麻栎 | 77 | — | — |
| 21 | 榔榆 | 77 | 白蚁、杂物堆积 | 防治白蚁、清理杂物 |
| 22 | 桑 | 73 | 枯枝、虫害、人为砍伐 | 清理断枝、加强管护、防治病虫害 |
| 23 | 龙柏 | 63 | 枯枝 | 树干加固、清理枯枝 |
| 24 | 榆树 | 57 | 枯枝、树干中空 | 清理枯枝、填补树洞 |
| 25 | 雪松 | 53 | 枯枝 | 树干加固、清理枯枝 |
| 26 | 女贞 | 53 | 枯枝 | 清理枯枝 |
| 27 | 楸 | 51 | 根部杂物覆盖、树皮剥落、爬藤植物缠绕 | 清理杂物、涂防护漆 |
| 28 | 白皮松 | 50 | 枯枝、断枝 | 树干加固、清理枯枝 |
| 29 | 乌桕 | 48 | — | — |
| 30 | 蜡梅 | 46 | 断枝、虫害 | 清理断枝、防虫 |

注："—"表示该种古树生长状态普遍较好，暂未发现明显问题。

## 二、异地保护对策

异地保护，即迁地保护（*ex situ* conservation），是指将一些在野外有灭绝风险的物种通过人类的监管而加以保护。它是对就地保护的必要补充，是生物多样性保护的重要组成部分（Li et al.，2021）。在对林木种质资源进行迁地保护时，需要尽量选择与植物原生境相似的自然条件，也要确保保护地面积足够，能够满足长时间的保护需求。此外，要完善保护地种质的养护管理机制，落实相关责任制。同时，要定期调研保护地种质的保护状况。

全省先后建立了51个省级以上林木良种基地和种质资源库，引种保存了银缕梅、金钱松、小叶栎、红楠等一大批具有重要保护或开发利用价值的珍稀或珍贵物种，这不仅有效缓解了江苏省野生珍稀植物的保护压力，而且取得了良好的经济效益和生态效益。但是，由于一些珍稀物种刚刚被发现和报道，如香果树、玉玲花等，少数地方性特色树种如粗榧（*Cephalotaxus sinensis*）、翅荚香槐（*Cladrastis platycarpa*）等的资源数量与濒危现状堪忧，部分古树名木濒临死亡。因此需要针对本次清查成果，合理评估部分尚未纳入异地保存体系的在野外有灭绝风险的植物种类，抢救性收集保存一批种质资源，研究重点保存种质的生长特性、繁殖栽培技术，适度开展种群回归、苗木回植等工作，不断扩大引种植物的栽培规模、引种地点。

# 第二节　重点树种种质利用计划设想

## 一、重点树种推荐

李振声院士指出："一个基因可以影响一个国家的兴衰；一个物种可以左右一个国家的经济命脉；一个优良的生态群落的建立可以改善一个地区的环境。"世界林业发达国家芬兰，通过全面实行造林良种化，使纸和纸板的出口量分别占据世界总量的10%和15%，林业成为国家重要支柱产业，彰显了种质资源突出的"裂变"价值。当前，在全球森林面积锐减、物种濒危加速、森林健康受到威胁、森林功能严重衰退的情况下，加强资源保护和利用已成为人类应对发展问题的共识。

根据江苏省林木种质资源调查成果，同时针对该省的自然地理条件以及社会经济现状，建议重点对珍稀树种和珍贵乡土树种进行开发利用。

1.珍稀树种

根据调查，全省分布的野生国家级珍稀植物有 10 种（不含竹类及草本植物），即金钱松、大叶榉树、宝华玉兰、浙江楠（*Phoebe chekiangensis*）、银缕梅、秤锤树、香果树、软枣猕猴桃、中华猕猴桃和大籽猕猴桃。本次调查中发现了银缕梅和香果树新的野生分布点，数量不多但长势良好；野生宝华玉兰仅存于句容市；浙江楠仅见于苏南山区的局部地段；金钱松、大叶榉树和秤锤树在省内已经有一定的栽培规模，种群数量较大，生长较好，但在全省野生分布较少。此外，3 种猕猴桃属植物均为藤本植物，软枣猕猴桃产于连云港连云区，中华猕猴桃和大籽猕猴桃均产于宜兴山区（表 6-3）。

建议将金钱松、大叶榉树、宝华玉兰、浙江楠、银缕梅、秤锤树和香果树这 7 个树种列为今后重点开发利用的珍稀树种（表 6-3）。

表 6-3  江苏省重点开发利用的野生珍稀树种分布情况

| 序号 | 中文名 | 拉丁学名 | 份数 | 分布地点 | 保护级别 | IUCN 等级 |
|---|---|---|---|---|---|---|
| 1 | 大叶榉树 | *Zelkova schneideriana* | 485 | 南京、常州、无锡、苏州等 | 二级 | VU |
| 2 | 金钱松 | *Pseudolarix amabilis* | 23 | 宜兴（磐山）、溧阳（深溪岕） | 二级 | EN |
| 3 | 银缕梅 | *Parrotia subaequalis* | 22 | 宜兴（大龙西岕）、溧阳（锅底山） | 一级 | CR |
| 4 | 宝华玉兰 | *Yulania zenii* | 14 | 句容（宝华山） | 二级 | CR |
| 5 | 秤锤树 | *Sinojackia xylocarpa* | 3 | 南京（老山） | 二级 | EN |
| 6 | 香果树 | *Emmenopterys henryi* | 3 | 溧阳（深溪岕、金刚岕、龙潭） | 二级 | VU |
| 7 | 浙江楠 | *Phoebe chekiangensis* | 1 | 苏州 | 二级 | EN |

注："保护级别"依据 2021 年《国家重点保护野生植物名录》。"IUCN 等级"参考张光富等（2022）；VU：易危；EN：濒危；CR：极危。

（1）金钱松。

金钱松为松科金钱松属的落叶乔木，是我国特有树种。在 1999 年和 2021 年国务院批准的《国家重点保护野生植物名录》中，该种均被列为国家二级濒危植物（于永福，1999）。金钱松木材纹理通直，硬度适中，可作建筑、板材、家具、器具及木纤维工业原料等用；树皮、根皮可入药用；种子可榨油；树姿优美，秋后叶呈金黄色，颇为美观，可作庭园树（张光富，2007）。

此次调查发现，江苏省境内有金钱松野生种群 1 份、野生个体 4 份、栽培群体 1 份、栽培个体 8 份、古树单株 8 份和名木 1 份，它们多见于无锡市和常州市。

（2）大叶榉树。

大叶榉树为榆科榉属落叶乔木，是中国乡土树种，具有重要的经济价值：木材供建筑，枝皮纤维可制蜡纸和人造棉，根、树皮还可入药，也可作为庭园观赏树种（Shao and Zhang，2021）。在 1991 年《中国植物红皮书：稀有濒危植物 第 1 册》中，大叶榉树被列为国家二级保护稀有种（傅立国，1991）；在 2013 年《中国生物多样性红色名录——高等植物卷》中，该种被列为近危（NT）物种；在 2020 年《中国种子植物多样性名录与保护利用：1—4 册》中，该种被列为 NT（覃海宁，2020）；在 2021 年国务院批准的《国家重点保护野生植物名录》中，该种被列为国家二级重点保护野生植物（国家林草局，2021）。

此次调查发现大叶榉树野生种群 15 份，分布于常州市、南京市和苏州市等；野生个体 23 份，分布于镇江市、南通市、常州市和泰州市；野生优树 109 份，均分布于南京市；栽培个体 50 份，分布于南通市、无锡市等地；栽培优树 7 份，分布于扬州市、无锡市和南通市；栽培群体 4 份，分别位于常州市、南通市、南京市和镇江市；收集保存种源 1 份，分布于盐城市；古树单株 277 份，多数分布于苏州市。

（3）宝华玉兰。

宝华玉兰为木兰科玉兰属落叶乔木，是中国特有种（蒋国梅等，2010）。在 2013 年《中国生物多样性红色名录——高等植物卷》中，该种被列为极危（CR）物种；在 2020 年《中国种子植物多样性名录与保护利用：1—4 册》中，该种被列为 CR（覃海宁，2020）；在 2021 年国务院批准的《国家重点保护野生植物名录》中，该种被列为国家二级重点保护野生植物。宝华玉兰芳香艳丽，为优美的庭园观赏树种。

此次调查发现宝华玉兰野生种群仅 1 份、野生个体仅 9 份，均分布于镇江市；栽培群体 1 份，分布于淮安市；古树个体 3 份，均分布于镇江市宝华山森林公园。

（4）浙江楠。

浙江楠为樟科楠属常绿阔叶乔木，是中国特有种。在 2013 年《中国生物多样性红色名录——高等植物卷》中，该种被列为易危（VU）物种；在 2020年《中国种子植物多样性名录与保护利用：1—4 册》中，该种被列为 VU（覃海宁，2020）；在 2021 年国务院批准的《国家重点保护野生植物名录》中，该种被列为国家二级濒危植物。本种树干通直，材质坚硬，可作建筑、家具等用材。树身高大，雄伟壮观，叶四季青翠，可作绿化树种（张光富，2020）。

此次调查发现浙江楠古树个体 1 份，分布于苏州市。

（5）银缕梅。

银缕梅为金缕梅科银缕梅属落叶小乔木，是我国特有的珍稀濒危树种（Li and Zhang，2015）。在 2004 年《中国植物红色名录. 第一卷. 红色名录》中，该种被列为濒危种（EN）（汪松和解焱，2004）；在 2013 年《中国生物多样性红色名录——高等植物卷》评估报告中，该种被列为极危（CR）种；在 2020年《中国种子植物多样性名录与保护利用：1—4 册》中，该种被列为易危（VU）（覃海宁，2020）；在 2021 年国务院批准的《国家重点保护野生植物名录》中，银缕梅被列为国家一级重点保护野生植物。银缕梅材质坚硬、纹理致密、树冠优美、花形奇特且色彩艳丽，常作为良好的城镇绿化树种（龚滨等，2012；Liu et al.，2021）。在江苏第二次重点保护野生植物资源调查中，银缕梅被列为国家级重点调查物种。此次调查发现，银缕梅在常州市溧阳境内具有新的野生分布种群。这是银缕梅在江苏境内仅有的第二个自然分布地（李莉等，2018）。

此次的林木种质资源调查发现，江苏省境内有银缕梅种质资源 21 份，包括野生优树 4 份和野生种群 2 份，它们分布于溧阳锅底山和无锡市宜兴林场；栽培个体 1 份，见于溧阳龙潭林场；栽培群体 1 份，位于淮安市；收集保存种源 1 份，位于苏州市虞山森林公园；古树个体 13 份，均分布于宜兴市。

（6）秤锤树。

秤锤树为安息香科秤锤树属落叶小乔木，是中国特有种。秤锤树枝叶浓密，初夏盛开白色小花；秋季叶落后宿存的悬挂果实宛如秤锤，为优良的观赏树种；果实富含单宁，可供提取。在 2004 年《中国植物红色名录. 第一卷. 红色名录》中，该种被列为易危（VN）种（汪松和解焱，2004）；在 2013 年《中国生物多样性红色名录——高等植物卷》评估报告中，该种被列为濒危

（EN）种；在 2020 年《中国种子植物多样性名录与保护利用：1—4 册》中，该种被列为 EN（覃海宁，2020）；在 2021 年国务院批准的《国家重点保护野生植物名录》中，秤锤树被列为国家二级濒危植物。

此次调查发现秤锤树野生种群 1 份，位于南京市；栽培群体 1 份，位于镇江市；古树个体 1 份，位于南京市。

（7）香果树。

香果树为茜草科香果树属落叶乔木，是中国特有单种属珍稀树种，具有重要的经济价值：木材供建筑，枝皮纤维可制蜡纸和人造棉，根、树皮还可入药，也可作为庭园观赏树种。在 1991 年《中国植物红皮书：稀有濒危植物第 1 册》中，香果树被列为国家二级保护稀有种；在 2004 年《中国物种红色名录. 第一卷. 红色名录》中，该种被列为"未列入（Not listed）"物种（汪松和解焱，2004）；在 2013 年《中国生物多样性红色名录——高等植物卷》评估报告中，该种被列为近危（NT）种；在 2017 年中国高等植物受威胁物种名录中，该种被列为 NT（覃海宁等，2017）；在 2020 年《中国种子植物多样性名录与保护利用：1—4 册》中，该种被列为 NT（覃海宁，2020）；在 2021 年国务院批准的《国家重点保护野生植物名录》中，香果树被列为国家二级濒危植物。在江苏第二次重点保护野生植物资源调查中，该种被列为国家级调查物种。标本记录表明，香果树在江苏境内的宜兴曾有自然分布。但最近的野外调查显示，常州市溧阳为香果树在江苏境内的唯一分布地点（彭仙丽等，2017）。

此次调查发现，常州市境内有香果树野生个体 2 份和野生种群 1 份，它们分布于溧阳南山竹海深溪岕、安鸡头山和溧阳龙潭林场。

### 2. 珍贵乡土树种

珍贵乡土树种是一个地区重要的种质资源，不仅生态效益好、使用价值高、经济效益可观，而且可提高森林资源质量，促进森林结构调整，实现林业的健康可持续发展。狭义上讲，乡土树种（native tree，indigenous tree）指在原产当地并经过长期的自然选择，经受当地极端气候条件、病虫害侵袭等一系列自然灾害考验仍能健壮生长的树种；广义上讲，乡土树种就是指通过人工长期引种、栽培和繁殖并证明了已经非常适应当地的气候和生态环境，且生长良好的一类能代表当地植物特色，具有一定文化内涵，并能完成其生活史的一类树种的总称。

根据文献查阅和研读，同时结合我们的调查及野外实践，我们认为，乡土树种包括：① 在当地土生土长，并与当地自然地理条件，尤其是气候、土壤等相适应的树种；② 由于乡土树种具有一定的地域性，而通常一次性调查见到的乡土植物只包括当时该地域的植物。理论上，乡土树种还包括该区及邻近地区残存的现状植被或潜在植被中的自然分布种，即乡土树种是一个地区自然生长的植物区系中的木本植物的总和。

根据此次清查结果，同时结合江苏省苗木产业发展特点和区域布局，我们就丘陵山区、沿海地区、沿江河湖地带和苏北平原区域的林业生态建设和产业发展需求，推荐如下一批珍贵乡土树种：丘陵山区乡土树种苗木带，9 种；大江大河大湖沿岸抗水湿生态景观苗木带，4 种；苏北平原地区人工用材和经济林果苗木带，8 种；沿海耐盐碱抗逆苗木带，10 种。

1）丘陵山区乡土树种苗木带

丘陵山区乡土树种苗木带包括宁镇丘陵、宜溧山区、环太湖丘陵和徐州、连云港丘陵区域，以宜兴、溧阳、吴中、句容、金坛、江浦、六合等市（区）为重点。该带森林树种资源丰富，许多珍稀树种、重要乡土树种资源分布于该区。建议推荐使用以下乡土树种。

（1）粗榧。

粗榧为红豆杉科三尖杉属常绿灌木或小乔木，属于中国特有植物。该种木材坚实，树形优美，可作为庭院绿化观赏树种（王坚强和张光富，2019），在江苏第二次重点保护野生植物资源调查中，被列为省级调查物种。在 2004 年《中国物种红色名录. 第一卷. 红色名录》中，该种被列为"未列入（Not listed）"物种（汪松和解焱，2004）；而在 2013 年《中国生物多样性红色名录——高等植物卷》评估报告中，该种已被列为近危（NT）种；在 2020 年《中国种子植物多样性名录与保护利用：1—4 册》中，该种被列为 NT（覃海宁，2020）。

此次调查，在江苏省发现粗榧野生林木种质资源种群 2 份，仅见于宜溧山区。近年来江苏境内的野生种群已急剧下降。

（2）翅荚香槐。

翅荚香槐为豆科翅荚香槐属的高大落叶乔木。木材黄色，可提黄色染料；材质坚重致密，有光泽，可供制作各种器具、农具用；花序大，有芳香，秋叶鲜黄色，为良好的观赏树，适应范围广，是良好的石灰岩造林树种；在江苏第二次重点保护野生植物资源调查中被列为省级调查物种。在 2013 年《中国生物多样性红色名录——高等植物卷》评估报告中，该种被列为无危（LC）种；在2020年《中国种子植物多样性名录与保护利用：1—4册》中，该种被列为LC（覃海宁，2020）。标本记录表明，该种在宜兴地区的黄石岭曾有分布。目前，调查发现该种在江苏境内仅见于宜溧山区。作为江苏省省级保护珍稀植物，翅荚香槐是具有地方特色的代表性树种，值得特别关注。

此次调查，在江苏省发现翅荚香槐野生林木种质资源种群2份。结合相关资料分析，溧阳南山竹海的深溪岕村的金刚岕和宜兴市张渚镇、太华镇是翅荚香槐野生种群的分布地。

（3）牛鼻栓。

牛鼻栓为金缕梅科牛鼻栓属落叶小乔木或灌木。在我国多省有分布，如江苏、安徽、浙江等。该种为我国特有的单种属植物，亦是国家首批保护的珍稀植物。其木材坚韧，材质优良，树形优美，种子含油量高，开发利用价值很高，具有益气、止血之功效，可用治疗气虚劳伤乏力、创伤出血等症状。

此次调查，在江苏省发现牛鼻栓野生林木种质资源种群19份、野生个体5份、古树名木种质资源2份。其中位于常州市金坛区宝盛园黑洼的牛鼻栓，其基径达78.2 cm，这是目前已知的江苏境内存在的最大的牛鼻栓。

（4）三角槭。

三角槭为槭树科槭属的落叶乔木。该种分布于山东、河南、江苏、浙江、安徽、江西、湖北、湖南、贵州和广东等省，我国各地广泛栽培，日本也有分布。三角槭为弱阳性树种，幼树稍耐阴，大树喜光；喜温暖湿润气候和酸性、中性土壤；耐寒、耐旱、耐瘠薄，较耐水湿，在石灰土上也有分布；萌芽力强，耐修剪。三角槭木材优良，可制农具；庭院栽培可供观赏，也可做绿篱；种子可榨油；树皮、叶可提制栲胶。

此次调查，在江苏省发现三角槭野生林木种质资源种群16份、野生个体9份、野生优树10份、栽培利用种质资源个体8份、栽培优树5份、栽培群体3份、收集保存种质资源种源1份、古树名木种质资源32份、古树群1份。

（5）南京椴。

南京椴为锦葵科椴属的落叶树种，是重要的用材树种与蜜源植物以及优良的庭院观赏树种。该种喜湿润气候，对土壤理化性质具有改良作用。南京椴是具有地方特色的代表性树种。该种还是椴树科唯一一种以城市命名的树种，在江苏第二次重点保护野生植物资源调查中被列为省级调查物种。并且，它在秋季叶色会变黄，极具观赏价值。在 2013 年《中国生物多样性红色名录——高等植物卷》评估报告中，该种被列为易危（VU）种；在 2020 年《中国种子植物多样性名录与保护利用：1—4 册》中，该种被列为 VU（覃海宁，2020）。目前该种在江苏境内种群数量较少，野外分布较为局限。

此次调查，在江苏省发现南京椴野生林木种质资源种群 9 份、野生个体 9 份、栽培利用种质资源种源 1 份、古树名木种质资源 11 份。

（6）糯米椴。

糯米椴为锦葵科椴属的落叶乔木，在长江流域多地常用作行道树。此外，它的茎皮纤维柔韧，可制人造棉；木材可用于建筑。在 2020 年《中国种子植物多样性名录与保护利用：1—4 册》，该种被列为无危（LC）（覃海宁，2020），在江苏第二次重点保护野生植物资源调查中被列为省级调查物种。

此次调查，在江苏省发现糯米椴野生林木种质资源种群 5 份、野生个体 1 份、古树名木种质资源 2 份。

（7）卫矛（*Euonymus alatus*）。

卫矛为卫矛科卫矛属的落叶灌木，生长于山坡、沟地边沿，被广泛应用于城市园林、道路、公路绿化的绿篱带、色带拼图和景观造型。卫矛具有较强的抗逆性，能够净化空气和美化环境。它适应范围广，较其他树种，栽植成本低，见效快，具有广阔的苗木市场空间。

此次调查，在江苏省发现卫矛野生林木种质资源种群 27 份、野生个体 1 份、栽培利用种质资源个体 1 份、栽培优树 1 份、古树名木种质资源 1 份。

（8）地锦（*Parthenocissus tricuspidata*）。

地锦为葡萄科地锦属的落叶木质藤本，生长于山坡崖石壁或灌丛，海拔 150～1 200 m。地锦是园林绿化中很好的垂直绿化材料，既能美化墙壁，又有防暑隔热的作用。它对 $SO_2$ 等有害气体有较强的抗性，适宜在宅院墙壁、围墙、庭院入口处、桥头石块等处配置。果实可食或酿酒；藤茎可入药，具有破瘀血、消肿毒、祛风活络、止血止痛的功效。

此次调查，在江苏省发现地锦野生林木种质资源种群共 21 份、野生优树 6 份。

（9）檫木（*Sassafras tzumu*）。

檫木为樟科檫木属的落叶乔木，高可达 35 m，胸径达 2.5 m。檫木木材为浅黄色，材质优良、细致、耐久，用于造船、水车及上等家具；根和树皮可入药，具有活血散瘀、祛风去湿、治扭挫伤和腰肌劳伤的功效；果、叶和根尚含芳香油，根含油 1% 以上，油主要成分为黄樟油素。

此次调查，在江苏省发现檫木野生林木种质资源种群 9 份、野生个体 1 份、栽培利用种质资源优树 1 份、古树名木种质资源 2 份。

2）大江大河大湖沿岸抗水湿生态景观苗木带

大江大河大湖沿岸抗水湿生态景观苗木带包括沿长江、大运河，环太湖、洪泽湖、高宝邵伯湖沿岸区域，主要涉及沿江 5 市及金湖、洪泽等县（区）。建议推荐使用以下乡土树种。

（1）白杜。

白杜为卫矛科卫矛属的落叶小乔木，在我国多地广泛分布。该种喜光、耐寒、耐旱，稍耐阴，也耐水湿；为深根性树种，萌蘖性强，生长较慢；对土壤要求不严，适应能力强。该种为常见的庭园观赏树种；叶、根和树皮可入药；木材细韧，宜于雕刻。

此次调查，在江苏省发现白杜野生林木种质资源种群 26 份、野生个体 16 份、野生优树 36 份、栽培利用种质资源个体 17 份、栽培优树 24 份、收集保存种质资源种群 1 份、古树名木种质资源 30 份。

（2）旱柳。

旱柳为杨柳科柳属的落叶乔木；生长于东北、华北平原、西北黄土高原，西至甘肃、青海，南至淮河流域以及浙江、江苏；为平原地区常见树种；耐干旱、水湿、寒冷；用种子、扦插和埋条等方法可繁殖。木材白色，质轻软，比重为 0.45，供建筑器具、造纸、人造棉、火药等用；细枝可编筐；为早春蜜源树，又为固沙保土四旁绿化树种；叶为冬季羊饲料。

此次调查，在江苏省发现旱柳野生林木种质资源种群 8 份、野生个体 24 份、野生优树 16 份、栽培利用种质资源个体 32 份、栽培优树 14 份、古树名木种质资源 12 份。

（3）落羽杉。

落羽杉为柏科落羽杉属落叶乔木，原产于北美东南部，耐水湿，能生于排水不良的沼泽地上；木材重，纹理直，结构较粗，硬度适中，耐腐力强。它可作建筑、电杆、家具、造船等用。我国江南低湿地区也用之造林或栽培作庭园树。

此次调查，在江苏省发现落羽杉栽培利用种质资源栽培优树 4 份、栽培群体 2 份、栽培种源 1 份、收集保存种质资源母树林 1 份、古树名木种质资源 1 份。

（4）柿。

柿为柿科柿属的落叶乔木，原产于我国长江流域，现在在辽宁西部、长城一线经甘肃南部，折入四川、云南，在此线以南，东至台湾地区，各省、区多有栽培。柿树是深根性树种，又是阳性树种，喜温暖气候，喜充足阳光和深厚、肥沃、湿润、排水良好的土壤，适生于中性土壤，较能耐寒，也较能耐瘠薄，抗旱性强，但不耐盐碱土。柿子可提取柿漆（又名柿油或柿涩），用于涂渔网、雨具，填补船缝和做建筑材料的防腐剂等。在医药上，柿子能止血润便，缓和痔疾肿痛，降血压。它可作纺织木梭、芋子、线轴，又可作家具、箱盒、装饰用材和小用具、提琴的指板和弦轴等。在绿化方面，柿是优良的风景树。

此次调查，在江苏省发现柿栽培利用种质资源个体 15 份、栽培优树 20 份、栽培群体 5 份、古树名木种质资源 119 份。

3）苏北平原地区人工用材和经济林果苗木带

苏北平原地区人工用材和经济林果苗木带包括徐州市、宿迁市、淮安和连云港的部分县（市），其中，沭阳是传统绿化苗木产区，新沂等为新兴苗木产区，邳州、泗阳是传统的银杏和杨树良种苗木生产区，泗洪的薄壳山核桃等经济种植规模较大。建议推荐使用以下乡土树种。

（1）黄檀。

黄檀为豆科黄檀属落叶乔木，在我国多地广泛分布。由于它春季抽枝发芽较晚，也称"不知春"。黄檀为阳性树种；深根性，萌芽力强；生长缓慢，寿命长；对土壤要求不严，耐干旱瘠薄。木材为黄色或白色，材质坚密，能耐强力冲撞，常用作车轴、榨油机轴心、枪托、各种工具柄等；树皮纤维为人造棉及造纸原料；根可药用；果实可以榨油。

此次调查，在江苏省发现黄檀野生林木种质资源种群 35 份、野生个体 19 份、野生优树 25 份、栽培利用种质资源个体 9 份、栽培优树 1 份、栽培群体 1 份、古树名木种质资源 37 份，古树群 1 份。

（2）朴树。

朴树为大麻科朴属的落叶乔木，是我国乡土树种，多地有野生或栽培。它是阳性树种，对土壤要求不严，耐干旱瘠薄，也耐一定的水湿、轻盐碱；对

SO₂、Cl₂ 抗性较强。朴树的皮部纤维为麻绳、造纸、人造棉的原料，也可作园林绿化、观赏树种或材用树种。

此次调查，在江苏省发现朴树野生林木种质资源种群 40 份、野生个体 97 份、野生优树 224 份、栽培利用种质资源个体 67 份、栽培优树 3 份、栽培群体 1 份、古树名木种质资源 363 份，古树群 1 份。

（3）枇杷（*Eriobotrya japonica*）。

枇杷为蔷薇科枇杷属的常绿乔木。该种在我国多省有分布，各地广泛栽培。该种稍耐阴，喜温暖气候和肥水湿润、排水良好的土壤，较耐寒。枇杷为美丽观赏树木和果树；果味甘酸，供生食、蜜饯和酿酒用；叶可入药；木材红棕色，可作木梳、手杖、农具柄等用。

此次调查，在江苏省发现枇杷栽培利用种质资源个体 6 份、栽培优树 1 份、栽培群体 4 份、古树名木种质资源 7 份。此外，在全省还发现栽培利用的枇杷品种 4 个，分别是白玉枇杷、大红袍枇杷、白沙（*Eriobotrya japonica* 'Baisha'）和照种（*Eriobotrya japonica* 'Zhaozhong'）。

（4）厚壳树。

厚壳树为紫草科厚壳树属的落叶乔木。该种在我国多省有分布，多地广泛栽培。它为亚热带及温带树种，喜光也稍耐阴，喜温暖湿润的气候和深厚肥沃的土壤，耐寒、较耐瘠薄，根系发达，萌蘖性好，耐修剪。它可生长于平原、丘陵、山坡灌丛或山谷密林中，适应性强，枝叶可入药，为优良的观赏绿化树种。

此次调查，在江苏省发现厚壳树野生林木种质资源种群 10 份、野生个体 4 份、栽培利用种质资源个体 2 份、栽培优树 2 份、古树名木种质资源 13 份。

（5）紫薇。

紫薇为千屈菜科紫薇属的落叶乔木，在我国多地广泛分布。由于花期较长，它也被称为"百日红"。紫薇为阳性树种，稍耐阴；对气候适应性强，耐寒、耐旱、耐水湿，但不耐涝；对土壤要求不严，以肥沃、湿润及排水良好的微酸性壤土为佳；生长较快，萌芽力和萌蘖性强，耐修剪，移栽易成活，寿命长；对 SO₂ 等有害气体的抗性较强。

此次调查，在江苏省发现紫薇野生林木种质资源种群 1 份、野生优树 4 份、栽培利用种质资源个体 28 份、栽培优树 2 份、栽培群体 1 份、古树名木种质资源 83 份。此外，在全省还发现栽培利用的紫薇品种 3 个，分别是"银薇"

（*Lagerstroemia indica* 'Alba'）、"翠薇"（*Lagerstroemia indica* 'Amabilis'）和"赤薇"（*Lagerstroemia indica* 'Rubra'）。

（6）薄壳山核桃。

薄壳山核桃又称美国山核桃，为胡桃科山核桃属的落叶乔木。它是著名干果树种，在适生地区是优良的行道树和庭荫树，还可植作风景林，也适用于河流沿岸、湖泊周围及平原地区四旁绿化，果仁可食用。山核桃为世界著名的高档干果，油料树种和材、果兼用的优良树种。

此次调查，在江苏省发现薄壳山核桃栽培利用种质资源个体 13 份、栽培优树 22 份、古树名木种质资源 17 份。

（7）毛泡桐（*Paulownia tomentosa*）。

毛泡桐为泡桐科泡桐属的落叶乔木。该种生长在海拔较高处，较耐干旱与瘠薄，在北方较寒冷和干旱地区尤为适宜。毛泡桐是速生、轻质用材，可以用于农田林网防护和四旁绿化等。

此次调查，在江苏省发现毛泡桐野生林木种质资源种群 11 份、野生个体 1 份、野生优树 1 份、栽培利用种质资源个体 24 份、栽培优树 20 份、栽培群体 1 份、古树名木种质资源 1 份。

（8）榔榆。

榔榆为榆科榆属的落叶乔木。该种喜光，耐干旱，在酸性、中性及碱性土上均能生长，但以气候温暖、土壤肥沃、排水良好的中性土壤最为适宜；木材坚韧，可供工业用材，也可栽培供观赏，根、皮和嫩叶可入药。在我国多地广泛分布。

此次调查，在江苏省发现榔榆野生林木种质资源种群 36 份、野生个体 45 份、野生优树 132 份、栽培利用种质资源个体 31 份、栽培优树 19 份、古树名木种质资源 77 份。

4）沿海耐盐碱抗逆苗木带

沿海耐盐碱抗逆苗木带包括盐城市、连云港市和南通的部分市（县、区），以东台、射阳、大丰、赣榆等地为重点。该带是沿海生态防护廊道建设的主要地区，也是江苏造林绿化潜力最大的地区。建议推荐使用以下乡土树种。

（1）乌桕。

乌桕为大戟科乌桕属的落叶乔木。该种为我国乡土树种，分布于长江流域及华南、西南。乌桕为阳性树种，对土壤要求不严，耐水湿、水涝，也能耐一定的干旱；深根性，侧根发达，抗风性强。该种为优良的材用、油料树种，根、皮和叶可入药，也是优良的秋季色叶树种。

此次调查，在江苏省发现乌桕野生林木种质资源种群 36 份、野生个体 12 份、野生优树 124 份、栽培利用种质资源个体 17 份、栽培优树 12 份、栽培种源 1 份、收集保存种质资源种源 2 份、收集保存母树林 1 份、古树名木种质资源 48 份、古树群 2 份。

（2）柘树。

柘树为桑科橙桑属的落叶乔木，在我国多地广泛分布；植株具枝刺，材质优良，南通地区被称为"榨榛"。柘树茎皮是很好的造纸原料；叶可饲蚕；果可食，并可酿酒；叶、茎、根、皮均可入药；木材心部黄色，质坚硬细致，可作家具用或作黄色染料；也为良好的绿篱树种。它是阳性树种，对气候、土壤适应性很强，耐干旱瘠薄。

此次调查，在江苏省发现柘树野生林木种质资源种群 35 份、野生个体 14 份、野生优树 5 份、栽培利用种质资源个体 10 份、栽培优树 4 份、古树名木种质资源 38 份。

（3）重阳木（*Bischofia polycarpa*）。

重阳木为叶下珠科秋枫属的落叶乔木。该种分布于我国秦岭、淮河流域以南至福建和广东北部，在长江下游平原或农村四旁习见，为我国乡土树种，既有野生分布也有栽培。重阳木为阳性树种，喜光，稍耐阴；喜温暖气候，耐寒性较弱。该种对土壤的要求不严，在酸性土和微碱性土中皆可生长，但在湿润、肥沃的土壤中生长最好；耐旱，也耐瘠薄，且能耐水湿，抗风耐寒，生长快速，根系发达。木材坚韧，可供材用，也可栽培作行道树；种子可榨油，含油率为 30%，可供食用或做润滑油。

此次调查，在江苏省发现重阳木野生林木种质资源种群 2 份、野生个体 4 份、栽培利用种质资源个体 7 份、栽培优树 30 份、古树名木种质资源 21 份。

（4）黄杨。

黄杨为黄杨科黄杨属的常绿小乔木，偶尔也呈现为灌木状。该种为中国特有树种，在我国多省有分布，各地广泛栽培。黄杨为阳性树种，极耐阴；喜温暖湿润气候，耐寒性强；对土壤要求不严，但以肥沃、湿润及排水良好的中性或微酸性土壤为佳；根系发达，萌芽发枝力强，耐修剪，易整形，移栽易成活，生长缓慢；对 HF、Cl$_2$ 等多种有害气体抗性强。黄杨树姿优美、枝叶繁茂，为春季辅助蜜源植物，是优良的庭院绿化观赏或盆栽树种；木材可供雕刻制作工艺品；根、茎和叶可入药。

此次调查，在江苏省发现黄杨野生林木种质资源种群 1 份、野生个体 1 份、野生优树 1 份、栽培利用种质资源个体 7 份、栽培优树 4 份、栽培群体 1 份、古树名木种质资源 286 份。

（5）光皮梾木（*Cornus wilsoniana*）。

光皮梾木为山茱萸科山茱萸属的落叶乔木，在我国多地广泛分布。它在碱性、中性、弱酸性土及轻度盐碱地中都能正常生长，适应性强。它既能大规模成片栽植于丘陵、平原及山地，又能散种在田埂、河畔和房前屋后。它是木本油料植物，叶可做饲料或绿肥；材质坚硬、纹理致密，为优良的材用树种；树形美观、寿命较长，为良好的绿化树种。

此次调查，在江苏省发现光皮梾木栽培利用种质资源个体 1 份、栽培优树 1 份、古树名木种质资源 1 份。

（6）黄金树。

黄金树为紫葳科梓属的落叶乔木。它原产于美国中部及东部，经过多年的引种驯化，目前在我国多个省份广泛栽培。黄金树喜光，稍耐阴，喜温暖湿润气候、耐干旱，也较耐寒，不择土壤，适宜生长在深厚湿润、肥沃疏松而排水良好的地方，不耐瘠薄与积水；深根性，根系发达，抗风能力强。树干端直，花色洁白，可作庭荫树或行道树。

此次调查，在江苏省发现黄金树栽培利用种质资源个体 3 份、栽培优树 3 份、古树名木种质资源 7 份。

（7）罗汉松。

罗汉松为罗汉松科罗汉松属的常绿乔木。它原产于安徽、福建、广东、广西、贵州、湖北、湖南、江西、四川、台湾、云南、浙江，在我国多地广泛分布，日本、缅甸也有分布。它是中性树种，较耐阴；喜温暖湿润气候，耐寒性弱；适生于沙质土壤，耐干旱瘠薄，能耐湿润但忌积水；对病虫害、SO$_2$、Cl$_2$ 抗性强；生长缓慢，寿命长。罗汉松树形美观，多作庭园观赏树或制作盆景；材质细致均匀，易加工，可做家具、器具、文具及农具。

此次调查，在江苏省发现罗汉松栽培利用种质资源个体 6 份、栽培优树 4

份、栽培群体 1 份、古树名木种质资源 108 份。此外，在全省还发现栽培利用的罗汉松地方品种 1 个——雀舌罗汉松（*Podocarpus macrophyllus* 'Queshe'），该品种仅见于南通市。

（8）柞木。

柞木为杨柳科柞木属的常绿小乔木或大灌木，产于我国秦岭以南和长江以南各省区，我国多地有栽培，日本和朝鲜也有分布。柞木为中性偏阳性树种，对气候、土壤适应性强；耐干旱瘠薄，抗风力强，对 $SO_2$ 抗性强。柞木材质坚实，纹理细密，材色棕红，供制作家具、农具等用；叶、刺供药用；种子含油；树形优美，供庭院美化和观赏等用，也为蜜源植物。

此次调查，在江苏省发现柞木野生林木种质资源种群 11 份、野生个体 2 份、野生优树 2 份、栽培利用种质资源个体 2 份、收集保存种质资源种源 1 份、古树名木种质资源 10 份。

（9）黄连木。

黄连木为漆树科黄连木属的落叶乔木。该种分布于我国长江以南各省区及华北、西北等地区，菲律宾也有分布。黄连木秋季叶色橙黄或鲜红，我国多地有栽培。该种为阳性树种，对气候、土壤要求不严，能耐轻盐土；耐干旱瘠薄；深根性树种，萌芽力、抗风力强，寿命长；对烟尘、$SO_2$ 抗性强。黄连木木材为鲜黄色，可提黄色染料；材质坚硬致密，可作家具和细工用材；嫩叶和嫩芽可供蔬食，嫩叶也可代茶；种子可榨油；也可作为园林绿化树种或蜜源植物；种子含油量高，可作生物柴油树种。

此次调查，在江苏省发现黄连木野生林木种质资源种群 29 份、野生个体 20 份、野生优树 62 份、栽培利用种质资源个体 23 份、栽培优树 11 份、收集保存种质种源 1 份、古树名木种质资源 128 份。

（10）柽柳（*Tamarix chinensis*）。

柽柳为柽柳科柽柳属的乔木或灌木。本种适于温带海滨河畔等处湿润盐碱地、沙荒地造林之用。木材质密而重，可作薪炭柴，亦可作农具用材。其细枝柔韧耐磨，多用来编筐，坚实耐用；其枝亦可编耱和做农具柄把。其枝叶纤细悬垂，婀娜可爱，一年开花 3 次，鲜绿粉红花相映成趣，多栽于庭院、公园等处作观赏用。枝叶药用为解表发汗药，有去除麻疹之效。

此次调查，在江苏省发现柽柳野生林木种质资源种群 2 份、栽培利用种质资源个体 3 份、古树名木种质资源 1 份。

## 二、重点林木种质资源研究利用设想

林木种质资源保护和利用，是充分发挥林木种质资源生态、经济和社会效益的"两轮"和"双翼"。只有研究透、利用好林木种质资源，才能促进保护工作的可持续发展。

（1）开展重点林木种质资源的监测和跟踪调查。

建立野生林木种质资源监测预警体系，布设监测样点、划定监测样区，对林木种质资源进行监测与预警。设定重点林木种质资源调查固定样方，合理确定调查期限，定期对样方内树种的种群结构、单株生长、伴生植物等进行调查。注重对优良单株和个体的跟踪观测，进一步掌握优良单株和个体的发育和生长状况，为林木种质资源创新储备基因材料。

利用"互联网＋"技术，实现林木种质资源监测的信息化、数据化和动态化。继续完善江苏省林木种质资源数据库和信息平台的建设与管理，实现系统平台的种质资源信息采集、查询、分析和预测预警等多重功能，并加强与其他相关林木种质资源信息平台的联结，促进林木种质资源的信息交流与共享。

（2）开展重点林木种质资源的鉴定评价。

开展重点林木种质资源的遗传多样性及性状遗传变异分析评价，研究掌握树种遗传变异和多样性分布规律，为制定遗传改良和林木种质资源保存策略提供依据。重点开展榉树、榔榆、黄檀、薄壳山核桃、柘树等珍贵用材和木本油料树种的种质资源鉴定、评价研究。研究控制杨树雄株少花粉、松树抗松材线虫病以及高固碳、耐盐碱等目标性状的分子机制，挖掘关联基因。

（3）开展重点林木种质资源的遗传改良。

大部分珍贵乡土树种处于"野化"状态，要实现商品化应用，必须经过遗传改良。依据美丽江苏建设、碳中和与碳达峰和林业产业高质量发展等需求，合理确定育种方向、目标，重点加强珍贵用材、经济林果、色彩观赏、耐湿、耐旱、耐盐碱等多功能林木品种的选育。在引种、选优、杂交、诱变等经典育种技术基础上，充分利用基因工程、细胞工程、分子设计育种、大数据育种等现代育种手段，全面提高育种效率。

# 参考文献
## References

［1］傅立国. 中国植物红皮书：稀有濒危植物　第 1 册［M］. 北京：科学出版社，1991.

［2］国际生物科学联盟栽培植物命名委员会. 国际栽培植物命名法规（第七版）［M］. 向其柏，臧德奎，孙卫邦译. 北京：中国林业出版社，2006.

［3］江苏省绿化委员会. 江苏古树名木［M］. 北京：中国林业出版社，2013.

［4］江苏省统计局，国家统计局江苏调查总队. 江苏统计年鉴 2022［M］. 北京：中国统计出版社，2022.

［5］刘启新. 江苏植物志 1［M］. 南京：江苏科学技术出版社，2013.

［6］刘启新. 江苏植物志 2［M］. 南京：江苏科学技术出版社，2013.

［7］刘启新. 江苏植物志 3［M］. 南京：江苏科学技术出版社，2013.

［8］刘启新. 江苏植物志 4［M］. 南京：江苏科学技术出版社，2015.

［9］刘启新. 江苏植物志 5［M］. 南京：江苏科学技术出版社，2015.

［10］佘广美，张光富. 常州林木种质资源［M］. 南京：南京师范大学出版社，2022.

［11］孙刚，张光富. 南通林木种质资源［M］. 南京：南京师范大学出版社，2020.

［12］覃海宁. 中国种子植物多样性名录与保护利用：1—4 册［M］. 石家庄：河北科学技术出版社，2020.

［13］汪松，解焱. 中国物种红色名录. 第一卷. 红色名录［M］. 北京：高等教育出版社，2004.

［14］王坚强，张光富. 溧阳木本植物［M］. 南京：南京师范大学出版社，2019.

［15］王贤荣. 中国樱花品种图志［M］. 北京：科学出版社，2014.

［16］江苏省林业局. 江苏重点保护野生植物资源［M］. 南京：南京师范大学出版社，2017.

［17］张光富. 安徽板桥自然保护区植物多样性［M］. 南京：南京师范大学出版社，2007.

［18］张光富. 天目山常见植物图鉴［M］. 北京：高等教育出版社，2020.

［19］赵媛. 江苏地理［M］. 北京：北京师范大学出版社，2011.

［20］钟育谦，张光富，伊贤贵，翟飞飞. 江苏珍稀植物图鉴［M］. 南京：南京师范大学出版社，2016.

［21］普理马克（Primack R. B.），马克平，蒋志刚. 保护生物学［M］. 北京：科学出版社，2014.

［22］龚滨，夏洋洁，张光富，等. 中国特有珍稀濒危树种银缕梅种群结构和空间格局［J］. 生态与农村环境学报，2012，28（6）：638-646.

［23］国家林业局. 全国古树名木普查建档技术规定［S］. 北京：国家林业局，2001.

［24］蒋国梅，孙国，张光富，等. 特有濒危植物宝华玉兰种内与种间竞争［J］. 生态学杂志，2010，29（2）：201-206.

［25］李莉，张光富，王美达，等. 江苏溧阳山区银缕梅种群结构、分布格局与更新［J］. 江苏林业科技，2018，45（4）：17-20，28.

［26］彭仙丽，李莉，张光富，等. 苏南山区5个斑块香果树群落物种组成及多样性特征［J］. 植物资源与环境学报，2017，26（4）：93-100.

［27］彭仙丽，任小杰，张光富，等. 苏南山区不同斑块中香果树种群的结构与更新［J］. 生态学杂志，2017，36（10）：2716-2724.

［28］沙莎，张光富，邵丽鸯. 江苏石松类和蕨类植物多样性及生物地理学特征分析［J］. 生态与农村环境学报，2022，38（2）：194-200.

［29］覃海宁，杨永，董仕勇，等. 中国高等植物受威胁物种名录［J］. 生物多样性，2017，25（7）：696-744.

［30］谢国阳. 福建省林木种质资源普查特点探析［J］. 福建林业科技，2020，47（1）：115-119.

［31］于永福. 中国野生植物保护工作的里程碑——《国家重点保护野生植物名录（第一批）》出台［J］. 植物杂志，1999，4（5）：3-11.

［32］张光富，熊天石，孙婷，等. 江苏珍稀濒危植物的多样性、分布及保护［J］. 生物多样性，2022，30（2）：31－40.

［33］张光富，姚锐，蒋悦茜，等. 安徽万佛山不同生境下银缕梅的种内与种间竞争强度［J］. 生态学杂志，2016，35（7）：1744－1750.

［34］国家林业和草原局，农业农村部. 国家重点保护野生植物名录［Z］. 北京：国家林业和草原局，国家公园管理局，2021.

［35］LI KD，ZHANG GF，ZHANG Y，et al. A noteworthy case of rewilding Chinese yew from a garden population in eastern China［J］. PeerJ，2021，9：e12341.

［36］LI KD，ZHANG GF. Species diversity and distribution pattern of heritage trees in the rapidly-urbanizing province of Jiangsu，China［J］. Forests，2021，12：1543.

［37］LI W，ZHANG GF. Population structure and spatial pattern of the endemic and endangered subtropical tree *Parrotia subaequalis*（Hamamelidaceae）［J］. Flora，2015，212：10－18.

［38］LIU J，JIANG RY，ZHANG GF. Number and distribution of large old ginkgos in east China：Implications for regional conservation［J］. Nature Conservation，2020，42：71－87.

［39］LIU J，ZHANG GF，LI X. Structural diversity and conservation implications of *Parrotia subaequalis*（Hamamelidaceae），a rare and endangered tree species in China［J］. Nature Conservation，2021，44：99－115.

［40］SHAO LY，ZHANG GF. Niche and interspecific association of dominant tree populations of *Zelkova schneideriana* communities in eastern China［J］. Botanical Sciences，2021，99（4）：823－833.

［41］SONG YF，YAN G，ZHANG GF. Light competition contributes to the death of Masson pines of coniferous and broad-leaf mixed forests in subtropical China［J］. Forests，2022，13：85.

［42］WILHERE GF. The how-much-is-enough myth［J］. Conservation Biology，2008，22（3）：514－517.

［43］YAN G，ZHANG GF. Predicting the potential distribution of endangered *Parrotia subaequalis* in China［J］. Forests，2022，13：1595.

# 附　录

以上内容，请扫描下方二维码关注。